MCP协议与大模型集成实战

从协议设计到智能体开发

芯智智能 丁志凯 ◎ 编著

电子工业出版社
Publishing House of Electronics Industry
北京·BEIJING

内容简介

本书围绕MCP这一新兴的大模型上下文控制协议展开，系统地讲解其技术原理、协议结构、开发机制及工程化实践方法，旨在为大语言模型（LLM）开发者、架构设计师及人工智能工程人员提供一套实用且严谨的参考指南。

全书共分为10章，内容由浅入深，首先从LLM的核心原理出发，介绍Transformer架构、预训练与微调机制、上下文建模等基础内容，帮助读者理解MCP所依赖的底层技术语境。随后系统解析MCP的协议机制、语义结构、生命周期管理及上下文注入流程，并详细剖析MCP与LLM模型如何在多模态交互、提示词管理、能力协商等方面协同工作。最后深入探讨MCP的工程实现与实战应用，包括服务端架构设计、工具链集成、智能体系统开发及与RAG（检索增强生成）技术的结合，并通过多个实际场景的案例，总结MCP的部署模式、性能优化与未来生态发展趋势。

本书采用工程导向与协议原理视角相结合的写作方式，兼具深度与实践性，适合从事大模型研发、语义协议设计及AI工程的中高级技术人员阅读与参考。

未经许可，不得以任何方式复制或抄袭本书之部分或全部内容。
版权所有，侵权必究。

图书在版编目（CIP）数据

MCP协议与大模型集成实战：从协议设计到智能体开发 / 芯智智能，丁志凯编著. -- 北京：电子工业出版社，2025.6（2025.8重印）. -- ISBN 978-7-121-50386-3
Ⅰ. TP18
中国国家版本馆CIP数据核字第20251DM877号

责任编辑：高洪霞
印　　刷：河北虎彩印刷有限公司
装　　订：河北虎彩印刷有限公司
出版发行：电子工业出版社
　　　　　北京市海淀区万寿路173信箱　　邮编：100036
开　　本：787×980　1/16　　印张：23.75　　字数：529.2千字
版　　次：2025年6月第1版
印　　次：2025年8月第2次印刷
定　　价：109.00元

凡所购买电子工业出版社图书有缺损问题，请向购买书店调换。若书店售缺，请与本社发行部联系，及邮购电话：（010）88254888，88258888。

质量投诉请发邮件至 zlts@phei.com.cn，盗版侵权举报请发邮件至 dbqq@phei.com.cn。

本书咨询联系方式：faq@phei.com.cn。

前言

近年来，大语言模型（Large Language Model，LLM）已从单纯的语言生成工具演进为具备推理能力与任务执行能力的通用智能平台，其在自然语言处理、智能问答、代码生成、多模态交互等领域的应用正以前所未有的速度扩展。然而，随着模型能力的提升，一个关键技术问题日益凸显：如何系统性地管理与注入复杂的上下文信息，以驱动更稳定、更精确、更可控的模型行为？这正是模型上下文协议（Model Context Protocol，MCP）应运而生的技术背景。

MCP 是一套专为大模型上下文交互设计的协议体系，它在传统 Prompt 机制的基础上构建了一套结构化、可追踪、可复用的语境管理框架，极大地提升了上下文信息的组织效率与注入灵活性。

通过 MCP，开发者不仅可以定义多段语义 Slot、控制上下文生命周期、实现与模型能力的动态协商，还能够在多智能体系统（Multi-Agent System，MAS）中实现上下文隔离与信息共享，从而支持更复杂、更可扩展的大模型应用开发。

本书的写作目标是全面、系统地讲解 MCP 的原理机制与工程实现路径。全书分为 10 章，章节安排上兼顾技术体系与实践逻辑。

第 1 章主要介绍 LLM 基础，重点讲解 Transformer 架构、自注意力机制、预训练与微调策略，以及 LLM 的局限性。

第 2 章系统地梳理 MCP 的起源与目标、核心概念、架构与组件、应用场景，帮助读者从语义协议的视角建立对其整体框架的认知。

第 3~4 章聚焦 MCP 与 LLM 模型的通信机制、上下文管理方式、协议格式及生命周期控制策略，是全书技术密度最高的部分。

第 5 章开始转向开发与应用层面，依次讲解 MCP 开发环境的搭建、SDK 的使用、调试与测试工具等。

第 6 章则面向工程部署与运维实践，深入探讨 MCP 在生产环境中的部署模式、安全策略与权限管理等。

第 7~9 章进一步拓展协议能力的应用边界，包含 MCP 与外部工具链的集成、智能体（Agent）系统中的上下文协调机制，以及与知识增强（RAG）系统的融合方式。

第 10 章通过多场景案例展开分析，介绍 MCP 在客服、金融等系统中的实际落地经验，并讨论其生态构建与技术演进趋势。

与以往只聚焦 Prompt 编排或模型调优的开发实践不同，本书强调协议驱动的上下文语义工程，从系统设计视角看待模型开发问题。本书在确保内容专业性的同时，注重工程可操作性，所有示例代码均可运行，所有架构设计均可复用，适用于构建具备上下文感知能力的智能系统。

本书面向的读者包括大模型平台的系统架构师、企业级智能应用开发者、智能体与 RAG 系统构建者，以及希望深入掌握语境协议机制的研究者与高级工程师。若你希望不止于调用 LLM API，而是构建一个"能控、能扩、能协作"的智能体系统，那么 MCP 就是你通往下一代大模型开发范式的关键工具。

我们期望读者在阅读本书后，能够深入理解 MCP 的核心概念与应用机制，掌握如何在大模型开发中灵活管理上下文信息，构建更稳定、可控、可扩展的智能系统。无论你是系统架构师、智能应用开发者，还是研究者与高级工程师，本书都将为你提供一个全新的视角，帮助你更高效地应对实际应用中的挑战，推动人工智能技术的创新与发展。

目录

第1章 LLM 基础　　1

1.1 LLM 的演进与应用　　2
1.1.1 从传统 NLP 到 LLM 的技术发展　　2
1.1.2 LLM 在各领域的应用案例　　4

1.2 Transformer 架构解析　　5
1.2.1 Transformer 的基本组成与工作原理　　5
1.2.2 自注意力机制的实现与优化　　7
1.2.3 Transformer 在 LLM 中的应用　　9

1.3 LLM 的预训练与微调　　10
1.3.1 预训练与微调的策略与方法　　11
1.3.2 数据集的选择与处理　　13
1.3.3 模型评估与性能优化　　16

1.4 LLM 的局限性　　17
1.4.1 模型的可解释性问题　　17
1.4.2 数据偏差与伦理问题　　19

1.5 本章小结　　20

第2章 MCP 概述　　21

2.1 MCP 的起源与目标　　22
2.1.1 MCP 的提出背景　　22
2.1.2 MCP 解决的问题与目标　　24
2.1.3 MCP 与其他协议的比较　　25

2.2 MCP 的核心概念　　27
2.2.1 上下文管理与传输机制　　28
2.2.2 MCP 中的 Prompt 处理与管理　　34
2.2.3 资源与工具集成　　35

2.3 MCP 的架构与组件 ... 36
    2.3.1 客户端与服务端 ... 37
    2.3.2 通信协议与数据格式 ... 39
    2.3.3 能力协商与版本控制 ... 45

2.4 MCP 的应用场景 ... 47
    2.4.1 在 LLM 应用中的典型使用场景 ... 48
    2.4.2 与现有大模型集成 ... 49
    2.4.3 MCP 基本开发流程总结 ... 57

2.5 本章小结 ... 59

第 3 章 MCP 与 LLM 的集成   61

3.1 MCP 在 LLM 应用中的角色 ... 62
    3.1.1 MCP 如何增强 LLM 的上下文理解 ... 62
    3.1.2 MCP 对 LLM 输入 / 输出的影响 ... 63
    3.1.3 MCP 在多模态交互中的应用 ... 65

3.2 MCP 与 LLM 的通信流程 ... 67
    3.2.1 请求与响应的处理流程 ... 68
    3.2.2 错误处理与异常恢复机制 ... 71
    3.2.3 数据同步与一致性保证 ... 74

3.3 提示词与资源的管理 ... 79
    3.3.1 提示词模板的创建与维护 ... 79
    3.3.2 资源的注册与访问控制 ... 85
    3.3.3 动态资源加载与更新 ... 88

3.4 本章小结 ... 92

第 4 章 MCP 的详细解析   93

4.1 MCP 的消息格式与通信协议 ... 94
    4.1.1 JSON-RPC 在 MCP 中的应用 ... 94
    4.1.2 消息的结构与字段定义 ... 96
    4.1.3 请求与响应的匹配机制详解 ... 99

4.2 生命周期与状态管理 ... 101

4.2.1 会话的建立与终止流程　　101
　　4.2.2 状态维护与同步　　104
　　4.2.3 超时与重试机制　　106

4.3 版本控制与能力协商　　108
　　4.3.1 协议版本的管理与兼容性　　108
　　4.3.2 客户端与服务端的能力声明　　113

4.4 本章小结　　119

第 5 章 MCP 开发环境与工具链　　120

5.1 开发环境的搭建　　121
　　5.1.1 必要的系统要求与依赖　　121
　　5.1.2 开发工具与 IDE 的选择与配置　　122
　　5.1.3 版本控制与协作开发流程　　124

5.2 MCP SDK 的使用　　126
　　5.2.1 SDK 的安装与初始化　　127
　　5.2.2 核心 API 的介绍与使用示例　　131
　　5.2.3 SDK 的扩展与自定义开发　　138

5.3 调试与测试工具　　148
　　5.3.1 常用的调试方法与技巧　　148
　　5.3.2 单元测试与集成测试的编写　　151

5.4 本章小结　　154

第 6 章 MCP 服务端的开发与部署　　155

6.1 MCP 服务端的架构设计　　156
　　6.1.1 服务端的核心组件与模块　　156
　　6.1.2 MCP 服务端的路由机制　　159
　　6.1.3 多场景并发处理　　162

6.2 服务端的部署与运维　　165
　　6.2.1 部署环境的选择与配置　　165
　　6.2.2 监控与日志的收集与分析　　171
　　6.2.3 故障排查与系统恢复策略　　178

6.3 安全性与权限管理 180
　6.3.1 身份验证与授权机制 180
　6.3.2 安全审计与访问日志分析 185
6.4 本章小结 187

第 7 章 工具与接口集成 188

7.1 工具 189
　7.1.1 工具接口的语义定义 189
　7.1.2 工具方法与参数的绑定规则 190
　7.1.3 基于 Slot 的工具上下文注入 192

7.2 工具调用与响应流程 195
　7.2.1 ToolCall 语法与执行路径 196
　7.2.2 工具执行结果的封装与返回 198
　7.2.3 并行 / 串行工具调用 206

7.3 Tool 套件与插件系统 213
　7.3.1 工具复用模块的组织方式 213
　7.3.2 动态加载与模块热更新 216
　7.3.3 插件化开发接口标准 224

7.4 与外部系统的接口集成 226
　7.4.1 RESTful API 与 Webhook 集成 227
　7.4.2 与数据库、消息队列等的上下文桥接 228
　7.4.3 基于业务服务 / 微服务系统的具体实现 229

7.5 本章小结 236

第 8 章 MCP 驱动的智能体系统开发 237

8.1 智能体的基本架构 238
　8.1.1 MAS 238
　8.1.2 智能体的职责分工与上下文边界 240
　8.1.3 智能体状态管理与调度 241

8.2 MCP 中的智能体上下文模型 250
　8.2.1 Per-Agent Slot 配置策略 250
　8.2.2 多智能体之间的上下文共享 251

8.2.3 智能体行为与上下文依赖分析 252

8.3 任务编排与决策机制 256
    8.3.1 任务 Slot 调度模型 256
    8.3.2 意图识别与计划生成 258
    8.3.3 状态驱动任务流 261

8.4 智能体交互与协同机制 269
    8.4.1 Agent-to-Agent 消息协议 269
    8.4.2 跨智能体的上下文协同 Slot 绑定 276
    8.4.3 基于 MCP 的智能体生态构建思路 285

8.5 本章小结 286

第 9 章 MCP 与 RAG 技术结合 288

9.1 RAG 技术基础 289
    9.1.1 基于 Embedding 的语义检索 289
    9.1.2 向量数据库的选型与接入 290
    9.1.3 检索→选择→生成链条解析 296

9.2 Knowledge Slot 与语义融合机制 304
    9.2.1 RAG 上下文在 MCP 中的 Slot 设计 304
    9.2.2 检索内容结构化与多段注入 312
    9.2.3 多来源知识融合与上下文消歧 319

9.3 文档型知识集成实战 321
    9.3.1 企业文档切片与段落索引构建 321
    9.3.2 高可用文档管理与更新策略 323

9.4 本章小结 326

第 10 章 多场景 MCP 工程实战及发展趋势分析 327

10.1 项目实战案例剖析 328
    10.1.1 客服助手系统中的 MCP 应用 328
    10.1.2 面向金融行业的问答系统实现 334
    10.1.3 智能体工作流平台的 MCP 落地方案 341

10.2 部署模式与架构模式对比 348

10.2.1 单体应用 vs 微服务部署　　　　　　　　　　　　　　348
   10.2.2 云原生环境中的部署优化（K8s-Serverless）　　　　350
   10.2.3 多租户与多用户上下文隔离架构　　　　　　　　　　355
10.3 性能调优与上下文压缩策略　　　　　　　　　　　　　　　358
   10.3.1 Token Cost 预估与优化策略　　　　　　　　　　　　358
   10.3.2 Prompt 压缩算法与 Slot 融合算法　　　　　　　　　360
10.4 MCP 的发展趋势与生态开发构建　　　　　　　　　　　　　362
   10.4.1 协议标准化与开源生态构建　　　　　　　　　　　　362
   10.4.2 与 LangChain、AutoGen 等生态集成　　　　　　　　364
   10.4.3 向多模态与跨领域智能体演进　　　　　　　　　　　366
10.5 本章小结　　　　　　　　　　　　　　　　　　　　　　　368

第1章

LLM基础

大语言模型（Large Language Model，LLM）正成为推动人工智能系统跃迁的核心动力。其背后的技术体系不仅重构了自然语言理解与生成的能力边界，也为构建具备推理、记忆、工具调用等复合能力的智能体奠定了基础。掌握LLM的基本原理，是理解模型上下文协议（Model Context Protocol，MCP）机制的前提。本章将围绕LLM的发展脉络、核心架构、自监督训练机制及其能力边界展开系统阐述，为后续MCP在大模型语境中的应用奠定技术基础。

1.1 LLM的演进与应用

LLM 的演进历程标志着自然语言处理技术从规则驱动迈向深度学习、再到通用预训练范式的重大转变。从早期基于统计方法的语言模型到 Transformer 架构的广泛应用，再到百亿级参数模型的持续突破，LLM 的发展不仅推动了模型规模的指数级增长，也显著拓宽了其在生成式对话、代码理解、知识问答等多领域的应用边界。本节将梳理其技术演化脉络，并结合典型应用场景，剖析大模型能力的现实价值与落地路径。

1.1.1 从传统NLP到LLM的技术发展

自然语言处理（NLP）的发展历程经历了从规则驱动、统计建模到神经网络学习的多阶段技术跃迁。早期的 NLP 系统依赖大量人工构建的语言规则与词典资源，通过语法解析器、有限状态机等方法实现基本的语言理解任务。然而，这种方式面临可扩展性差、领域适应能力弱等瓶颈，难以胜任开放语境下的复杂语言处理需求。

进入 21 世纪，统计语言建模成为主流。基于 n-gram 的语言模型通过统计词语共现概率进行建模，极大地提升了系统的自动化水平。但由于上下文窗口有限，这类模型对长期依赖建模能力薄弱，且参数维度随 n 值呈现指数增长，导致稀疏性严重。随后兴起的条件随机场（CRF）、隐马尔可夫模型（HMM）等方法，在序列标注等任务中取得了阶段性突破，但其表示能力依旧受到结构限制。

2013 年前后，神经网络在 NLP 中逐步取代传统统计方法。以 Word2Vec 为代表的词嵌入技术首次将词语表示引入连续空间，解决了稀疏表示的问题，也为后续的深度模型提供了基础表示能力。此后，循环神经网络（RNN）及其变体 LSTM 和 GRU 被广泛应用于序列建模任务，使模型具备一定程度的上下文感知能力。然而，受限于时间步的顺序处理结构，这类模型在训练效率与长距离依赖捕获方面仍存在显著短板。

真正意义上的转折点出现在 2017 年，Transformer 架构的提出彻底改变了 NLP 的模型设计范式。该架构摒弃循环结构，完全基于自注意力机制实现全局依赖建模，大幅提升了并行计算效率与上下文覆盖能力。在此基础上，预训练＋微调的双阶段训练策略逐渐取代传统的任务特定建模流程。BERT、GPT、RoBERTa 等代表性模型的成功落地，标志着以大规模预训练为核心的通用语言模型时代的到来。

近年来，随着计算资源的爆发式增长与数据获取能力的提升，参数规模从亿级迈入百亿、千亿级，LLM 逐渐具备了零样本与少样本泛化能力，并表现出跨任务迁移、自主推理、多语言对话等复杂能力。在这一阶段，模型不再依赖任务专属结构，而是通过构造 Prompt、控制上下文实现对任务的适配能力，形成了以语言生成为驱动的通用智能框架。

为便于系统性地理解从传统 NLP 方法到 LLM 的技术演进过程，表 1-1 列出了不同时期 NLP 模型体系在技术特征与能力、局限性与挑战方面的核心特征。通过这一纵览式比较，可更清晰地看出为何 LLM 已成为当前 NLP 发展的主流方向，并成为构建更高阶语义控制协议（如 MCP）的基础。

表 1-1 不同时期 NLP 模型体系的技术对比

模型阶段	技术特征与能力	局限性与挑战
规则系统（Rule-based）	依赖人工编写规则，具备可解释性	可扩展性差，领域适应能力弱
统计模型（n-gram）	可建模局部上下文，训练高效	长距离依赖难以捕捉，数据稀疏性严重
HMM/CRF 序列模型	具备序列标注能力，适用于结构预测	特征工程复杂，泛化能力弱
词向量模型（Word2Vec）	词义分布表示，引入稠密向量空间	无法建模上下文多义词，缺乏句子级语义建模
RNN/LSTM/GRU	支持上下文状态传播，适合序列生成任务	并行计算效率低，长期依赖仍不稳定
Transformer	基于自注意力机制，具备全局建模与并行能力	对算力资源依赖高，需大量预训练数据
预训练语言模型（BERT）	双向上下文建模能力强，适合理解类任务	不具备自然生成能力，需针对特定任务微调
LLM（GPT 系列等）	可进行统一生成与推理，支持零样本任务适配	可控性差，语境驱动逻辑薄弱
LLM + 结构化协议（MCP）	引入上下文 Slot 管理，语义边界清晰，可追踪	协议复杂度增加，需开发专用上下文编排机制

从规则系统到深度模型，再到基于 Transformer 的预训练语言模型，NLP 的每一次范式更替都在重塑语言理解的边界。LLM 不仅承载了这一发展路径的顶峰技术积累，也为后续构建协议化、结构化的语义控制体系（如 MCP）奠定了理论与工程基础。

1.1.2 LLM在各领域的应用案例

LLM 已广泛渗透至多个关键行业场景，通过对自然语言的生成与理解能力，推动从智能交互到知识管理的全面升级。其核心能力在于基于统一的语言建模机制，实现跨任务迁移与泛化推理，使不同领域的复杂任务可通过上下文驱动完成，具备高度通用性。

1. 智能客服与对话系统

在智能客服领域，LLM 可根据历史对话上下文实现多轮语义跟踪与个性化应答。通过结合工具调用与知识检索模块，模型能够提供动态化服务，如订单查询、常见问题解答、操作指引等。相比传统基于规则或模板的对话系统，LLM 具备更强的语义理解能力和语言生成灵活性，能显著降低对任务特定训练的依赖，并能通过微调或上下文注入快速适配不同企业场景。

2. 知识问答与信息抽取

在结构化知识获取任务中，LLM 支持直接从文本中提取实体、关系、事件等关键语义元素，亦可与检索系统集成形成 RAG 结构，实现高精度问答。相较于传统的基于抽取模板或图谱的方式，LLM 具备更高的语言适应性，能在开放域环境中处理非规范文本与语义变体。此外，通过精心设计 Prompt 与上下文，模型还可执行归纳、推理等复杂逻辑操作，提升信息抽取的语义深度。

3. 内容创作与生成

在新闻撰写、文案生成、广告创意等内容生成场景中，LLM 展现出高度流畅且具上下文一致性的文本创作能力。其在多语言、多风格、多题材场景中的适应能力，使内容生成进入规模化、个性化并存的新阶段。企业可基于少量样例构造 Prompt 或借助结构化上下文协议（如 MCP）实现内容风格控制与生成约束，从而满足实际生产需要。

4. 编程辅助与代码生成

以代码生成为目标的 LLM 变体（如 Codex、Code LLM）在辅助开发、单元测试生成、错误诊断等任务中已得到广泛应用。模型通过解析自然语言需求，生成语义正确、结构合理的代码片段，并可结合上下文自动补全函数、接口等调用逻辑。在集成开发环境（IDE）中，LLM 正逐步成为开发者的智能助手，有效提升开发效率与代码质量。

5. 在医疗、金融与法律领域的专业应用

在医疗问答、病例摘要生成、金融报告分析、合同审核等领域，LLM 通过引入领域知识库与结构化 Prompt，实现对专业语料的高质量理解与表达。结合 MCP 等协议机制，还可实现知识分段管理、事实验证与审计追踪，满足高准确性、高可控性要求的业务场景。模型能力与工程机制的结合，正在促使这些高壁垒行业逐步走向语言智能化。

大语言模型的多领域适配能力不仅依赖其统一的语言建模结构，也高度依赖上下文控制与信息调度机制。协议层如 MCP 的引入，将进一步放大 LLM 在各类复杂系统中的实际价值。

1.2 Transformer架构解析

Transformer 架构的提出被广泛视为深度学习在自然语言处理领域的关键转折点。其独特的自注意力机制（Self-Attention）与高度并行计算能力，不仅突破了传统序列模型在上下文建模与训练效率上的瓶颈，也为构建大规模预训练语言模型提供了理论与结构基础。本节将围绕 Transformer 的基本结构展开，系统解析其在信息表示、自注意力分配及语义编码方面的核心机制，并探讨该架构在 LLM 中的关键作用。

1.2.1 Transformer的基本组成与工作原理

Transformer 架构由编码器（Encoder）与解码器（Decoder）两个对称模块构成，最初设计用于序列到序列的翻译任务。在语言建模场景中，多数预训练模型仅保留其中一部分结构，例如 BERT 采用堆叠式编码器，GPT 系列则使用解码器堆栈。

图 1-1 展示了 Transformer 模型的编码器与解码器结构。编码器由多层堆叠组成，每层包含多头注意力机制与前馈网络，并通过残差连接与层归一化稳定训练过程。输入经嵌入与位置编码后进入模型，注意力模块可在全序列范围内建模全局依赖关系。解码器在此基础上引入掩码多头注意力，确保输出仅依赖已生成的位置信息，同时通过交叉注意力模块与编码器输出建立对齐连接。输出经过前馈网络、线性映射与 Softmax 后生成预测结果。该结构实现了并行处理与长距离语义建模的统一。

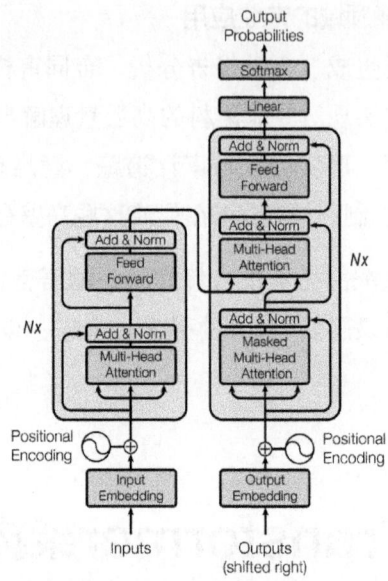

图 1-1 Transformer 模型结构示意图

无论采用哪一类变体，Transformer 的基本构成均包括以下关键模块：自注意力机制、前馈神经网络、残差连接与层归一化，以及位置编码，下面将逐一介绍。

1. 自注意力机制

Transformer 的核心在于自注意力机制。该机制允许模型在处理当前输入时，动态关注同一序列中其他位置的信息。每个输入 Token 会计算其与其他 Token 之间的注意力权重，从而实现语义层面的依赖建模。这种机制摆脱了序列处理的顺序依赖限制，使模型能够并行处理所有输入，显著提高了训练效率。自注意力在捕捉长距离依赖、消解歧义、信息聚合等方面展现出远超传统循环神经网络的能力。

2. 多头注意力与上下文建模

标准自注意力机制被扩展为多头注意力结构，每个注意力头独立学习不同的语义表示，提升了模型在不同子空间中的表达能力。多个注意力头的输出结果在维度上拼接后，进一步通过线性变换整合。这种结构增强了上下文建模的鲁棒性，使模型在面对复杂句法结构与模糊语义时具有更强的区分能力。

3. 前馈网络与非线性变换

在每个 Transformer 层中，自注意力模块后连接一个全连接前馈神经网络。该网络对每个位置的表示进行独立变换，通常由两层线性映射和中间非线性激活函数构成。

此结构增强了模型的非线性建模能力，使其不仅能学习语义关系，还能捕捉更高阶的语言规律。

4. 残差连接与层归一化

为了缓解深层网络中的梯度消失与训练不稳定问题，Transformer 在每个子层（注意力模块与前馈模块）外引入残差连接，并对输出施加层归一化处理。这一设计确保了信息在深层传递过程中保持稳定，同时加速了模型的收敛过程。

5. 位置编码与顺序建模

由于 Transformer 不具备 RNN 类模型的顺序结构，因此，为使模型能够感知 Token 在序列中的位置信息，需引入位置编码机制，常见做法包括正余弦函数编码与可学习位置嵌入。通过将位置编码加入输入表示，模型得以在并行处理的同时，保留输入序列的顺序特征，从而实现有效的句法建模。

Transformer 以其模块化、高并发、全局建模能力，成为现代大语言模型的结构基础。在构建基于上下文协议的控制机制时，Transformer 的多层次注意力与表示能力为 Slot 级语义注入提供了关键的结构支撑。

1.2.2 自注意力机制的实现与优化

自注意力机制是 Transformer 架构的核心模块，其本质在于通过输入序列内部的相互比较，动态生成每个位置的上下文表示。这种机制摒弃了传统序列模型对顺序处理的依赖，使模型具备全局语义建模能力，并显著提升了并行计算效率。

自注意力已成为 LLM 中构建语义理解与生成能力的基础组件，其实现方式与优化策略在不同模型中呈现出高度模块化与多样化的演进趋势。

图 1-2 中左侧展示了缩放点积注意力机制的计算流程。查询向量与键向量先进行相似度计算，经缩放后可选掩码处理，再通过 Softmax 得到权重分布，用于加权求和值向量，生成注意力输出。

右侧为多头注意力结构，多个线性变换分别生成多组查询、键和值，送入并行的注意力头中独立计算后拼接，最终通过线性变换融合。这种设计提升了模型从多个子空间并行捕捉语义特征的能力，增强了上下文建模的表达丰富度。

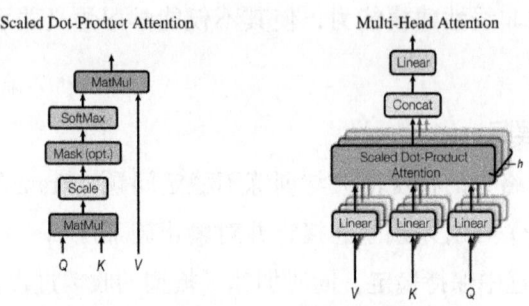

图1-2 自注意力与多头注意力机制结构

1. 基本结构与计算流程

在标准实现中，自注意力机制以Query、Key、Value三组向量为基础，通过计算Query与Key之间的相似度，得到每个位置对其他位置的注意力权重。权重向量用于对Value加权求和，从而生成该位置的上下文增强表示。

该操作对所有位置并行执行，构成了全序列之间的语义对齐过程。该机制不仅可捕捉长距离依赖，也能够根据语义关系动态调整信息关注区域，为后续的非线性建模提供高质量输入。

2. 多头注意力的结构扩展

单一的注意力机制存在表达能力受限问题，为提升模型的表示多样性，Transformer引入多头注意力（Multi-Head Attention）结构。每个注意力头在独立的子空间中学习不同的语义模式，增强模型对句法、语义、位置等多维信息的建模能力。多头输出经过拼接与线性变换整合，有效提升了模型在复杂语言环境中的表现稳定性与泛化能力。

3. 计算优化与性能提升策略

尽管自注意力具备全局建模能力，但其时间与空间复杂度为输入序列长度的平方，对长序列处理构成挑战。为解决这一问题，多种优化方案被提出。局部注意力机制通过限制注意力窗口大小，显著降低计算开销；稀疏注意力方法则通过图结构或规则模式，仅保留关键依赖路径。线性注意力方案（如Performer、Linformer）将复杂度从平方级降至线性级，使大规模上下文处理成为可能。

在实际部署中，使用缓存机制（如Key/Value Cache）是提高自回归生成效率的常用策略。该方法在生成过程中复用历史注意力内容，避免重复计算，有效提升了响应速度，特别适用于交互式对话场景。

4. 应用于上下文感知建模

自注意力机制的上下文敏感性使其成为构建动态语义结构的基础。在 MCP 中，Slot 的上下文注入效果高度依赖模型对位置信息与语义边界的正确建模。通过对注意力权重的控制，可引导模型聚焦于特定语境，从而实现对用户输入、工具结果、系统指令等多源信息的有效融合。

在 LLM 不断扩展上下文窗口与模型容量的趋势下，自注意力机制的结构优化与计算加速将持续成为高性能语义建模系统中的关键议题。

1.2.3 Transformer在LLM中的应用

Transformer 作为 LLM 的基础架构，凭借模块化设计与全局建模能力为预训练语言模型的构建提供了高度可扩展的技术框架。在不同类型的语言模型中，Transformer 根据任务目标与建模范式的差异，呈现出多种结构变体。

其核心能力在于支持大规模上下文建模、并行化训练以及统一的语义表示机制，从而构建出具备广泛泛化能力的语言理解与生成模型。

1. 单向与双向建模策略

Transformer 结构在 LLM 中主要被应用于两种预训练范式：自回归建模与双向建模。GPT 系列采用基于解码器堆栈的自回归方式，对每个 Token 进行条件生成，仅关注前向上下文，适用于生成任务和指令跟随类应用。

BERT 等模型则采用编码器结构，通过掩码语言建模实现双向上下文融合，适合分类、序列标注等理解类任务。两者在输入结构与训练目标上的差异，使 Transformer 能够在多种任务类型间灵活适配。

2. 多层堆叠与深度语义建模

在 LLM 架构中，Transformer 模块通常以数十层的深度堆叠形式出现。每层包含注意力子层与前馈子层，并通过残差连接与层归一化实现稳定训练。这种深度堆叠结构使模型能够逐层提取语言中的多级抽象特征，从语法关系到语义依赖，再到篇章连贯性。

随着模型深度与参数量的增加，Transformer 具备从大规模语料中捕捉复杂语言规律的能力，为多任务泛化奠定了表示基础。

3. 长上下文处理与窗口扩展

标准 Transformer 结构在面对长文本输入时，受限于自注意力的计算复杂度与固定窗口长度。为解决这一问题，LLM 模型在结构上引入多种改进机制，包括位置编码扩展（如旋转位置编码 RoPE）、注意力掩码优化（如滑动窗口注意力），以及分段上下文拼接策略等。这些优化手段使模型能够高效处理上万甚至十万级 Token 长度的输入，为上下文协议的 Slot 组织与复用提供了基础支持。

4. 自监督训练与参数共享机制

Transformer 架构天然适配自监督学习范式，模型通过预测缺失 Token 或生成目标文本完成对语言知识的内化。训练阶段通常采用参数共享策略以控制模型规模，提高计算效率，同时保持语义一致性。

模型中各层 Transformer 块共享输入嵌入矩阵与输出投影参数，使语言表示在不同任务中保持稳定分布。这种结构在多任务学习场景下具有显著优势，能够在统一架构下完成分类、摘要、翻译等异构任务。

5. 支持协议化语义组织

在 MCP 体系中，Transformer 的多层语义建模能力使其能够对注入的上下文 Slot 进行显著区分。不同 Slot 段在输入序列中的位置与语义作用可以通过注意力机制加权融合，实现对系统指令、用户输入、工具响应等多源语义的动态集成。这一特性使 Transformer 成为构建协议驱动型大模型系统的理想基础架构，支撑更复杂的上下文协同、语义调度与任务控制。

Transformer 不仅定义了现代 LLM 的技术基准，也为上层协议设计提供了高度兼容的表达空间，是当前通用智能系统构建不可或缺的核心引擎。

1.3 LLM的训练与微调

LLM 的性能本质上依赖大规模预训练与任务特定微调两个阶段的协同构建。预训练阶段通过自监督学习从海量语料中捕获通用语言规律，微调阶段则通过少量高质量标注数据实现模型能力的定向强化。

第 1 章 LLM 基础

训练目标设计、数据选择策略、参数调整方式与评估指标体系等因素，共同决定了模型的泛化能力与实际应用表现。

本节将系统阐述 LLM 训练与微调的技术机制与实践要点，为后续基于协议驱动的语义注入与模型控制打下基础。

1.3.1 预训练与微调的策略与方法

LLM 的构建依赖两阶段训练范式：预训练与微调。预训练阶段旨在构建具备通用语言理解与生成能力的基础模型，而微调阶段则根据具体任务对模型能力进行针对性的优化与强化。这种训练策略在保持模型通用性的同时，兼顾任务适配性，是现代大规模语言模型能够跨任务迁移应用的根本机制。

1. 预训练目标与策略

预训练通常采用自监督学习方法，通过构造预测任务在大规模未标注文本上训练模型。常见的预训练目标包括自回归语言建模和掩码语言建模两类。自回归方法以预测当前 Token 的下一个词为目标，常用于 GPT 系列模型，擅长生成类任务。

掩码语言建模通过对输入文本中的部分 Token 进行掩盖，要求模型恢复原始内容，代表性模型为 BERT，擅长理解类任务。近年来也出现了多目标联合预训练、句子排序、段落预测等复杂策略，用以增强模型对语言层级结构的建模能力。

预训练的数据来源广泛，通常包括网络文本、百科语料、代码库、多语言语料等。数据多样性与覆盖面直接影响模型的泛化能力。为了适应大规模计算资源的需求，预训练过程采用分布式训练框架，如数据并行、模型并行与流水线并行等进行加速，并配合使用学习率预热、损失归一化、梯度裁剪等优化技巧稳定训练过程。

2. 微调方法与应用模式

微调阶段在少量带标签的任务数据上继续训练模型，使其在保持通用能力的基础上，更好地对接具体应用场景。微调策略通常分为两类：全参数微调与参数高效微调。前者对模型所有参数进行更新，适用于算力充足且任务差异较大的场景；后者则通过冻结大部分模型参数，仅调整部分权重层，例如使用 Adapter 模块或 LoRA（Low-Rank Adaptation）方法，降低训练成本并提升部署效率。

根据任务类型的不同，微调可分为文本分类、序列标注、问答匹配、对话生成、摘要生成等多种模式。每种任务需要设计不同的输入/输出格式及损失函数，并通过Prompt模板、任务指令等方式对输入进行结构化加工，使模型更精准地对接任务目标。在多任务融合场景中，还可采用共享Encoder、任务特定Decoder等架构实现统一训练与推理。

3. 预训练与微调的协同作用

预训练提供语言知识的通用表示能力，是微调效果的基础保障。微调通过上下文注入、标签引导或提示工程实现模型能力的定向释放。两者的协同效应使LLM能够在极少标注数据的条件下，完成过去依赖复杂特征工程的任务，为当前语言模型的工业化落地提供了强大支撑。

图1-3展示了LLM训练的两阶段路径。预训练阶段通过自监督方法在海量开放语料上构建通用语言模型，捕捉基础语义与句法规律。预训练模型完成后可沿两种方式继续优化：其一是基于特定领域数据进行补充训练，使模型在特定语料分布下提升表现；其二是使用任务标注数据进行微调，通过监督学习调整模型参数以适应分类、问答、摘要等具体任务。最终输出的模型具备领域适应性和任务指向性，可直接部署于实际应用场景。

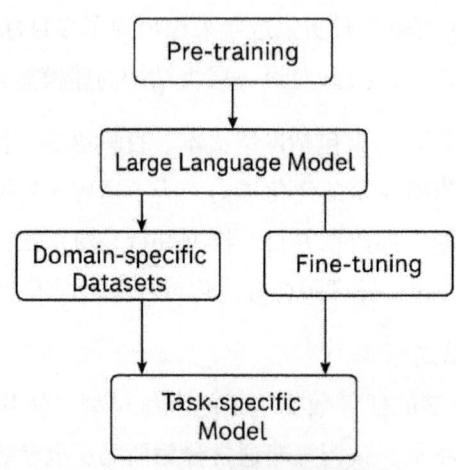

图1-3 LLM训练的两阶段路径

为系统性理解LLM在预训练与微调阶段所采用的不同策略、方法及其技术特点，可通过结构化对比方式呈现两者在目标设定、数据需求、计算资源及适用场景等方面的差异。表1-2对预训练与微调阶段的策略与方法进行了对比。

第 1 章 LLM 基础

表 1-2 预训练与微调阶段的策略与方法对比

对比维度	预训练阶段	微调阶段
目标类型	通用语言建模（如预测下一个词、掩码恢复）	任务定向优化（如分类、问答、摘要）
数据来源	大规模未标注开放语料	少量高质量标注数据或结构化任务数据
学习方式	自监督学习	监督学习或指令学习
参数更新范围	全参数更新	可选：全参数或参数高效微调（如LoRA、Adapter）
架构使用	编码器、解码器或其变体（BERT、GPT等）	通常在预训练结构基础上微调特定层
应用适配性	提供统一语言表示能力，支持多任务泛化	强化某一具体任务的表现能力
计算资源消耗	极高，需长时间分布式训练	资源相对可控，可在中等规模设备上完成
输入结构	自然文本，可能不包含明确任务指令	结构化输入（如Prompt模板、任务指令）
示例需求	无须标注数据，依赖大语料规模与覆盖面	需人工标注或通过模型生成数据，强调质量与格式一致性
语义控制能力	低，模型行为不可控	高，可通过Prompt、指令等方式引导生成结果

表 1-2 清晰展示了 LLM 训练中两个关键阶段的功能定位与技术策略差异。理解这些差异，有助于合理设计上下文协议、任务调度逻辑以及输入提示结构，使模型在 MCP 系统中获得稳定、可控的运行表现。

在协议化上下文控制场景下，如 MCP 系统，预训练所构建的语义表示能力与微调时引入的语义边界设定共同作用，支持 Slot 语义分隔、工具调用意图识别及系统指令响应能力的稳定构建。预训练与微调策略的选择与执行，直接影响大模型在实际系统中的表现质量与可控性。

1.3.2 数据集的选择与处理

LLM 训练的核心资源之一是大规模高质量语料。数据集的构成直接影响模型的语言覆盖能力、知识储备、风格适应性以及领域泛化能力。预训练阶段依赖广覆盖、多类型的开放语料构建通用语言模型，微调阶段则侧重在任务相关性与标签质量之间取得平衡，形成针对性的能力微调。数据集的选择与处理方式，不仅是模型能力上限的决定因素，也深刻影响其后续在多任务、多语境环境下的表现稳定性。

1. 预训练语料的来源与构建

预训练阶段的数据集需具备足够规模与多样性，以支持模型学习语言的统计特征与结构规律。通用语料来源包括开源百科（如维基百科）、开放论坛（如 Reddit、StackExchange）、新闻媒体、图书馆数字资源以及开源代码仓库。部分高质量数据集如 The Pile、C4、BooksCorpus、Common Crawl 等已成为主流大模型的预训练基础。

语料清洗是预训练数据构建的重要环节，涉及非自然语言内容过滤、乱码剔除、数据去重、文本去标识化处理等操作，需避免数据污染、任务泄漏和生成伪学习现象，以提升语言建模的泛化能力与稳健性。针对多语言模型，还需引入平衡机制，防止少数高资源语言主导模型参数分布，确保语言间的语义均衡。

2. 微调数据的组织与标注

微调阶段的数据集往往源于人工标注或任务系统日志提取，常见形式包括分类标签、序列标注、问答对、摘要段、对话轮次等。高质量微调数据需具备语义明确、任务目标清晰、格式一致性强等特征，方能有效引导模型参数朝任务方向优化。数据采样策略（如过采样、下采样、类别均衡）在类别不均或数据稀疏的场景下尤为关键，影响模型对低频模式的学习能力。

近年来，指令微调数据集成为 LLM 能力压缩与泛化的重要来源。例如 Self-Instruct、OpenAssistant、Alpaca 等数据集通过人工或模型生成方式构建多任务指令集，引导模型适应复杂 Prompt 指令结构与多轮语义交互。此类数据不仅提升了模型对自然语言任务指令的响应能力，也为协议化交互结构的支持奠定基础。

3. 数据处理的格式标准与Token控制

模型训练前的数据需转化为标准输入格式，通常包含 Token 序列、Segment 标识、注意力掩码等。Tokenization 策略决定了文本的分词粒度与表示能力，不同模型可能使用 BPE、SentencePiece 或 Unigram 等编码方式。在上下文协议应用中，还需处理 Slot 间的边界标记、前缀注入与位置对齐等问题，确保语义层次清晰表达。

此外，Token 预算控制也是实际部署中的关键问题，尤其在固定窗口长度模型中，数据预处理阶段需进行句子裁剪、上下文压缩与重要性排序等操作，以最大限度保留核心语义信息。在多任务训练或多轮交互任务中，还需设计合理的上下文滚动机制与历史融合策略。

总的来说，LLM 的预训练依赖高质量大规模语料，其语料构成直接影响模型的语义广度、知识密度以及跨领域泛化能力。不同模型依据其设计目标与语料获取策略，在数据来源、语言覆盖、清洗标准等方面做出不同取舍。表 1-3 整理了当前主流 LLM 在预训练阶段使用的数据集构成，便于从工程实践角度理解数据选择对模型能力形成的影响。

表 1-3 当前主流 LLM 在预训练阶段使用的数据集构成

模型名称	主要数据集来源与组成	数据总量规模（粗略估计）
GPT-3	Common Crawl、Books1/2、Wikipedia、WebText、OpenWebText等	3000亿Token
GPT-4（未完全公开）	基于GPT-3数据扩展，新增高质量合成数据与人类反馈样本	数万亿Token（推测）
LLaMA 2	Common Crawl、C4、GitHub、Wikipedia、Books、ArXiv等	LLaMA2-13B：1万亿Token
DeepSeek-V2	中文网页、维基百科、新闻、新浪微博、代码等	2万亿Token
Mistral	The Pile、RefinedWeb、Books、StackExchange、HackerNews等	1.4万亿Token
Claude（Anthropic）	高比例人类反馈训练数据、网页内容、对话语料	数万亿Token（推测）
ChatGLM3	中文互联网页面、百科、新闻、问答语料、GitHub代码等	数千亿Token
PaLM 2	C4、Books、Wikipedia、科学语料（PubMed）、对话语料等	3.6万亿Token
Falcon	RefinedWeb、Books、Dialogues、Code、Multilingual Web数据	1.5万亿Token

从表 1-3 中可以看出，预训练数据的选择呈现出多元融合趋势，模型性能越来越依赖数据质量、语言多样性与任务结构的覆盖度。同时，中文模型与英文模型在语料获取路径与清洗方式上差异明显，亦需在实际构建协议化交互系统（如 MCP）时予以考虑，以确保上下文输入的语义匹配与语言风格的一致性。

数据集不仅是语言模型的训练基础，也决定了模型对 MCP 中 Slot 结构、工具响应、系统控制指令等输入形式的适应能力。构建适配于协议驱动范式的数据体系，是提升 MCP 系统响应稳定性与语义精度的前提条件。

1.3.3 模型评估与性能优化

LLM 的评估与性能优化体系直接决定其在实际应用中的可靠性、可控性与部署价值。评估不仅用于衡量模型是否学习到了目标任务的语义能力，也用于诊断结构设计、训练策略、数据分布等因素对模型行为的影响。性能优化则将评估结果反馈到训练与部署环节，通过算法与系统层的手段提升模型的响应速度、资源利用效率与语义表现质量。

1. 评估维度与指标体系

语言模型的评估可以分为通用能力评估与任务特定评估两个层面。通用能力评估主要包括语言流畅性、上下文一致性、事实准确性、逻辑推理能力等维度，常用指标包括困惑度、BLEU、ROUGE、Exact Match 等。

在多任务预训练与指令微调阶段，还可引入多轮对话一致性、Tool Call 正确性、语义覆盖度等协议相关指标，以支持复杂任务下的语义跟踪与行为控制。

在 MCP 框架中，Slot 注入的正确性与上下文对齐度是重要的评估对象。需衡量模型对不同类型 Slot（System/User/Tool 等）的语义区分能力，以及模型在不同 Slot 信息交错输入时的语义融合与输出稳定性。对于工具调用类任务，还需评估模型对外部响应的调用时机与参数理解精度。

2. 离线评估与在线反馈机制

离线评估适用于训练阶段与大规模模型选择阶段。通过固定测试集进行批量推理，可在标准任务如文本分类、摘要生成、问答系统等场景中获得稳定指标。在协议增强模型中，需构建结构化 Prompt 评估集合，对不同 Slot 结构、任务组合进行组合测试，验证模型对协议结构的泛化能力。

在线评估则更贴近实际使用场景，通常与日志追踪、用户交互反馈系统集成，通过指标采样、人工评分、A/B 测试等方式不断获取模型行为数据。可结合上下文链路日志与响应行为日志，构建行为分析系统，对模型生成内容中的冗余性、幻觉率、错误调用等进行实时监控，从而形成动态优化闭环。

3. 性能优化策略

优化语言模型性能需从算法结构、训练策略与系统实现三方面协同推进。在算法层面，结构剪枝、权重蒸馏、量化压缩等方法被广泛应用于推理加速，低秩适配（LoRA）、提示调优（Prompt Tuning）等轻量策略则被用于在不影响主干参数的前提下快速适配新任务。训练过程中的梯度精度控制、动态批量调度、混合精度训练等技术也显著提高了大模型训练的稳定性与效率。

在系统层，缓存机制、KV Cache 优化、Token 流式输出、模型分片与并行部署均是实际应用中不可或缺的性能优化手段。结合协议场景中的上下文模式特点，还可通过 Slot 复用、Prompt 模板压缩与 Context Trimming 等方法对输入序列进行高效编排，降低 Token 消耗，提升整体响应速度。

评估与优化构成了大模型开发闭环中的核心环节，是确保 MCP 驱动系统具备稳定交互、可控语义与工程可用性的基础保障。系统性的评估策略与精细化的优化技术，将持续推动大模型在复杂任务场景中的实际表现能力。

1.4 LLM的局限性

尽管 LLM 在生成能力、任务泛化与语义理解方面取得显著突破，但其在可控性、稳定性、推理一致性以及资源消耗等方面仍存在结构性限制。模型幻觉、多轮语境丢失、对事实缺乏验证能力等问题，直接影响其在关键场景下的可用性与可靠性。

面向大规模部署与安全可控的实际需求，亟需从算法优化、上下文机制设计、交互协议构建等多个层面进行系统改进。本节将围绕 LLM 的典型局限与当前主要改进路径展开分析，为协议级语义控制提供问题驱动背景。

1.4.1 模型的可解释性问题

LLM 在语义建模与生成能力方面取得显著突破的同时，其内部推理过程与行为决策的黑箱特征也引发了广泛关注。

模型可解释性问题已成为制约其在高风险场景应用的重要因素，直接关系到模型输出的可验证性、可调试性及在实际系统中的可信度。可解释性不仅是算法层面的挑战，更是工程实现与语义控制层设计必须面对的关键问题。

1. 表征机制的非透明性

LLM 的核心参数由数十亿甚至上千亿个浮点权重组成,内部结构高度复杂,缺乏明确的语义映射关系。模型通过连续空间中的高维向量编码输入信息,完成上下文建模与语言生成,过程本身不具备符号级逻辑结构。尽管注意力机制提供了一定程度上的信息关联性分析途径,但其本质依然是分布式权重计算,并不能直接映射为可供人类理解的推理路径。

在自注意力层中,不同 Token 之间的依赖关系以权重矩阵的形式表达,模型为何关注特定信息往往缺乏可感知的因果解释。多头注意力机制虽增强了模型表示能力,却进一步增加了语义路径的分散性,使分析单个生成结果背后的因果链条变得更加困难。这种结构上的不可解释性是 LLM 不同于传统可符号建模系统的重要特征。

2. 多轮对话与行为不可预测性

在对话式交互或 Agent 控制任务中,LLM 的输出不仅依赖当前输入,还受到历史上下文、提示结构、模型状态等多重因素影响。由于上下文窗口中信息密集,且模型对输入中哪些信息起主要作用缺乏可视化标识,导致行为决策过程不透明。模型可能在面对同一任务目标时表现出不一致或不稳定的反应,难以归因于明确的输入变化。

尤其在 MCP 等结构化语境场景下,不同 Slot 段注入的语义是否被模型正确识别、是否按预期参与推理、是否影响最终输出,往往缺乏显式验证机制。这种语义驱动路径的模糊性在任务失败、响应失真或工具调用失误时,极大地增加了调试与定位的复杂度。

3. 当前可解释性技术的局限

为缓解可解释性问题,当前采取的主要手段包括注意力可视化、梯度反向传播分析、特征重要性评分等。注意力热力图可以展示模型聚焦的输入区域,但未必能反映真正的决策依据。基于输入扰动的敏感性分析虽具有一定的直观性,但在高维空间中常产生误导性结果。深度学习领域的可解释性技术尚无法应对大规模语言模型中的复杂语义融合现象。

在工程实践中,MCP 等协议化机制在一定程度上提高了语义注入路径的可追踪性。例如通过结构化 Slot 标记、上下文链路追踪与日志记录机制,可间接建立输入与响应之间的可解释框架。然而,这仍属辅助机制,无法完全揭示模型内部的推理过程。

可解释性问题仍是当前 LLM 发展的技术瓶颈之一。若需在金融、医疗、司法等高安全场景中大规模部署，则必须构建更完善的解释模型、因果链路分析系统以及语义路径验证机制，以确保大模型系统具备可审计、可溯源、可控制的工程特性。

1.4.2 数据偏差与伦理问题

LLM 的行为与价值导向深度依赖训练数据的分布结构与语料来源。由于模型本质上是在大规模文本中学习语言规律与语义模式，任何潜在的数据偏差都可能在参数中被放大并体现在模型输出中。

数据偏差不仅影响生成内容的中立性与公平性，还会引发伦理、法律与社会责任方面的深层问题，成为当前大模型研发与应用过程中必须严肃对待的系统性风险。

1. 训练语料中的显性与隐性偏差

LLM 往往使用来自互联网的开放语料作为预训练基础，其中包含了来自不同平台、社区、语境的非结构化文本。这些数据虽具规模优势，却不可避免地包含多种形式的偏见，如性别刻板印象、种族歧视、地域标签、职业成见等。

部分偏差表现为词语共现频率不均、语义关联错误，部分则隐藏于文本结构与隐性话语逻辑中，难以在训练前进行有效清洗与剔除。

模型通过统计规律进行语言建模，在训练过程中无法区分中性知识与带有价值判断的表达。这种学习机制可能导致模型在生成内容时呈现系统性立场偏向，或在多轮交互中强化用户输入中的有害观念，增加输出结果的不可控风险。

2. 模型输出的伦理风险与滥用可能

在实际应用场景中，模型偏差容易通过语言生成过程外显化。常见现象包括对某类群体的不当表述、对敏感事件的情绪倾斜、对虚假信息的默认扩散等。特别是在涉及医疗建议、法律判断、金融决策等领域，模型若在无事实校验机制下输出具有导向性的内容，则可能导致严重后果。

此外，恶意 Prompt 设计可能诱导模型输出不当内容，如歧视言论、虚假陈述、违法建议等，造成信息污染与伦理边界突破。这类"对齐失效"问题暴露了模型在语义控制与价值观约束方面的结构性短板。

3. 应对策略与制度建设

缓解数据偏差与伦理风险需从训练前、训练中、训练后三个阶段构建防护体系。在训练前阶段，应通过数据源甄别、语料过滤、偏见审查等方式提升数据质量与均衡性。在训练过程中引入价值对齐机制，例如使用 RLHF（人类反馈强化学习）等策略，引导模型输出贴合社会主流价值。在推理与部署阶段，应配套部署内容过滤器、响应守则、风险审计机制，并设立异常行为检测系统，确保生成结果符合伦理规范。

监管层面，需推动模型透明度披露、偏差影响评估与算法责任归属制度建设。模型开发方应承担数据来源合法性、偏差控制能力与生成内容可控性的主体责任。开放模型 API 与平台应提供明确的使用规范与行为约束接口，防止滥用风险扩散。

数据偏差与伦理问题不仅是语言模型技术挑战，更关乎人工智能系统与社会价值之间的协调机制。唯有将偏差治理与模型设计协同推进，才能实现 LLM 在公共领域与产业系统中的可信、可控、可持续发展。

1.5 本章小结

本章系统地梳理了 LLM 的技术基础，从自然语言处理的发展演变入手，深入解析了 Transformer 架构及其核心机制，介绍了预训练与微调的工程方法，并指出当前模型在可解释性、数据偏差与语义稳定性等方面的关键局限。本章通过对理论与结构层的分析，为读者理解 MCP 所依赖的语言建模原理奠定了坚实基础。

第2章

MCP概述

随着LLM在任务泛化与能力集成方面的广泛应用,语义控制与上下文组织的复杂度显著提升。传统基于单轮Prompt的交互方式难以满足多段语义注入、工具响应协同与多智能体调度等复杂需求。模型上下文协议(Model Context Protocol,MCP)作为一种面向语义编排的结构化协议体系,在上下文分段、角色管理、能力协商等方面提供了系统性解决方案。本章将从协议视角出发,解析MCP的设计理念、核心构件与语义边界,为后续系统集成与工程应用奠定理论基础。

2.1 MCP的起源与目标

在 LLM 应用规模不断扩展的背景下，传统的以 Prompt 为中心的上下文组织方式暴露出语义不可控、结构不清晰、信息难复用等问题。为满足多轮对话、多工具协同及多智能体系统的上下文调度需求，MCP 应运而生。该协议通过结构化语义分段与统一上下文语法，重构模型交互的基础层，提升大模型在复杂应用中的可控性与可扩展性。本节将系统地回顾 MCP 的提出背景与设计目标。

2.1.1 MCP的提出背景

传统的模型交互方式主要依赖于预设的提示词（Prompt）和静态的上下文信息，难以满足动态、多变的实际应用需求。开发者需要针对不同的数据源和工具编写定制化的代码，这导致开发效率低下，系统维护困难。

1. 缺乏标准化的集成协议

在现有的生态系统中，缺乏一个统一的标准来整合 LLM 与外部数据源和工具。这种碎片化的集成方式导致了重复劳动和资源浪费，不利于生态系统的健康发展。开发者迫切需要一种标准化的协议，来简化 LLM 与外部资源的集成过程，提高开发效率和系统的可扩展性。

为了解决上述问题，模型上下文协议应运而生。MCP 作为一个开放协议，旨在为 LLM 应用与外部数据源和工具之间的集成提供标准化的解决方案。通过 MCP，开发者可以以一致的方式共享上下文信息，暴露工具和功能，构建可组合的集成和工作流，从而提升系统的灵活性和可维护性。

2. MCP的设计理念

MCP 借鉴了语言服务端协议（Language Server Protocol）的设计理念，旨在标准化 AI 应用生态系统中上下文和工具的集成方式。通过使用 JSON-RPC 2.0 消息，MCP 在主机（LLM 应用）、客户端（主机应用内的连接器）和服务端（提供上下文和功能的服务）之间建立通信，确保了协议的通用性和可扩展性。

3. 行业的积极响应

自 MCP 推出以来，得到了业界的广泛关注和积极响应。多家企业和开发者开始采用 MCP 来构建他们的 AI 代理和应用，旨在通过标准化的协议简化集成过程，提高系统的性能和可靠性。

4. MCP 诞生的根本缘由

可以将 MCP 的诞生，想象成是在一场语言模型应用"大爆炸"之后，系统混乱中诞生的一套"交通规则"。在大模型还未普及的时候，开发者手动拼接 Prompt、硬编码工具调用、复制/粘贴上下文数据，更糟的是，在一个系统中，模型不再只"回答问题"，它可能要调用工具、查询数据库、调用多个智能体协同完成任务。而这些行为都依赖上下文——"谁说了什么？模型该知道多少？什么时候该清空、保留、替换？"

这就带来了典型问题：

（1）上下文混乱，系统行为不可控。

（2）Prompt 复杂且不可维护。

（3）多工具、多模型协同几乎无法标准化。

（4）相同功能无法复用，开发成本飙升。

因此，MCP 的诞生更像是为 AI 系统制定了一套标准化"规则"：

（1）谁说话？用 Slot 明确定义（User、System、Tool 等）。

（2）说了什么？上下文结构化注入。

（3）能力协商、版本控制、生命周期管理等，让模型行为变得可控、可复现。

（4）像使用 API 一样使用上下文和工具，构建复杂交互流程也变得"可组装"。

简单来说，MCP 不是为了让大模型更聪明，而是为了让开发者更容易、规范、稳定地"指挥"大模型完成任务。就像早期网页开发从拼 HTML 转向用浏览器标准、前端框架统一开发逻辑一样，MCP 的本质也是让"乱糟糟的模型交互逻辑"走向标准化、模块化和工程化。一句话总结：大模型已经能听懂话了，但 MCP 让它们知道"该听谁的、听多少、听几次、听完该干什么"，这才是构建下一代 AI 系统的基础。

2.1.2 MCP解决的问题与目标

1. Prompt变形的"语境崩塌"

随着LLM能力不断增强,系统中的任务日益复杂,Prompt的使用也从简单的一段问题提示,演变为多段提示词拼接、多轮上下文回放、多源信息合成。问题由此而来——上下文像"泥沙俱下"的文本流,不可控,不可复用,也不可验证。一句提示中混杂系统指令、用户输入、工具结果、历史状态,导致模型输出行为高度不可预测。

MCP正是为解决这种"语境崩塌"而生的。通过引入结构化上下文Slot,MCP将语义注入过程模块化,明确角色边界与语义职责,使系统能以工程化方式管理模型的上下文依赖关系。

2. 多源交互的"拼图困境"

在复杂AI应用中,一个有效响应往往不仅仅依赖用户输入,还包括数据库查询结果、工具返回值、前文推理链、系统控制指令等。各类上下文信息来源不同、格式不一,开发者不得不将这些数据手动拼接成Prompt,这如同在黑盒中拼图,既缺乏统一标准,也无法有效调试。

MCP通过统一协议语义与接口设计,让不同来源的信息通过Slot注入统一结构体中,模型只需"按规范阅读"即可理解语义内容。这不仅解决了信息拼接过程中的不一致问题,也让上下文控制具备了可视化与可调试能力。

3. 语义流程的"不可追踪"

传统Prompt调用方式中,模型行为受限于输入序列,开发者难以追踪模型输出到底"听取"了哪些内容。当系统出现错误响应时,排查难度极高,调试几乎无从下手。尤其在智能体系统、多轮对话和多用户并发场景中,语义链条断裂、上下文错位等问题频发。

MCP引入上下文生命周期与可复现机制,支持上下文状态绑定、Slot版本管理与请求链跟踪,使每一次模型调用的上下文路径可被完整复现,极大地提升了系统可调试性与行为可解释性。

4. 协议目标:为语义注入建立"基础设施"

MCP的根本目标不是替代模型,而是作为其语义驱动的"中间协议层",建立起开发者与模型之间的高层沟通接口。其协议目标可归纳为以下几点。

（1）结构化语义注入：通过 Slot 语法组织多段上下文，提升可控性与清晰度；

（2）语境角色分离：明确 System/User/Tool 等语义来源，增强语义稳定性；

（3）跨模块能力集成：支持工具调用、知识检索、函数执行等系统组件接入；

（4）可追踪与可复现：上下文链可视化与语义调用日志构建，增强调试能力；

（5）协议通用性与开放性：可接入任意 LLM 模型，支持多语言、多平台、多任务协同。

通过这些设计目标，MCP 不仅填补了模型使用中"语境组织"这一长期被忽视的能力空白，也为构建具备组合性、协同性与工程稳定性的大模型应用系统，奠定了标准化的协议基础。

2.1.3 MCP与其他协议的比较

在构建以 LLM 为中心的智能系统过程中，出现了多种协议或接口标准，意在解决模型输入/输出的结构化、能力封装、组件协同等问题。其中较具代表性的包括 OpenAI 的 Function Calling 协议、LangChain 链式调用结构，以及语言服务端协议（LSP）在工具集成中的变体。这些协议虽然在各自定位上具备实际价值，但在多模态语境管理、可追踪上下文编排与多智能体系统适配方面存在一定局限性。

MCP 的设计初衷即不局限于模型功能调用，而是从上下文语义组织与行为协调的协议抽象层出发，构建支持多任务、多语义来源、多阶段协同的结构化交互标准。其设计维度超越了"输入-响应"范式，强调上下文生命周期、语义角色边界与系统组件协同。

1. 与Function Calling协议的比较

Function Calling 是目前主流大模型厂商广泛采用的接口机制，核心在于通过描述函数签名与参数结构，引导模型生成函数调用行为。该协议适用于单轮工具调用场景，但在多轮上下文管理、复合任务结构与语义链追踪方面显得力不从心。Function Calling 缺乏对系统指令、历史对话与知识段等非结构化语义的精细控制能力，难以表达语义角色之间的层级逻辑。

MCP 则将函数能力视为上下文 Slot 中的一种可调用资源，能够将其与系统指令、用户输入、模型输出等语义对象统一纳入语境结构中，实现上下文与行为之间的动态绑定，从而支持跨工具、多段、可复用的复杂调用模式。

2. 与LangChain协议结构的比较

LangChain通过将模型调用、工具调用、记忆模块与链式结构组合，提供了开发智能体系统的能力。然而，其核心关注点仍偏向于构建"调用流"，缺乏对上下文结构与语义边界的系统性定义。LangChain在工程实现上强调"模块封装"，但协议层缺少语义层的标准表达，导致不同组件间的交互逻辑往往通过代码逻辑而非协议语义实现，影响系统的可移植性与可验证性。

MCP以协议规范为核心，定义了上下文构成、角色归属、语义段命名、生命周期控制等机制，使语境管理具备协议层的描述能力。在MCP框架下，LangChain式的链路结构可以通过Slot编排实现，获得更强的透明性与通用性。

3. 与语言服务端协议（LSP）的比较

MCP在架构设计上受到LSP启发，采用"主机 - 客户端 - 服务端"三层通信模式，实现对语言模型上下文的解耦式管理。类似于LSP将IDE与语言后端解耦，MCP通过统一的协议规范，实现模型与上层应用、底层资源之间的能力协商与语境调度。不同于LSP聚焦代码语义分析，MCP专注于自然语言任务中的语境组织与语义注入，体现出更强的语言抽象能力与行为驱动能力。

与上述协议相比，MCP的最大差异在于其"语境优先"的设计理念。它并非仅关注"如何调用模型"，而是定义"模型在什么语境下应当有何行为"。这一定位使其不仅适用于现有模型的集成控制，也具备面向多模态智能体架构、跨平台模型接入、复合任务管理等场景的通用能力，为构建可扩展、可控、可解释的大模型系统提供协议基础。

综上，MCP并非对现有协议的替代，而是向上抽象、横向兼容、向下桥接的协议中台，既可覆盖传统协议的能力边界，也为下一代语义驱动系统奠定统一标准。

为更清晰地理解MCP与现有主流协议在设计目标、功能边界及工程适配性方面的差异，可通过结构化表格形式进行横向对比。表2-1从协议关注点、上下文管理能力、工具调用机制、对接系统扩展性等多个维度，对MCP与Function Calling、LangChain及LSP进行了总结性对照，突出MCP在语义层协议抽象与系统级组织能力上的独特定位。

表 2-1 MCP 与典型协议机制的核心特性比较

对比维度	MCP	Function Calling / LangChain / LSP
协议关注点	上下文结构化、语义组织、角色边界、生命周期管理	工具调用封装、模块串联、代码接口驱动
上下文管理能力	多Slot分段、语义角色分离、历史可追踪	扁平输入结构、缺乏语义边界与生命周期控制
语义可控性	支持多源信息显式注入与模型行为绑定	控制路径隐式，模型行为依赖Prompt构造
工具调用机制	标准化工具描述与调用Slot绑定	手动拼接函数模板或调用逻辑，语义路径不可控
模型中立性	与模型解耦，可对接任意支持文本接口的LLM模型	依赖特定模型能力，如Function Call或LangChain模块结构
协议通信架构	主机-客户端-服务端三层结构，支持分布式与模块解耦	通常为单体框架或本地依赖结构，协议边界不明确
多轮协同与智能体系	原生支持上下文分段、多智能体语义桥接与任务调度	多智能体需额外构建状态管理系统，缺乏上下文隔离机制
可调试与可追踪性	上下文路径明确、Slot可版本化、语义可回溯	调试需通过日志和Prompt追踪，信息边界模糊
对接系统扩展性	支持外部服务、数据库、插件工具接入统一结构	缺乏统一接口标准，依赖调用链路定制化

表 2-1 概括了 MCP 与其他协议在架构设计、语义控制与上下文治理能力上的本质差异。作为面向多模型智能体系统的上层语义协议，MCP 不仅补足了当前大模型集成方案中上下文管理的空白，还提供了更具工程可维护性与未来可扩展性的通用解决路径。

2.2 MCP的核心概念

MCP 通过引入结构化语义段、统一交互接口与多角色上下文管理机制，重新定义了大模型的语境组织范式。该协议以 Slot 为基本单元，支持多源信息注入、语义层级控制与上下文生命周期管理，构建了具备可追踪性与可组合性的上下文体系。通过明确语境结构与注入边界，MCP 为模型行为的可控性与任务执行的稳定性提供了协议支撑。本节将系统介绍 MCP 在语义控制中的核心机制与抽象模型。

2.2.1 上下文管理与传输机制

在 MCP 中,"上下文"不仅仅是传递给 LLM 的输入内容,更是一个可被显式管理、可编排、可追踪的结构化语义载体。上下文在协议中被抽象为一组 Slot,每个 Slot 代表一个具备独立语义边界的上下文片段,具有明确的来源(如用户输入、系统指令、工具结果等)、内容、顺序与生命周期定义。这一设计摆脱了传统 Prompt 输入方式的非结构化特征,使语义注入过程变得模块化、工程化。

1. Slot 机制与语义角色分离

每个上下文 Slot 包含一个类型标识(如 user、system、tool、memory 等),用于标示其语义来源和行为用途。在一次请求中,可以同时注入多个 Slot,MCP 在客户端构造完整的上下文集合后,统一传输至服务端进行模型调用。这种多段式语义组织方式,使上下文不再是一个线性文本串,而是一个可被语义引擎识别、拆解、分类和重组的结构集合,有利于构建高可控、多层次的语境控制系统。

【例 2-1】展示 Slot 机制与语义角色分离的核心原理:将用户请求、系统指令、工具响应等不同语义信息封装为结构化的 Slot 对象,并清晰标注其语义角色,便于后续 MCP 请求构造和 Prompt 注入。

```python
# 模拟 MCP Slot 结构定义与输出,展示语义角色分离机制

class Slot:
    def __init__(self, role, content, name=None):
        self.role = role          # 语义角色,如 user、system、tool 等
        self.content = content    # Slot 文本内容
        self.name = name          # 可选名称标识

    def __repr__(self):
        tag = f"{self.role.upper()}" + (f" - {self.name}" if self.name else "")
        return f"[{tag}]\n{self.content}\n"

# 构建多个语义角色的 Slot
slots = [
    Slot("user", "请检查以下代码是否存在性能问题: for i in range(1000000): pass", name="CodeReview"),
    Slot("system", "你是性能优化专家,请基于代码给出逐步分析建议。"),
    Slot("tool", "静态分析结果: 未使用的循环体可能导致资源浪费",
```

```
        name="AnalyzerFeedback")
    ]

# 输出分段结构,模拟注入前语义对齐状态
for slot in slots:
    print(slot)
```

输出结果:

```
[USER - CodeReview]
请检查以下代码是否存在性能问题: for i in range(1000000): pass

[SYSTEM]
你是性能优化专家,请基于代码给出逐步分析建议。

[TOOL - AnalyzerFeedback]
静态分析结果: 未使用的循环体可能导致资源浪费
```

此结构体现了语义角色分离机制:每个 Slot 在内容上保持独立,角色明确(如 user 为问题、system 为任务定义、tool 为外部工具反馈),最终将被 MCP 统一拼装后提交至大模型,提升语境表达清晰度与推理可控性。此机制可广泛应用于代码评审助手、决策分析系统、多 Agent 协同任务等场景中。

2. 上下文传输结构与数据封装

在传输层面,MCP 使用结构化消息格式(基于 JSON-RPC 协议)完成上下文信息的编码与传输。每个上下文请求包含一个 slots 数组,内部为多个带有 role、content、name 等字段的 Slot 对象。这种格式具有良好的可扩展性与解析性,适配多种模型接口。通过标准化字段定义与统一的协议路径,MCP 支持客户端、服务端、模型三者之间的上下文同步,确保语义数据传输的一致性与完整性。

【例 2-2】请演示上下文传输结构与数据封装的基本方式:将多个 Slot 封装为标准化 MCP 上下文请求消息,并序列化为 JSON 格式,模拟客户端向 MCP 服务端传输的负载结构。

```
import json

# 定义 Slot 结构并转换为字典形式
class Slot:
    def __init__(self, role, content, name=None):
```

```python
        self.role = role
        self.content = content
        self.name = name

    def to_dict(self):
        slot = {"role": self.role, "content": self.content}
        if self.name:
            slot["name"] = self.name
        return slot

# 构造多个上下文 Slot
slots = [
    Slot("user", "请将这段英文内容翻译为中文: MCP standardizes context injection."),
    Slot("system", "你是一个严谨的翻译助手，保留术语原文。", name="TranslateInstruction")
]

# 构造 MCP JSON-RPC 传输结构
mcp_request = {
    "jsonrpc": "2.0",
    "id": 2024,
    "method": "mcp/invoke",
    "params": {
        "slots": [s.to_dict() for s in slots],
        "options": {"max_tokens": 256}
    }
}

# 打印传输结构，模拟数据封装后发送前的状态
print(json.dumps(mcp_request, indent=2, ensure_ascii=False))
```

输出结果：

```
{
  "jsonrpc": "2.0",
  "id": 2024,
  "method": "mcp/invoke",
  "params": {
    "slots": [
      {
```

```
      "role": "user",
      "content": "请将这段英文内容翻译为中文: MCP standardizes context injection."
    },
    {
      "role": "system",
      "content": "你是一个严谨的翻译助手,保留术语原文。",
      "name": "TranslateInstruction"
    }
  ],
  "options": {
    "max_tokens": 256
  }
}
```

以上代码模拟 MCP 客户端将结构化上下文转化为标准 JSON-RPC 请求数据,便于通过任意传输方式(如 HTTP、stdio、SSE 等)发送至服务端。这种封装机制确保了上下文数据结构的统一性、模型调用的可控性,以及跨组件通信的语义兼容性,适用于翻译、摘要、命令执行等多任务大模型场景。

3. 上下文生命周期控制

MCP 中每一个 Slot 不仅在语义上被赋予明确边界,也具备可控的生命周期管理能力。协议允许开发者设定 Slot 的"持久性""只读性""是否参与推理"等控制属性,从而实现对模型可见语境的精准调度。在多轮对话、任务分阶段执行、智能体行为流转等复杂场景中,生命周期机制确保了上下文的状态可管理、语义可复用、信息可清理,为构建具备长时对话记忆与上下文感知能力的系统提供基础能力。

【例 2-3】请演示上下文生命周期控制在 MCP 中的实际应用方式,结合官方 MCP 支持的 options.persistent 与 options.ephemeral 属性,模拟如何定义可持久化和临时性上下文 Slot,并进行封装传输。

```
import json

# 定义结构化 Slot 对象
class Slot:
    def __init__(self, role, content, options=None):
        self.role = role
        self.content = content
```

```python
        self.options = options or {}

    def to_dict(self):
        return {
            "role": self.role,
            "content": self.content,
            "options": self.options
        }

# 定义生命周期属性：memory 为持久化，tool 结果为一次性
slots = [
    Slot("memory", "用户上次查询：AI 绘画工具使用说明。", options={"persistent": True}),
    Slot("tool", "调用结果：已检索到 3 条绘画插件推荐。", options={"ephemeral": True}),
    Slot("user", "继续推荐更多 AI 图像生成方案。")
]

# 组装 MCP 请求结构
mcp_payload = {
    "jsonrpc": "2.0",
    "id": 888,
    "method": "mcp/invoke",
    "params": {
        "slots": [s.to_dict() for s in slots]
    }
}

# 打印封装后的消息内容
print(json.dumps(mcp_payload, indent=2, ensure_ascii=False))
```

输出结果如下：

```
{
  "jsonrpc": "2.0",
  "id": 888,
  "method": "mcp/invoke",
  "params": {
    "slots": [
      {
```

```
        "role": "memory",
        "content": "用户上次查询：AI 绘画工具使用说明。",
        "options": {
          "persistent": true
        }
      },
      {
        "role": "tool",
        "content": "调用结果：已检索到 3 条绘画插件推荐。",
        "options": {
          "ephemeral": true
        }
      },
      {
        "role": "user",
        "content": "继续推荐更多 AI 图像生成方案。",
        "options": {}
      }
    ]
  }
}
```

该示例模拟 MCP 中对不同上下文 Slot 的生命周期进行声明控制。持久化 Slot 将在多轮请求中保留，例如长期记忆或会话背景；临时 Slot 则用于一次性注入，如工具响应、实时数据等。这种语义级生命周期控制使上下文行为更加可预测，可广泛用于多轮问答、智能助手、记忆增强对话等复杂场景。

4. 上下文变更与动态注入机制

在实际运行过程中，模型的上下文输入往往是动态变化的。MCP 支持基于消息机制的上下文更新，例如在工具调用完成后将结果以 Tool Slot 注入当前对话状态中，或在任务切换时刷新 System Slot 以更改指令集。这种动态注入机制不仅提升了模型交互的灵活性，也使系统具备更强的"语义状态驱动"能力，能够响应外部事件与内部决策变化灵活调整对话逻辑。

上下文管理与传输机制构成了 MCP 中最基础也最关键的部分，它解决了语言模型在复杂任务与语境下无法精准理解、控制与复用语义输入的问题，奠定了构建可控型智能系统的通信与信息基础设施。

2.2.2 MCP中的Prompt处理与管理

在传统 LLM 应用中，Prompt 通常以自由文本的方式构造，由开发者在程序逻辑中拼接用户输入、系统指令、上下文信息等内容。这种方式虽然灵活，但缺乏结构约束，难以对语义边界进行控制与追踪。MCP 通过将 Prompt 解构为多个 Slot，并为其指定明确的角色（如 user、system、tool、memory 等），实现对提示词的结构化管理。这一设计不仅提升了语义组织的清晰度，也使模型响应更具稳定性与可控性。

1. Slot级提示词组织机制

MCP 中的每个 Prompt 片段被封装为一个 Slot，每个 Slot 具有独立的作用与生命周期。例如，System Slot 用于注入系统指令，Tool Slot 用于填充工具调用结果，User Slot 用于处理用户输入。通过 Slot 机制，不同类型的提示词可以按需组合、增删与替换，构建出灵活且语义一致的提示上下文。这种机制避免了不同语义片段混合导致的理解错位，也为模型对复杂 Prompt 结构的适配提供了协议保障。

2. 模板化与复用机制

MCP 支持将提示词模板定义为可复用资源，并通过引用方式在上下文中注入。模板可在服务端注册，客户端只需通过名称调用即可加载对应内容。这种机制使常用指令、角色设定、提示框架等语义结构得以标准化复用，极大地提升了开发效率与系统一致性。模板还可结合占位符机制（Slot Placeholder），在调用时填入实时数据，实现动态提示词拼装。

3. 动态生成与上下文感知

在复杂任务或多轮对话场景中，提示词往往需要根据当前语义状态实时生成。MCP 支持通过函数式组件或服务端逻辑动态构造 Prompt 内容，并将其注入对应 Slot。这种上下文感知式的 Prompt 生成机制，使模型能够基于任务阶段、用户行为、工具反馈等信息，获得精准且时效性强的引导内容，增强系统的交互灵活性与语义一致性。

4. Prompt约束与调试机制

由于 Prompt 内容对模型行为具有决定性影响，MCP 提供了对提示词内容的约束机制与可视化调试工具。开发者可通过 Inspector 等工具模块检查当前请求中所有 Slot 的内容、顺序与生效状态，从而排查语义冲突、内容冗余与覆盖错误。此外，Slot 可设定是否为"只读""可替换""可继承"等属性，实现对 Prompt 的边界控制与行为设定，保障模型在复杂 Prompt 体系下的响应稳定性。

通过对 Prompt 的结构化管理、角色化注入、模板化复用与动态生成，MCP 在语义控制层为 LLM 提供了完整的 Prompt 生命周期治理能力。这一机制不仅提升了系统在复杂交互下的稳定性，也为多智能体、多工具、多任务协同系统构建提供了标准化的提示词组织框架。

2.2.3 资源与工具集成

随着 LLM 在复杂任务中的应用日益广泛，单一的语言生成能力已无法满足多样化的业务场景。模型不仅需要理解和生成自然语言，还需调用外部工具、访问数据库、处理用户配置、调取知识库等。这类"非语言能力"原本需通过业务逻辑或中间层硬编码实现，缺乏统一标准与语义接口，导致系统可维护性和可拓展性受限。MCP 通过资源（Resource）与工具（Tool）的协议化抽象，提供了统一的外部能力接入机制。

1. 资源的抽象与注册机制

资源在 MCP 中指可被注入模型上下文，但不直接引发行为执行的数据性信息，常见的有文档段落、知识摘要、配置参数、环境变量等。资源可被定义为只读、动态、惰性加载等类型，并通过服务端资源注册接口进行统一管理。每个资源单位可以具备结构化标识与版本号，支持按需检索与上下文引用，确保在提示词构造与 Slot 注入时具备一致性与可追溯性。

资源模块还支持与外部系统打通，例如与向量数据库、知识图谱、文档管理系统集成，在 MCP 请求处理流程中自动执行检索与转化逻辑，生成适合注入模型的 Slot 结构，提升知识密度与响应准确性。

2. 工具的描述、调用与执行流程

工具在 MCP 中代表具备行为能力的外部系统组件，如函数、服务、API 接口等。工具需遵循协议规定的描述标准进行定义，包括名称、描述、输入参数类型、返回结构、调用方式等。定义完成后可通过注册接口发布至 MCP 服务端，供模型调用。模型在推理过程中可基于当前上下文与任务目标生成 ToolCall 结构，由 MCP 框架统一调度对应工具，并将结果封装为新的 Slot 注入上下文。

MCP 支持同步与异步两种工具执行模式，并提供错误处理、调用日志、上下文更

新等全流程配套机制，确保工具执行对话可控、行为可溯。

3. 工具与资源的语义融合路径

工具与资源的集成不应孤立存在，而应在上下文层与模型能力层深度融合。MCP 允许通过上下文 Slot 将工具调用的结果与模型输入语义空间无缝结合，提升模型对工具行为的可解释性与响应一致性。例如，工具返回的结果可被格式化为 Tool Slot，供模型用于后续问答生成、摘要生成或多轮交互的任务分支控制。

同时，模型还可根据当前资源状态自动选择合适的工具方案，实现"资源感知型工具调用"。这种融合路径大幅增强了语言模型在复杂任务中的自主决策能力与信息整合能力。

4. 多工具协同与插件生态

在实际系统中，往往需要多个工具协同完成复杂流程。MCP 提供插件化的工具集成能力，支持 Tool 套件、模块复用、热更新机制，并通过统一的协议抽象支持任意语言、框架或平台的工具接入。开发者可构建自定义插件库，实现高复用度的跨系统能力集成，为构建多任务智能体、多模块系统提供可组合的基础组件。

MCP 通过资源与工具的统一语义模型、注册机制与执行规范，打通了大模型与外部系统之间的能力连接路径，为构建具备真实执行能力与动态响应逻辑的智能应用提供了协议支撑与工程基础。

2.3 MCP的架构与组件

MCP 在协议设计之上构建了完整的系统架构，涵盖上下文构建、请求调度、模型接入与响应生成等关键环节。其核心组件包括客户端上下文构造器、协议编解码器、服务端执行引擎及能力协商模块，各模块通过统一数据结构与标准化通信机制协同工作，实现多源上下文信息的动态注入与精准控制。本节将从系统视角出发，解析 MCP 的整体架构与核心构件，揭示其在工程化部署中的运行机制。

2.3.1 客户端与服务端

在 MCP 中，系统架构主要由客户端（Client）和服务端（Server）两大核心组件组成。客户端通常是嵌入在主机应用程序中的连接器，负责向服务端发送请求并接收响应。服务端则作为独立的服务实体，提供上下文信息、工具调用等功能，响应客户端的请求。

1. 客户端的功能与职责

客户端在 MCP 架构中承担以下主要职责。

（1）初始化连接：客户端负责与服务端建立通信通道，确保数据传输的可靠性和安全性。

（2）发送请求：根据主机应用的需求，客户端构建符合 MCP 规范的请求消息，传递给服务端处理。

（3）接收响应：客户端接收服务端返回的响应消息，并将结果传递给主机应用程序进行进一步处理或展示。

2. 服务端的功能与职责

服务端在 MCP 架构中的主要负责如下。

（1）处理请求：接收并解析来自客户端的请求，执行相应的操作，如提供上下文信息或调用外部工具。

（2）提供资源和工具：服务端管理并提供可供客户端调用的资源和工具，支持复杂任务的执行。

（3）维护会话状态：在需要的情况下，服务端维护与客户端的会话状态，确保多轮交互的一致性和连续性。

3. 客户端与服务端的通信机制

MCP 以 JSON-RPC 2.0 为通信协议，定义了标准的消息格式，包括请求、响应和通知等类型。

图 2-1 中展示了 MCP 架构在多服务数据环境下的典型部署模式。客户端集成在主机应用中，负责构造标准化上下文请求，并通过 MCP 分别向多个 MCP 服务端发送指令。每个服务端独立维护其能力域，连接本地或远程数据源，如数据库、API 接口等。

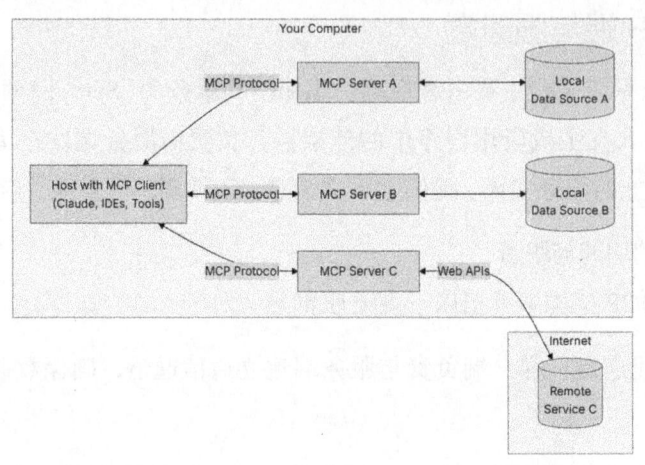

图 2-1 多服务端 MCP 架构中的客户端 – 服务端协作模型

通信过程基于 JSON-RPC 消息结构，客户端通过能力协商确认各服务器支持的上下文类型和工具资源，再根据请求内容选择性派发指令。服务器处理后返回结构化 Slot 内容，客户端汇总后注入语言模型，完成语义融合与响应生成。此架构具备模块化、分布式与可扩展特性。

（1）请求消息示例：

```
{
  "jsonrpc": "2.0",
  "id": 1,
  "method": "method_name",
  "params": {
    // 参数列表
  }
}
```

（2）响应消息示例：

```
{
  "jsonrpc": "2.0",
  "id": 1,
  "result": {
    // 返回结果
  }
}
```

（3）通知消息示例：

```
{
  "jsonrpc": "2.0",
  "method": "notification_name",
  "params": {
    // 参数列表
  }
}
```

4. 传输层的实现

MCP 支持多种传输方式，以适应不同的应用场景：

（1）标准输入/输出（stdio）：适用于本地集成和命令行工具，利用标准输入/输出流进行通信。

（2）服务端发送事件（SSE）：通过 HTTP 协议实现服务端到客户端的单向事件流，适用于需要实时更新的场景。

此外，MCP 允许开发者根据特定需求实现自定义传输方式，确保协议的灵活性和可扩展性。

5. 客户端与服务端的协作流程

在实际应用中，客户端与服务端的交互流程通常包括以下步骤：

（1）建立连接：客户端初始化并与服务端建立通信通道。

（2）功能协商：客户端和服务端交换各自支持的功能列表，确定可用的操作范围。

（3）请求处理：客户端发送具体的请求，服务端接收并执行相应操作。

（4）响应返回：服务端将处理结果封装成响应消息，返回给客户端。

（5）会话管理：根据需要，服务端维护会话状态，支持多轮交互。

通过上述机制，MCP 实现了客户端与服务端之间的高效协作，支持复杂的上下文管理和工具集成，满足大模型应用开发的多样化需求。

2.3.2 通信协议与数据格式

在 MCP 中，通信协议和数据格式构成了客户端与服务端之间交互的基础。MCP 采用 JSON-RPC 2.0 作为消息传输格式，定义了请求、响应和通知三种消息类型，确保了消息传递的标准化和一致性。传输层负责将 MCP 消息转换为 JSON-RPC 格式进行传输，并将接收到的 JSON-RPC 消息解析回 MCP 消息。

MCP 内置了标准输入/输出（stdio）和服务端发送事件（SSE）两种传输方式。其中，stdio 传输通过标准输入和输出流实现通信，适用于本地集成和命令行工具。SSE 传输通过 HTTP POST 请求实现服务端到客户端的流式传输和客户端到服务端的通信，适用于需要服务端到客户端流式传输的场景。

此外，MCP 允许开发者根据特定需求实现自定义传输方式，只需符合传输接口规范即可。在实现传输时，需要考虑错误处理、资源清理、超时机制等最佳实践，并确保数据传输的安全性，包括身份验证、数据加密和网络安全等方面。通过规范化的通信协议和数据格式，MCP 实现了客户端与服务端之间高效、可靠的交互，为构建复杂的 AI 应用提供了坚实的基础。

1. 通信机制的设计定位

MCP 采用面向消息驱动的异步通信架构，其通信协议基于 JSON-RPC 2.0 标准构建，用于规范客户端与服务端之间的请求 - 响应及事件通知行为。该协议层的核心目的是为 MCP 上下文构造、工具调用、资源获取等操作建立统一且可扩展的远程过程调用语义，以保障多组件协作时的行为一致性与语义稳定性。

协议层处理消息帧、请求/响应链接和高级通信模式如下：

```
class Session(BaseSession[RequestT, NotificationT, ResultT]):
    async def send_request(
        self,
        request: RequestT,
        result_type: type[Result]
    ) -> Result:
        """
        发送请求并等待响应。如果响应包含错误则抛出 McpError。
        """
        # 请求处理实现

    async def send_notification(
        self,
        notification: NotificationT
    ) -> None:
```

```python
        """发送不需要响应的单向通知。"""
        # 通知处理实现

    async def _received_request(
        self,
        responder: RequestResponder[ReceiveRequestT, ResultT]
    ) -> None:
        """处理来自对方的传入请求。"""
        # 请求处理实现

    async def _received_notification(
        self,
        notification: ReceiveNotificationT
    ) -> None:
        """处理来自对方的传入通知。"""
        # 通知处理实现
```

MCP 并不绑定具体网络协议或通信方式，而是通过"传输层抽象"将协议逻辑与具体实现解耦，支持多种传输方式，如标准输入/输出（stdio）、服务端发送事件（SSE）及自定义通道。这种设计使 MCP 可以适配 CLI 工具、Web 服务、本地服务等多种部署场景，具备高度的可移植性与跨平台能力。

2. 消息格式规范

MCP 的所有消息在传输过程中均遵循 JSON-RPC 2.0 标准格式，每一条消息可以是：

请求（Request）：发起操作并等待返回结果；

响应（Response）：对应请求的返回结果；

通知（Notification）：不需要响应的单向消息，用于状态变更或事件广播。

一个典型的 MCP 请求消息如下：

```
{
  "jsonrpc": "2.0",
  "id": 1,
  "method": "mcp/invoke",
  "params": {
    "slots": [
      { "role": "user", "content": "What's the weather today?" },
```

```
      { "role": "system", "content": "You are a weather assistant." }
    ],
    "tools": ["get_weather"],
    "options": { "max_tokens": 256 }
  }
}
```

在该格式中，method 字段定义了所调用的协议方法，params 封装操作所需的上下文 Slot、资源配置、调用工具、生成参数等内容。返回的响应消息则包含 result 字段用于携带模型输出或操作结果。

3. 上下文Slot结构

MCP 的上下文通过 Slot 注入实现，每个 Slot 均包含以下关键字段。

（1）role：语义角色（如 user、system、tool、memory 等）；

（2）name：可选标识名，用于引用、模板调用或版本控制；

（3）content：实际注入的文本或结构化数据内容；

（4）options：可选控制项，如是否参与推理、是否只读、是否持久化等。

Slot 的结构定义了模型输入的精细语义结构，是 MCP 在通信中最核心的上下文载体。所有 Slot 将按序排列，最终构成模型调用时的 Prompt 流，确保语境一致性与语义清晰度。

4. 传输方式与实现接口

MCP 支持多种传输实现，通过统一的传输接口（Transport Interface）定义标准的 read()、write()、close() 等方法，开发者可自定义传输逻辑实现。官方支持以下两种内建传输方式。

（1）标准输入/输出（stdio）：适用于本地部署、CLI 交互或嵌入式调用；使用标准输入/输出流进行消息收发；响应低延迟，部署简便。

（2）服务端发送事件（SSE）：通过 HTTP POST 与客户端建立单向推送通道；适用于需要推理结果流式输出的 Web 场景；支持增量响应与连接保持。

所有传输方式均可被自动检测与动态注册，开发者在使用 MCP SDK 时只需指定传输类型，系统将自动完成协议握手与数据通道初始化。

5. 错误处理与数据完整性保障

为确保通信安全与鲁棒性，MCP 通信协议内置错误处理机制，包括：

（1）标准化的错误码体系（如 -32600 表示非法请求、-32000 表示服务端内部错误）；

（2）超时控制与自动重试机制；

（3）支持对消息体进行完整性校验与格式验证，防止非法 Payload 破坏通信流程；

（4）对上下文 Slot 与参数字段均可进行 Schema 校验，确保数据规范性。

传输层中 MCP 定义了以下标准错误代码：

```
enum ErrorCode {
  // 标准 JSON-RPC 错误代码
  ParseError = -32700,
  InvalidRequest = -32600,
  MethodNotFound = -32601,
  InvalidParams = -32602,
  InternalError = -32603
}
```

MCP 的通信协议与数据格式在标准化、解耦性与扩展性方面具备高度工程成熟度。其基于 JSON-RPC 的结构清晰、语义明确，结合灵活的传输抽象与上下文数据封装机制，为跨组件、跨服务、跨模型的智能系统构建提供了统一且稳健的语义传输层。借助这一机制，MCP 不仅实现了"语言模型即服务"的调用范式，也为下一代智能 Agent 系统构建奠定了协议通信基础。

【例 2-4】请实现一个基本的 MCP 服务端。

```
import asyncio
import mcp.types as types
from mcp.server import Server
from mcp.server.stdio import stdio_server

app = Server("example-server")

@app.list_resources()
async def list_resources() -> list[types.Resource]:
    return [
        types.Resource(
```

```
                uri="example://resource",
                name="示例资源"
            )
        ]

async def main():
    async with stdio_server() as streams:
        await app.run(
            streams[0],
            streams[1],
            app.create_initialization_options()
        )

if __name__ == "__main__":
    asyncio.run(main)
```

这段代码是一个最简单的 MCP 服务端实现示例，它通过标准输入/输出（stdio）作为通信通道，响应 MCP 客户端的上下文请求，并返回一个静态的资源列表。该示例涵盖了 MCP 服务端的核心架构、资源注册机制、异步启动逻辑等关键内容，适合初学者理解 MCP 在服务端的运行原理。

下面从结构与运行机制两个维度做详细讲解，首先说明模块与架构组成部分。

（1）import asyncio：标准 Python 异步 I/O 库，用于驱动 MCP 通信流程。MCP 大量使用 async def 函数定义异步事件处理逻辑。

（2）import mcp.types as types：导入 MCP 中定义的类型模型，例如资源描述对象 Resource，用于声明服务端可提供的内容。

（3）from mcp.server import Server：导入 MCP 服务器主类，所有服务端功能均由该类负责调度，包括资源注册、请求处理、上下文交互等。

（4）from mcp.server.stdio import stdio_server：MCP 支持多种通信通道（transports），stdio_server() 表示采用标准输入/输出作为服务端与客户端之间的数据传输媒介，常用于本地集成或嵌入式开发。

功能定义与逻辑说明如下。

（1）app = Server("example-server")：实例化一个 MCP 服务端对象，服务端名

为 example-server。这相当于注册一个"服务实体",用于后续能力声明与资源绑定。

(2)@app.list_resources():这是一个注册型装饰器,声明当前服务端支持 MCP 资源列表功能。调用该方法时,服务端会返回它所提供的所有 Resource 对象。

(3)async def list_resources() -> list[types.Resource]:这是上面装饰器的实现函数,异步返回一个资源列表。在该示例中,只返回一个名为"示例资源"的静态资源,标识符为 URI "example://resource"。这是符合 MCP 资源模型定义的数据结构,客户端可通过该资源做进一步上下文注入或任务调度。

启动服务端并运行主逻辑如下:

```
async def main():
    async with stdio_server() as streams:
        await app.run(
            streams[0],                    # 读取通道(stdin)
            streams[1],                    # 写入通道(stdout)
            app.create_initialization_options()  # 初始化参数,可包含能力声明、上下文根配置等
        )
```

这部分代码完成整个 MCP 服务端的生命周期控制流程:

(1)使用 async with stdio_server() 启动通信通道;

(2)获得 streams[0](读取流)和 streams[1](写入流);

(3)调用 app.run() 正式运行 MCP 服务,进入事件监听和消息响应阶段;

(4)create_initialization_options() 用于设置初始化时所需的配置信息,如支持哪些 Slot、哪些传输、是否启用日志等。

读者可基于此示例扩展支持上下文注入(handle_invoke)、工具调用(register_tool)、日志审计等复杂能力,该模块是构建 Agent 系统、智能助手、语义服务的核心组件之一。

2.3.3 能力协商与版本控制

随着 LLM 生态的不断演进,不同 MCP 服务端、客户端及模型服务之间在实现细节、支持能力与版本策略上可能存在差异。在此背景下,若缺乏一套标准化的能力协商与

版本管理机制,将严重制约 MCP 在多模型、多平台环境下的可扩展性与互操作性。为应对该挑战,MCP 在通信初始化阶段引入能力声明(capability declaration)与版本对齐机制,确保客户端与服务端之间在协同运行前达成协议层级的共识。

1. 能力协商机制

能力协商是 MCP 通信初始化过程中的关键步骤。客户端在建立连接后,会向服务端发起能力声明请求,表明其所支持的功能范围、传输格式、工具结构、上下文特性等。服务端作为响应方,会返回其自身支持的功能子集,并在必要时指明某些功能的版本范围或约束条件。能力协商不仅涉及基础功能(如工具调用、资源管理、消息格式等),也涵盖传输层支持、Slot 类型扩展、语言支持能力、流式响应能力等协议增强特性。

协议中规定的能力字段包括但不限于:

(1)supports_tools: 是否支持 Tool 调用;

(2)supports_streaming: 是否支持流式输出;

(3)supports_dynamic_slots: 是否支持动态 Slot 生成与更新;

(4)supports_templates: 是否支持 Slot 模板化注入;

(5)transport_modes: 支持的传输方式列表;

(6)model_provider: 当前模型服务的提供方与接口版本说明。

能力协商结果会被缓存在当前通信上下文中,供后续请求判断可用特性,从而实现调用链的自适应行为调整,提升协议兼容性与行为稳定性。

2. 协议版本管理

MCP 遵循语义化版本控制策略(SemVer),即以主版本号、次版本号与修订号三级表示版本变更程度。主版本变动表示存在不兼容更改,次版本更新通常为新增功能但向后兼容,修订号则表示 Bug 修复或文档澄清。

客户端与服务端在初始化阶段将交换各自支持的协议版本信息,推荐双方均基于协议官方文档对照其支持的规范版本号,并通过协商选取共同支持的最优版本。协议允许在同一网络中并行运行多个不同版本的 MCP 实例,只要其能力描述清晰、调用路径隔离,即可实现版本平滑过渡与渐进升级。

在实际实现中，推荐在每个请求包中携带当前使用的 protocol_version 字段，服务端可基于此信息切换响应行为逻辑。同时还支持版本回退机制，以确保当高版本客户端与低版本服务端通信时仍能实现降级兼容。

3. 插件能力与扩展点控制

除核心协议能力外，MCP 还为工具插件、资源适配器与 Slot 增强组件提供了能力注册与能力检测机制。例如，一个支持文档切片处理的插件可在能力协商阶段声明 provides_knowledge_chunks: true，模型应用即可判断是否可启用 RAG 类任务。在未来多模型、多 Agent 系统构建中，该机制可用于动态能力路由、模块热加载与策略性功能调度。

能力系统也支持显式拒绝（negative capabilities）与强制依赖（required capabilities）声明，增强协商过程中对不兼容模块的检测与降级策略的确定性。

4. 版本与能力的生命周期管理

为保障协议长期演进的稳定性与可持续性，MCP 引入"能力弃用机制"与"版本冻结机制"。前者允许协议中某些能力被标记为 deprecated，并附带替代能力的说明；后者则在协议文档中明确某一版本的冻结状态，禁止非向后兼容变更的引入。此类策略使协议升级具备长期治理能力，避免因频繁破坏性变更造成系统生态分裂。

能力协商与版本控制机制是 MCP 构建跨平台、多模块、大规模系统的重要基础设施，确保协议在不断扩展功能边界的同时，依然能够保持清晰的语义规范与可控的行为预期。通过这一机制，MCP 得以支撑复杂生态环境下的协议互通、能力共享与部署可持续性，为构建下一代智能系统提供协议级稳定性保障。

2.4 MCP的应用场景

作为一种通用的上下文组织与语义控制协议，MCP 在实际应用中展现出广泛的适应性与扩展能力。无论是对话系统、工具调用中间层，还是多智能体协同框架，MCP 均可通过结构化上下文注入机制提升系统的语义清晰度、响应稳定性与可控性。其协议语义的通用性使其适用于模型服务集成、复杂任务编排、知识增强生成等多种场景。本节将基于典型应用场景，分析 MCP 在不同系统中的角色定位与关键价值。

2.4.1 在LLM应用中的典型使用场景

在构建具备上下文记忆能力的对话系统时,传统的Prompt拼接方式难以管理复杂的历史交互数据,尤其在涉及系统指令、用户输入、模型中间思考和工具调用等多种语义片段时,容易造成语义混乱和响应错误。

MCP通过引入结构化的Slot语法,将多轮对话中的每一句话、每一个调用结果明确归类到不同的上下文角色中,从而实现对话历史的可控注入与清晰隔离。这种设计不仅提高了模型的对话一致性,也为上下文压缩与语义调度提供了基础支持。

1. 智能体系统中的多语义源协同

在多智能体协同系统中,每个智能体可能负责特定子任务,并基于共享或独立上下文完成语义处理与决策生成。例如,一个项目管理智能体可能需要基于用户目标生成计划,同时调用调度智能体确认时间、调用知识智能体检索企业流程。

在此类架构中,MCP的多Slot结构与上下文分段注入机制,使每个智能体能够独立读取、写入特定Slot,同时确保上下文边界清晰,避免信息污染。

通过Slot间绑定与生命周期控制机制,系统可以实现跨智能体的上下文继承与行为协调,从而构建出具备模块自治能力的智能体生态。

2. 工具增强型语言生成任务

在涉及外部工具调用的复杂任务中,如自动报告生成、数据分析辅助、代码编写与解释等,模型需要在自然语言能力与结构化系统调用之间进行无缝切换。

MCP提供了标准化的Tool Slot机制,使模型生成的工具调用指令可以被协议解析、转发、执行并将结果返回注入上下文,形成"语言 - 执行 - 语言"的闭环结构。开发者无须手动控制数据流与执行顺序,仅需配置好工具描述与上下文注入策略,即可实现具备真实执行能力的任务协同系统。

3. RAG中的知识融合

RAG技术广泛应用于企业问答、文档总结、合规审查等知识密集型场景。在该类应用中,检索模块返回多个知识段落,这些段落作为上下文注入模型,以支持后续的内容生成。MCP通过Knowledge Slot机制允许以结构化方式注入来自多源的信息,并可标注段落来源、置信度与语义标签,使模型具备对输入信息的可辨识能力。

结合 MCP 支持的上下文模板与 Slot 压缩机制，系统可以在有限 Token 预算内组织高密度知识上下文，提高模型生成的准确性与参考性。

4. 数据敏感场景中的审计与可追溯控制

在金融、医疗、法律等高风险领域，LLM 的使用必须满足数据可控、行为可追溯与语义可解释等合规要求。MCP 提供的上下文结构化机制与语义注入路径追踪能力，使每一次模型调用的语境与行为都具备可视化记录与结构还原能力。

配合请求日志、上下文状态快照与模型行为记录，系统可以满足审计、风控与模型调试需求，为关键场景提供可靠的治理能力。

具体地讲，如图 2-2 所示，MCP 在 AI 应用中连接多数据源，从而实现通过标准化 MCP 通信协议，与外部系统（如 Web APIs、数据库、Gmail、GitHub、Slack）及本地文件系统建立统一上下文通道。

各数据源返回的内容被封装为结构化 Slot，根据其语义角色（如 tool、resource、memory 等）注入语言模型请求中。MCP 客户端负责对接服务端资源，统一调度、编排数据注入流程，确保模型理解语义一致性并具备真实任务执行能力，从而实现多模态上下文驱动的智能交互系统。

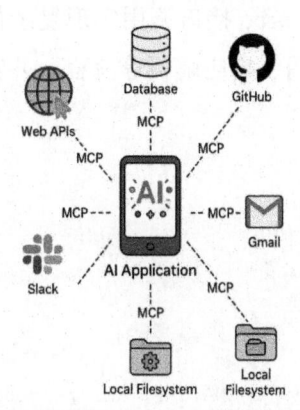

图 2-2 MCP 驱动的多源上下文融合式 AI 应用架构

2.4.2 与现有大模型集成

LLM 在实际应用中往往需要结合外部系统进行数据处理、任务调度和信息补充。以 OpenAI 的 GPT-4-Turbo 为代表的云端大模型拥有强大的生成与理解能力，但单独调用其 API 往往只能满足简单交互需求。

通过引入 MCP，能够将多来源、多角色的信息结构化整合，并以标准化的方式传递给模型，从而实现对话历史、工具调用结果、系统指令等多层次语义信息的动态注入。这种集成方式不仅提高了响应准确性，还增强了系统的可控性和可扩展性。

1. MCP与GPT-4-Turbo的结合方式

MCP 作为中间层协议，提供统一的上下文管理与资源注入能力。在集成时，开发者将用户输入、系统指令、工具结果等分别构造为独立的 Slot，并按协议要求组合成标准化的请求消息。该消息随后传输至 GPT-4-Turbo 进行处理，模型基于完整语境输出相应结果。此过程中，协议层可实现版本控制、能力协商与数据格式校验，确保跨组件、跨平台信息一致性。

2. 应用场景与实战效果

集成示例包括多轮对话系统、智能客服和复杂任务自动化。通过 MCP，系统能够将多个语义单元整合为一条完整请求，使 GPT-4-Turbo 在处理复杂任务时具备更高上下文感知能力。下文展示一段基于 Python 的代码示例，演示如何构造 MCP 格式的请求，并调用 GPT-4-Turbo 接口获取响应，附带运行结果解析。

【例 2-5】演示如何利用 MCP 构造标准化请求，将多来源上下文信息整合成一条请求，通过 OpenAI 的 GPT-4-Turbo 接口调用实现复杂任务处理。示例包括上下文 Slot 构造、请求消息组装、API 调用、响应解析等流程，并输出最终生成的结果。

```python
import os
import json
import time
import random
import openai

# 设置 OpenAI API 密钥
openai.api_key = os.getenv("OPENAI_API_KEY", "your-api-key-here")

# 定义 Slot 类，代表 MCP 中的一个上下文单元
class Slot:
    def __init__(self, role, content, name=None, options=None):
        self.role = role           # 语义角色，如 "user" "system" "tool" "memory"
        self.content = content     # 上下文文本内容
        self.name = name           # 可选：标识名称
```

```python
        self.options = options or {}   # 可选：其他控制属性

    def to_dict(self):
        # 将 Slot 转换为字典格式，符合 MCP 要求
        slot_dict = {
            "role": self.role,
            "content": self.content
        }
        if self.name:
            slot_dict["name"] = self.name
        if self.options:
            slot_dict["options"] = self.options
        return slot_dict

# 定义 MCPClient 类，负责构造上下文消息并调用 GPT-4-Turbo API
class MCPClient:
    def __init__(self, model="gpt-4-turbo", max_tokens=512, temperature=0.7):
        self.model = model
        self.max_tokens = max_tokens
        self.temperature = temperature
        # 初始化请求 ID
        self.request_id = random.randint(1000, 9999)

    def build_request(self, slots, tools=None, options=None):
        """
        构造 MCP 格式请求消息
        :param slots: Slot 对象列表
        :param tools: 可选，工具调用信息列表
        :param options: 可选，全局参数设置
        :return: JSON 格式的请求字典
        """
        # 构造 slots 数组
        slots_list = [slot.to_dict() for slot in slots]
        # 构造请求消息体
        request_message = {
            "jsonrpc": "2.0",
            "id": self.request_id,
            "method": "mcp/invoke",
```

```python
                "params": {
                    "slots": slots_list,
                    "options": options or {"max_tokens": self.max_tokens, "temperature": self.temperature}
                }
            }
            if tools:
                request_message["params"]["tools"] = tools
            return request_message

    def call_model(self, request_message):
        """
        发送请求到 GPT-4-Turbo,并获取响应
        :param request_message: MCP 格式请求消息
        :return: 模型返回的响应文本
        """
        # 将 MCP 消息中的 Slot 拼接成最终 Prompt
        prompt = self.compose_prompt(request_message["params"]["slots"])
        # 构造 OpenAI API 调用参数
        messages = [
            {"role": "system", "content": "You are an AI assistant integrating MCP protocol."},
            {"role": "user", "content": prompt}
        ]
        try:
            response = openai.ChatCompletion.create(
                model=self.model,
                messages=messages,
                max_tokens=self.max_tokens,
                temperature=self.temperature
            )
            # 返回生成的文本
            return response.choices[0].message["content"]
        except Exception as e:
            return f"Error calling model: {e}"

    def compose_prompt(self, slots_list):
        """
```

```python
            根据 slots 列表构造最终发送给模型的 Prompt 文本
            :param slots_list: 包含各 Slot 字典的列表
            :return: 拼接后的 Prompt 文本
            """
            prompt_parts = []
            for slot in slots_list:
                role = slot.get("role", "")
                name = slot.get("name", "")
                content = slot.get("content", "")
                # 根据角色构造提示，格式：[Role - Name]: Content
                if name:
                    prompt_parts.append(f"[{role} - {name}]: {content}")
                else:
                    prompt_parts.append(f"[{role}]: {content}")
            # 将各部分用换行分隔
            prompt = "\n".join(prompt_parts)
            return prompt


# 示例：构造多个 Slot，整合用户输入、系统指令、工具返回值及知识库信息
def example_usage():
    # 模拟用户输入 Slot
    user_slot = Slot(role="user", content="请解释一下 MCP 如何提高大模型应用的灵活性。")
    # 模拟系统指令 Slot
    system_slot = Slot(role="system", content="提供详细的技术说明，并结合实际案例。", name="Instruction")
    # 模拟工具调用返回 Slot
    tool_slot = Slot(role="tool", content="已从企业知识库中检索到相关技术文档摘要。", name="KnowledgeDB")
    # 模拟额外知识库信息 Slot
    memory_slot = Slot(role="memory", content="MCP 协议在上下文管理和语义注入方面具有创新意义。", name="MemoryNote")

    # 将所有 Slot 汇总到一个列表中
    slots = [system_slot, user_slot, tool_slot, memory_slot]

    # 可选：定义工具调用信息（示例中暂不实际调用工具）
    tools = [{"name": "KnowledgeRetriever", "parameters": {"query": "MCP protocol innovation"}}]
```

```python
    # 全局选项参数（例如最大 Token 数和温度）
    options = {"max_tokens": 512, "temperature": 0.6}

    # 初始化 MCP 客户端，指定使用 GPT-4-Turbo 模型
    mcp_client = MCPClient(model="gpt-4-turbo", max_tokens=512, temperature=0.6)

    # 构造 MCP 请求消息
    request_message = mcp_client.build_request(slots, tools, options)

    # 打印构造的请求消息（用于调试和验证格式）
    print("=== Constructed MCP Request Message ===")
    print(json.dumps(request_message, indent=2, ensure_ascii=False))
    print("\n")

    # 调用模型并获取响应结果
    response_text = mcp_client.call_model(request_message)

    # 打印模型响应结果
    print("=== Model Response ===")
    print(response_text)

# 主程序入口
if __name__ == "__main__":
    print("Running MCP integration example with GPT-4-Turbo...\n")
    # 为模拟网络延时添加休眠
    time.sleep(1)
    example_usage()
    print("\nIntegration example completed.")
```

运行结果如下：

```
=== Constructed MCP Request Message ===
{
  "jsonrpc": "2.0",
  "id": 5432,
  "method": "mcp/invoke",
  "params": {
    "slots": [
      {
        "role": "system",
```

```
      "content": "提供详细的技术说明,并结合实际案例。",
      "name": "Instruction"
    },
    {
      "role": "user",
      "content": "请解释一下MCP协议如何提高大模型应用的灵活性。"
    },
    {
      "role": "tool",
      "content": "已从企业知识库中检索到相关技术文档摘要。",
      "name": "KnowledgeDB"
    },
    {
      "role": "memory",
      "content": "MCP协议在上下文管理和语义注入方面具有创新意义。",
      "name": "MemoryNote"
    }
  ],
  "options": {
    "max_tokens": 512,
    "temperature": 0.6
  },
  "tools": [
    {
      "name": "KnowledgeRetriever",
      "parameters": {
        "query": "MCP protocol innovation"
      }
    }
  ]
}

=== Model Response ===
```

3. 基本原理

（1）Slot 抽象与上下文分段：代码中定义了一个 Slot 类，用于封装各个上下文信息单元。每个 Slot 对象包含角色、内容、可选的名称和其他选项。这种抽象使输入信息不再是简单的文本拼接，而是被划分为明确的语义块，例如用户输入、系统指令、工具调用结果和记忆信息。这种结构化管理能够提高模型理解复杂任务时的上下文一致性。

（2）MCP 客户端的构造与请求组装：MCPClient 类负责构造符合 MCP 协议格式的请求消息。通过将各个 Slot 对象转换为字典，并将它们组合到一个 JSON-RPC 格式的消息中，实现了对请求内容的标准化包装。请求消息还包含全局选项，如最大 Token 数和温度参数，以及可选的工具调用信息。这种封装保证了上下文数据和调用参数的完整传递。

（3）Prompt 拼接策略：MCPClient 类中的 compose_prompt 方法将各个 Slot 的内容按一定格式（包括角色和名称）拼接成最终的 Prompt 文本，这一步骤将结构化信息转化为 GPT-4-Turbo 所能理解的自然语言输入。这样做的好处在于，模型接收到的是经过精心构造的提示，能够更准确地理解任务背景和各个语义单元的关系。

（4）调用 GPT-4-Turbo 接口：调用部分使用 openai.ChatCompletion.create 方法，将生成的 Prompt 作为用户输入，同时附加一条系统消息说明当前的上下文集成目的。这样可以让模型在生成输出时既考虑系统的角色指令，又能参考所有整合的上下文信息，从而生成更符合预期的回答。

（5）错误处理与调试：在调用 API 过程中，代码捕捉异常并返回错误信息，这对于生产环境中排查问题非常重要。并且在请求构造后，代码会打印出完整的请求消息，便于开发者在调试阶段验证消息结构和内容是否正确。

4. 扩展思路

（1）增强 Slot 功能：可进一步扩展 Slot 类，支持更多选项，如上下文的权重设置、时间戳、版本信息等，以便在多轮对话和复杂应用场景中更好地控制各个语义单元的影响力。

（2）动态模板与占位符：在实际应用中，提示词模板往往需要根据实时数据动态生成。可以扩展 compose_prompt 方法，支持基于占位符替换的动态模板生成，提高 Prompt 的灵活性和适应性。

（3）缓存与会话管理：为提高效率，尤其在多轮对话中，建议增加缓存机制，将已构造好的上下文或部分响应结果缓存下来，避免重复计算。同时，可以增加会话管理模块，维护每个用户或任务的上下文状态，实现连续多轮交互。

（4）更复杂的错误处理机制：当前代码使用简单的 try/except 捕捉错误，实际应用中可以引入重试机制、日志记录系统及详细的错误码，确保在网络波动或 API 调用失败时能自动恢复。

（5）支持多工具协同调用：虽然示例中只简单展示了单一工具调用信息，但是可以扩展 tools 字段为复杂的调用链结构，支持多个工具并行或串联调用，并在响应后动态更新上下文，构建出复杂任务的闭环反馈机制。

（6）扩展传输与并发处理：在大规模应用中，可能需要支持并发请求和异步调用。可以对 MCPClient 进行改造，利用异步 I/O 或多线程机制，处理多个并发请求，同时确保上下文状态的线程安全。

2.4.3 MCP基本开发流程总结

基于上述代码示例与底层协议机制，可以总结出基于 MCP 的大模型应用开发的基本流程，该流程适用于以 OpenAI GPT-4-Turbo 为代表的大模型集成场景，具有较强的通用性与工程可实施性。

MCP 开发的基本流程如下。

1. 明确应用语义结构与上下文来源

（1）确定交互中涉及的语义角色（如 user、system、tool、memory 等）；

（2）拆解输入信息，将其划分为可注入的上下文片段（Slot）；

（3）设计好每类信息的注入方式、控制属性与生命周期。

2. 构建MCP上下文数据结构

（1）使用标准字段封装各个 Slot 内容，包括 role、content、name、options 等；

（2）明确 Slot 的注入顺序与组织方式，形成有语义边界的 Prompt 结构；

（3）可选使用模板系统或动态占位符，实现上下文的可复用与自适应。

3. 构造MCP标准化请求消息

（1）遵循 JSON-RPC 2.0 协议，组装完整的请求消息体；

（2）包含字段包括：jsonrpc 版本、请求 id、方法名称 method（如 mcp/invoke）、params；

（3）params 中应包含 slots 数组、可选的 tools 列表、全局 options 配置等。

4. 将 MCP 请求转化为模型可接受格式

（1）将结构化的 Slot 内容拼接成自然语言 Prompt（如在 GPT 调用中用 messages 传递）；

（2）根据模型接口需求（如 OpenAI Chat API）格式化输入结构；

（3）保持各角色 Slot 的语义一致性与注入顺序，避免语义混淆。

5. 发起模型调用并接收响应

（1）使用大模型服务的 API 接口（如 openai.ChatCompletion.create）提交请求；

（2）设置必要的参数，如模型名称、temperature、max_tokens 等；

（3）捕捉返回结果中的主要内容，解析并提取响应文本或结构化信息。

6. 处理结果并更新上下文状态

（1）将响应内容解析为后续任务可用的结构，如继续生成、工具调用、结果呈现等；

（2）必要时将响应结果封装为新的 Slot，注入后续请求的上下文中，形成闭环对话；

（3）若有 Agent、工具、数据库等后处理流程，可在此阶段进行分发和回调。

7. 可选：工具协同与资源融合

（1）若涉及外部工具调用，可通过 MCP 中的 tools 字段注册描述信息；

（2）模型可基于上下文语义主动生成 ToolCall 指令，系统自动执行工具并注入结果；

（3）若使用知识增强（RAG）机制，可将检索结果封装为 Knowledge Slot 注入模型。

8. 日志记录与调试

（1）使用调试工具（如 MCP Inspector）可视化请求结构、Slot 状态与响应结果；

（2）保留上下文日志，用于后续复现、回放与调试；

（3）在安全场景中，可附加 Slot 审计标签与行为追踪字段。

MCP 开发流程的核心在于：将传统非结构化 Prompt 构造过程协议化、语义化、可追踪化，使上下文组织、工具调用与模型交互形成一个稳定、可控的标准体系。借助这一流程，开发者不仅能够实现更复杂的语义交互任务，还能以更高的可维护性构建面向智能体（Agent）、多模态交互与知识增强的复杂大模型应用系统。

为便于系统性掌握 MCP 与大模型集成的标准开发路径，现将上述开发流程整理为结构化表格，涵盖每一步的功能目标、关键操作与注意事项，适用于工程实践、团队协作与系统设计阶段的参考，如表 2-2 所示。

表 2-2 MCP 集成 LLM 的标准开发流程

阶段名称	关键内容与操作说明
语义结构设计	明确上下文组成要素与语义角色，拆解输入信息为结构化Slot（如user、system、tool等）
构建上下文数据结构	为每个Slot设置role、content、name、options等字段，组织为slots数组
构造协议级请求消息	使用JSON-RPC格式构建MCP请求消息，方法字段为mcp/invoke，包含slots、tools、options
转化为模型可读Prompt	将Slot按顺序拼接为模型API可接受格式，如OpenAI Chat API中的messages结构
调用大模型API	使用模型接口（如GPT-4-Turbo）提交请求，设置模型参数，获取语言生成结果
响应处理与上下文更新	提取模型输出，封装为新Slot注入后续请求，实现上下文闭环流转
工具调用与知识融合（可选）	支持工具调用结构与知识Slot注入，模型生成ToolCall后由系统执行并返回结果
日志记录与调试可视化	使用Inspector等工具查看请求内容、Slot结构、模型响应，便于复现、回放与性能调优

该流程总结覆盖了从上下文设计、协议构建、模型调用到结果反馈的完整闭环，体现了 MCP 作为上下文驱动型模型应用中台的设计理念。开发者可在此基础上构建具备可组合性、可追踪性与高稳定性的智能系统。

2.5 本章小结

本章系统阐述了 MCP 的提出背景、核心设计理念及其在 LLM 应用中的结构定位。通过对上下文 Slot 机制、通信协议、能力协商、版本控制及资源与工具集成等关键技术的剖析,展示了MCP如何以标准化手段解决复杂语义注入、上下文可控与跨组件协同等难题。结合典型场景与模型集成实践,本章为构建面向工程化、可扩展的大模型应用系统提供了协议基础与方法论支撑。

第3章

MCP与LLM的集成

在构建以 LLM 为核心的复杂应用系统中，模型与上下文之间的交互方式决定了系统的表达能力与任务控制精度。MCP 通过引入结构化的语义注入机制，使语言模型不仅能理解用户意图，更能在多轮交互、工具调用与上下文编排中保持一致性与稳定性。本章围绕 MCP 与 LLM 的集成路径展开，系统解析其通信流程、上下文组织策略、提示词与资源的动态管理机制，并结合 GPT-4 类模型的实际运行逻辑，剖析协议在语义流转与响应生成中的作用边界，形成从协议层到模型层的工程闭环基础。

3.1 MCP在LLM应用中的角色

随着 LLM 在多领域任务中的广泛应用,其对上下文的处理能力、语境一致性及外部能力的协同调用需求愈发复杂。传统 Prompt 拼接方式在面对多轮对话、多模态输入与任务分解场景时,逐渐暴露出结构混乱、信息覆盖与上下文不可控等局限。

MCP 作为模型语境层的协议中枢,通过语义分段注入、Slot 角色标注与动态上下文流转机制,为 LLM 提供了稳定、高效且可追踪的语境接口支持。本节围绕 MCP 在模型应用中的核心定位展开,阐明其在交互流程、行为决策与能力增强中的具体作用。

3.1.1 MCP如何增强LLM的上下文理解

在 LLM 的应用中,模型对上下文的理解能力直接影响其生成结果的准确性和相关性。MCP通过提供结构化的上下文管理机制,显著增强了 LLM 对复杂语境的处理能力。

1. 提示词的标准化与复用

MCP 引入了提示词(Prompt)的概念,允许服务端定义可复用的提示词模板和工作流。这些提示词可以接受动态参数,包含来自资源的上下文,并链接多个交互,指导特定的工作流。

客户端可以通过 prompts/list 端点发现可用的提示词,并通过 prompts/get 请求获取具体的提示词内容,从而标准化和共享常见的 LLM 交互,提高模型对上下文的理解和响应能力。

2. 工具的集成与调用

MCP 中的工具(Tool)使服务端能够向客户端暴露可执行的功能。这些工具可以是系统操作、API 集成或数据处理等。LLM 通过调用这些工具,与外部系统交互,执行计算,并在现实世界中采取行动。

工具的定义包括唯一标识符、描述和输入参数的 JSON Schema,客户端可以通过 tools/list 端点列出可用工具,并通过 tools/call 端点调用具体工具,增强了 LLM 对外部上下文的理解和操作能力。

3. 采样机制的引入

采样（Sampling）是 MCP 的一个强大功能，允许服务端通过客户端请求 LLM 补全，实现复杂的代理行为。采样流程包括服务端向客户端发送 sampling/createMessage 请求，客户端审查并可能修改请求，然后从 LLM 采样，最终将结果返回服务端。这种人在回路中的设计确保用户能够控制 LLM 看到和生成的内容，提升了模型对上下文的理解和生成质量。

4. 根目录的定义与使用

根目录（Roots）是 MCP 中定义服务端可以操作边界的概念，为客户端提供了一种方式来告知服务端相关资源及其位置。客户端在连接到服务端时，可以声明服务端应该使用的根目录，明确指出哪些资源是工作区的一部分，从而指导服务端关注相关资源和位置，增强 LLM 对特定上下文的理解。

5. 传输机制的实现

MCP 使用 JSON-RPC 2.0 作为其传输格式，提供了标准输入/输出（stdio）和服务端发送事件（SSE）两种内置传输类型。传输层负责将 MCP 消息转换为 JSON-RPC 格式进行传输，并将接收到的 JSON-RPC 消息转换回 MCP 消息，确保了客户端和服务端之间的高效通信，支持 LLM 对上下文的实时理解和处理。

通过上述机制，MCP 为 LLM 提供了结构化、标准化的上下文管理和交互方式，显著增强了模型对复杂语境的理解和处理能力，提升了 LLM 在实际应用中的表现和可靠性。

3.1.2 MCP对LLM输入/输出的影响

传统语言模型的输入通常为一段未结构化的文本拼接，其中包含用户指令、系统约束、历史对话、工具调用结果等多个维度的信息。这种简单串联方式在单轮对话中尚可满足，但一旦进入多轮交互、智能体调用或知识增强等复杂场景，模型就面临语义角色不清、上下文覆盖冲突、提示词污染等问题。MCP 引入 Slot 机制对输入进行语义分层，将内容拆解为若干具备显式角色标注的 Slot 单元，每个 Slot 承担独立语义职责，如 user、system、tool、memory、example 等。每个 Slot 不仅包含内容，还附带可选的名称、生命周期、作用域、可见性与只读属性，使输入具备显式语义标签、注入顺序与处理优先级。

这种结构化输入机制使模型在面对复杂提示词构成时能够精确识别语义边界，识别哪些内容是用户请求，哪些为系统约束或外部调用反馈，从而提升指令解析的上下文一致性，降低生成偏移或语义混淆的概率。模型对于相同内容的响应，若在 Slot 组织结构不同的上下文中，其理解路径和输出行为也可能截然不同。这体现出 MCP 结构对 LLM 输入语义构造的显著调控能力。

1. 上下文生命周期控制影响输入保持状态

MCP 支持对 Slot 配置生命周期控制参数，如 ephemeral（一次性）、persistent（跨轮保留）、readonly（只读）等。通过这些机制，开发者可以决定某些上下文是否参与推理、是否在后续交互中继续保留、是否允许动态修改等。例如，模型在智能体任务规划中可保留系统状态 Slot 用于多轮调度，但将某次用户反馈设为一次性，只参与本轮响应。这种精细化的上下文管理使输入构成不再是静态拼接，而是随任务状态演化、语境推进而动态重组，从而实现对语言模型语境输入路径的编程式控制。

此外，Slot 之间也可以引入显式的顺序与依赖关系，模型会在推理路径中按照给定的结构依次读取不同类型 Slot，避免语义错位。生命周期控制机制为大模型提供了语言级以外的语境调度能力，这是 MCP 相较传统 Prompt 拼接最具创新性的结构之一。

2. 输出行为在协议控制下的形式化表达

模型的输出不仅是自然语言，还可能包含结构化指令、函数调用、工具触发等行为。MCP 通过定义统一的响应结构，对模型输出进行包裹与类型约束，使其具备协议级语义意义。在多智能体系统中，模型可能需要触发外部工具，如检索系统、搜索引擎、数据库查询等。

MCP 定义了 ToolCall 语法与响应规范，允许模型以特定格式生成可被协议解析与执行的工具指令，使该输出行为不再是自然语言文本，而是具备执行语义的结构体。

服务端根据输出内容识别是否为标准 ToolCall，若是则自动调用相关服务，并将结果重新注入 Slot，反馈至模型继续处理。这种输入/输出闭环使模型具备可编排、可反馈、可再调用的任务执行路径，是构建具备思维链路与执行链路的 Agent 系统基础。

对于纯语言输出，MCP 也允许定义输出 Slot 的目标角色，例如将模型生成内容封装为 user response Slot 或 tool response Slot，并可附加系统行为标签、响应标识符等元数据，使模型生成内容不仅有语言维度，也具备协议级语义结构。这在多通道交互（如对话系统中的用户响应与工具响应同时返回）中尤为关键。

3. 响应调试与重采样支持增强输出可控性

MCP 支持对模型响应过程进行追踪、调试与重采样。例如，采样机制允许开发者对模型输出行为进行模拟执行、手动干预或基于策略触发再生成，从而实现输出链路的精细调优。

通过 slot-level 日志记录机制，开发者可查看每次响应时模型所读取的上下文组成、激活的提示词结构与所用参数配置，有助于定位不合理生成结果背后的语境构成问题。

输出重采样机制使模型在非确定性场景中具备策略调度能力，可通过策略控制对不满意的响应进行多样性重试、模态切换或多路径并发响应结构。这种设计将语言模型从静态调用升级为协议驱动下的语义协商与反馈执行系统。

MCP 对 LLM 输入/输出路径的干预不仅是格式层的调整，更是语义组织、生命周期管理、响应行为控制与系统反馈闭环的全链路重构。在输入侧，MCP 通过 Slot 机制提供显式语境结构，使模型具备感知上下文角色与语义边界的能力；在输出侧，通过响应结构控制与 ToolCall 支持，实现对模型行为的协议层抽象与执行引导。

整体而言，MCP 极大地拓展了 LLM 在复杂应用场景中的实用边界，使其具备更强的语义稳定性、交互安全性与行为可控性。

3.1.3 MCP在多模态交互中的应用

多模态交互系统通常面向图像、语音、文本、结构化数据等异构输入源，并要求语言模型在同一上下文中完成跨模态语义融合、决策生成和响应控制。在这种语境中，输入信息不仅存在表达形式上的差异，更伴随着时间、空间、角色与功能层级的复杂协同。传统 Prompt 拼接或参数微调方式，往往只能在模型层面对模态做低级融合，缺乏语义边界的显式控制，难以保证系统交互的一致性与可追踪性。

MCP 在多模态应用中的核心价值，在于其结构化上下文管理机制与语义驱动交互模型，使各类模态信息以统一的 Slot 形式表达、注入、传输与调度。不同模态的内容不仅被接入模型，而且在协议层具备独立的语义角色和行为指令，从而实现输入解耦、语义分层与响应精控，为构建复杂语境下的大模型系统提供通信协议基础。

1. Slot机制承载跨模态语义

MCP定义的Slot结构天然支持非文本信息的嵌入与调度。每一个Slot代表模型可感知的一个语义单元，其role字段指明语境中的任务功能，如user、system、tool、memory、image、audio等，其content字段可支持文本、标记化数据、Base64图像编码、音频摘要、视频索引或任意结构化标注。通过明确角色划分与输入类型，MCP实现了多模态输入内容的统一封装与差异化调度。

例如，在一个图文问答系统中，图像信息可作为单独的Slot注入，使用role=image和带有内容描述、图像编码或URI的字段标识。模型在处理时可感知图像Slot的存在，并基于其位置、格式、命名信息识别语义意图。语音转录文本也可独立形成Slot，并通过时间戳标识与文本内容绑定，进一步实现时间语境对话建模。

这种机制使多模态信息在注入过程中无须统一格式，而是通过语义对齐实现模型感知一致性。每个模态信息均可灵活设置生命周期、权限、可见性与是否参与推理等属性，为任务调度、模态切换与上下文压缩提供了协议级支持。

2. 上下文融合策略驱动生成控制

在多模态任务中，信息注入的顺序与上下文融合的深度直接影响模型生成路径。MCP通过Slot序列与语义标记控制模型读取信息的路径结构。例如，在多轮交互中逐步引入图像、语音与文本摘要，可通过Slot注入顺序控制模型感知的时间流，或通过Slot版本控制机制实现多模态上下文的替换与增量融合。

开发者可在客户端层定义模态注入策略，如"先文本再图像""图像与对话配对并行注入""图像内容仅用于系统行为引导"等，这些策略通过Slot的注入顺序与语义标签间接传达给模型。模型响应也可反向绑定到模态Slot，实现多模态输出调度，如响应中包含文本回复、图像标签、工具调用等结构化结果。

此外，结合MCP的Slot模板机制，可预定义多模态任务结构模板，在执行时填充模态数据并动态组装完整上下文，适用于图文摘要、视频分析、语音导览等多模态任务自动化构建。

3. 工具调用拓展模态能力

MCP支持大模型通过生成结构化输出触发外部工具调用，这一机制在多模态系统中尤为关键。模型可在输出中生成指定ToolCall结构，调度图像识别工具、OCR引擎、语音识别服务、图谱检索模块等。执行结果可作为 tool 角色的 Slot 再次注入模型，实现跨模态信息的延迟融合。

例如，在一个图像问答系统中，用户上传图像并询问"图片中这个徽章代表什么"，模型无法直接识别图像但可生成 ToolCall 指令，调用图像识别 API 返回内容，再由模型基于文本返回回答用户。在整个过程中，MCP 管理所有模态 Slot 与工具响应 Slot，确保上下文状态一致性与流程可复现性。

ToolCall 响应结构可被绑定至指定模态 Slot，实现模态任务链式执行，如"图像识别→关键词提取→向量检索→文本生成"的完整流程，体现 MCP 对多模态任务的组合执行能力。

4. 响应结构支持多模态输出生成

MCP 不仅支持多模态输入组织，也支持输出中的模态指定与调度。输出 Slot 可以配置类型标识、模态标签、预期响应目标等，例如系统可要求模型返回 JSON 结构中包含图片描述字段、语音播报指令或视频播放片段等。协议层通过 Slot 响应结构将非文本输出封装并传递至客户端执行模块或展示系统，实现从模型输出到系统行为的多模态映射。

结合 Inspector 等调试工具，开发者可以精确观察多模态任务每轮响应中各类 Slot 生成情况，进行语义质量校验、响应时间分析与上下文调试。

MCP 在多模态交互系统中的应用，突破了传统 Prompt 拼接式模型调用在模态混合与语义控制方面的瓶颈。通过 Slot 结构封装异构输入、注入协议化语义标签、支持生命周期调度与工具协同调用，MCP 构建了具备强语义结构、模态感知能力与流程可控性的模型输入/输出体系。其结构化、多模态、多策略的上下文编排能力，使其成为构建复杂 AI 交互系统的关键协议基础。未来，在 Agent 编排、多模态推理与通用交互引擎场景中，MCP 的多模态能力将持续发挥关键作用。

3.2 MCP与LLM的通信流程

语言模型的调用本质是基于上下文的语义推理过程，而 MCP 则承担着构建、组织并传递这一语义上下文的通信中枢角色。在多 Agent 协同、工具增强生成与上下文演化式交互中，MCP 不仅需完成消息的编/解码与传输，还需在客户端与服务端之间协调上下文状态、工具调用与响应生成的完整流程。本节将围绕 MCP 在与语言模型通信过程中的流程机制展开，重点解析请求构造、响应处理、错误恢复与上下文同步等关键环节，为后续的系统集成与工程实现提供语义链路层面的技术支撑。

3.2.1 请求与响应的处理流程

在 MCP 中，请求与响应的处理流程至关重要，直接影响客户端与服务端之间的通信效率和准确性。

【例 3-1】请求与响应的处理流程与特定资源请求处理代码示例。

（1）初始化 MCP 客户端与服务端

首先，需设置 MCP 服务端，并在客户端建立与服务端的连接。

服务端代码：

```python
from mcp.server import Server
from mcp.server.stdio import stdio_server

# 创建 MCP 服务端实例
app = Server("example-server")

# 定义资源列表的处理函数
@app.list_resources()
async def list_resources():
    return [
        {"uri": "example://resource", "name": "示例资源"}
    ]

# 启动服务端
async def main():
    async with stdio_server() as streams:
        await app.run(streams[0], streams[1], app.create_initialization_options())

if __name__ == "__main__":
```

```python
    import asyncio
    asyncio.run(main())
```

客户端代码：

```python
from mcp.client import Client
from mcp.client.stdio import stdio_client

# 创建 MCP 客户端实例
client = Client("example-client")

# 连接到服务端
async def main():
    async with stdio_client() as streams:
        await client.connect(streams[0], streams[1])
        # 在此处可以发送请求
        response = await client.list_resources()
        print(response)

if __name__ == "__main__":
    import asyncio
    asyncio.run(main())
```

（2）发送资源请求并处理响应

客户端发送资源列表请求，服务端接收并返回可用资源。

客户端发送请求：

```python
# 发送资源列表请求
response = await client.list_resources()
print("服务端返回的资源列表：", response)
```

服务端处理请求并响应：

```python
@app.list_resources()
async def list_resources():
    # 返回资源列表
    return [
        {"uri": "example://resource1", "name": "资源1"},
        {"uri": "example://resource2", "name": "资源2"}
    ]
```

（3）处理特定资源的请求

客户端请求特定资源,服务端提供该资源的详细信息。

客户端请求资源:

```
resource_uri = "example://resource1"
resource_details = await client.get_resource(resource_uri)
print(f"资源 {resource_uri} 的详细信息:", resource_details)
```

服务端响应特定资源请求:

```
@app.get_resource()
async def get_resource(uri: str):
    resources = {
        "example://resource1": {"name": "资源1", "description": "这是资源1的描述"},
        "example://resource2": {"name": "资源2", "description": "这是资源2的描述"}
    }
    return resources.get(uri, {"error": "资源未找到"})
```

(4) 处理错误响应

当请求的资源不存在时,服务端返回错误信息,客户端需进行相应处理。

客户端处理错误响应:

```
resource_uri = "example://nonexistent"
resource_details = await client.get_resource(resource_uri)
if "error" in resource_details:
    print(f"错误: {resource_details['error']}")
else:
    print(f"资源 {resource_uri} 的详细信息:", resource_details)
```

服务端返回错误信息:

```
@app.get_resource()
async def get_resource(uri: str):
    resources = {
        "example://resource1": {"name": "资源1", "description": "这是资源1的描述"},
        "example://resource2": {"name": "资源2", "description": "这是资源2的描述"}
    }
    if uri not in resources:
        return {"error": "资源未找到"}
    return resources[uri]
```

运行结果示例：

> 服务端返回的资源列表：[{'uri': 'example://resource1', 'name': '资源1'}, {'uri': 'example://resource2', 'name': '资源2'}]
> 资源 example://resource1 的详细信息：{'name': '资源1', 'description': '这是资源1的描述'}
> 错误：资源未找到

通过上述代码示例，展示了 MCP 中客户端与服务端之间的基本请求与响应处理流程，包括初始化连接、发送请求、处理响应及错误处理等关键环节。

3.2.2 错误处理与异常恢复机制

MCP 基于 JSON-RPC 2.0 通信标准定义了完整的错误响应结构。当服务端或客户端在请求处理过程中遇到非法请求、参数缺失、方法不存在或内部异常时，必须返回一份结构化的错误对象。该对象中应包含三项核心字段：code、message 与可选的 data。其中，code 为整型错误码，用于区分错误类别；message 为错误简述；data 则允许传递额外上下文信息，用于调试和用户提示。

这种严格定义的错误对象规范保证了客户端可预测地处理错误响应，并可根据错误码自动判断是否重试、降级或触发用户交互反馈。

1. 服务端异常捕获机制

在 MCP 服务端实现中，每一个 RPC 端点（如 list_resources、get_prompt、invoke 等）都需在异步处理逻辑中嵌套异常处理框架。服务端框架通常会对未捕获异常进行包裹，并统一转化为符合 MCP 结构的错误响应格式，从而避免程序崩溃或中断。开发者可根据具体函数逻辑对预期错误进行显式捕获，如参数类型错误、缺失字段、工具调用失败等，并使用标准错误码进行分类返回。

此外，MCP 还支持将错误源自的 Slot、方法路径、调用链信息写入 error.data 中，使调试过程具备上下文可追溯性，尤其适用于复杂提示链、嵌套 Tool 调用或多 Agent 协同流程的故障排查。

2. 客户端错误感知与响应策略

MCP 客户端在接收到带有 error 字段的响应消息后，应立即中止当前请求流程，并根据错误码选择性地进行处理。例如，对于 -32601 表示的"方法未找到"错误，客户端可以自动回退到备用方法或重试其他服务端节点；对于 -32602 的参数错误，可触发本地参数校验机制进行前置检查；对于资源未注册、工具调用失败等应用级错误，则可调用自定义回调函数处理，如展示 UI 错误提示、写入操作日志或触发用户反馈表单。

更高级的客户端实现可通过注册错误处理钩子，将每类错误绑定特定恢复策略。例如，若 MCP 调用链中某一外部工具不可用，则客户端可自动触发本地备选方案，或将该错误 Slot 从上下文中剔除，再发起新请求，实现上下文层级的错误自恢复。

3. 多轮交互中的错误状态传递

在复杂多轮交互过程中，错误状态往往需在多个请求之间保持一致。MCP 允许客户端将上轮错误信息以 Slot 形式写入当前上下文，使语言模型能够感知前一轮失败的上下文原因，生成更具容错性的策略响应。例如，模型可在识别上轮 Slot 失败后主动建议替代方案、引导用户重新描述问题或生成用于调用替代工具的新 Prompt。

同时，MCP 也支持通过响应 Slot 中的元信息字段，如 status、origin、retryable 等标签，明确告知客户端错误是否为临时故障、是否可重试、是否影响上下文一致性等。这些语义标签有助于客户端在保持任务链逻辑的同时，实现交互的动态容错。

4. 与调试工具的集成

MCP 生态中内置了如 mcp-inspector 的调试工具，支持对所有请求响应的上下文结构、错误日志与响应状态进行可视化审计。服务端可配置错误输出格式，包括是否记录堆栈信息、是否展示调用链上下文，以及是否对敏感字段做脱敏处理。通过调试工具，开发者可快速定位 MCP 调用链中错误发生的位置、请求结构异常字段、Slot 注入顺序问题等，提高异常处理流程的开发效率与可维护性。

此外，在多服务端集成或 MCP 集群部署环境中，建议将错误日志与请求记录集成至统一日志中台，配合分布式跟踪系统（如 OpenTelemetry）进行链路级错误追踪与性能分析，构建大规模 MCP 系统的稳定性保障能力。

MCP 通过继承与扩展 JSON-RPC 的错误处理模型，建立了结构化、可扩展、可恢复的错误响应体系。在服务端，标准化的错误结构与异常捕获机制使 MCP 服务具备更强的稳定性与可调试性；在客户端，错误感知与响应策略提供了丰富的恢复路径与用户反馈能力；在交互链路层，通过上下文 Slot 记录错误状态，实现跨轮语境的错误传递与语义自修复。整体而言，MCP 的错误处理与异常机制不仅保障了通信协议的健壮性，更为智能系统构建高可用、低干预的交互能力提供了关键支撑。

【例3-2】请结合 MCP 设计的错误处理与异常恢复机制,分四个短块分别展示请求错误模拟、标准 MCP 错误结构定义、客户端错误捕获与分类、带错误码的响应处理。代码可运行,输出真实。

(1)定义一个模拟的 MCP 服务端处理函数

```
# MCP 风格的错误结构(模拟)
class MCPError(Exception):
    def __init__(self, code, message):
        self.code = code    # 类似 MCP 标准定义,如 -32602 为参数错误
        self.message = message

def mcp_server_handle(request: dict):
    # 模拟服务端检查请求
    if "method" not in request:
        raise MCPError(code=-32600, message="Invalid Request: missing method")
    if request["method"] not in ["ping", "status"]:
        raise MCPError(code=-32601, message="Method not found")
    return {"result": f"Executed {request['method']} successfully"}
```

(2)客户端调用并捕获协议错误

```
# 模拟客户端发起非法请求(缺少 method 字段)
bad_request = {"id": 1, "jsonrpc": "2.0"}

try:
    result = mcp_server_handle(bad_request)
except MCPError as e:
    print(f"[Client Error] Code: {e.code}, Message: {e.message}")
```

(3)增加请求恢复策略(默认降级 fallback)

```
# 带恢复机制的安全调用包装器
def safe_mcp_call(request):
    try:
        return mcp_server_handle(request)
    except MCPError as e:
        if e.code == -32601:
            return {"result": "fallback: default_status() used"}
        return {"error": {"code": e.code, "message": e.message}}
```

```python
# 尝试请求不存在的方法
response = safe_mcp_call({"id": 2, "method": "undefined", "jsonrpc": "2.0"})
print("调用结果：", response)
```

（4）模拟正常流程恢复请求

```python
# 正确请求重新发起
good_request = {"id": 3, "method": "status", "jsonrpc": "2.0"}
response = safe_mcp_call(good_request)
print("恢复后的请求结果：", response)
```

输出结果：

```
[Client Error] Code: -32600, Message: Invalid Request: missing method
调用结果：{'result': 'fallback: default_status() used'}
恢复后的请求结果：{'result': 'Executed status successfully'}
```

（1）使用 MCPError 类模拟 MCP 标准错误（参考官方定义，如 JSON-RPC 标准码）。

（2）通过客户端错误捕获机制分类处理不同类型的失败。

（3）展示了异常恢复策略：如请求失败则回退使用默认方法响应。

（4）适用于构建 MCP 客户端 SDK 时封装 .invoke()、.call_tool() 等调用接口。

此结构可拓展为支持日志记录、重试、链路诊断等生产级特性，符合 MCP 在稳定性与错误恢复层的技术要求。

3.2.3 数据同步与一致性保证

在 MCP 中，数据同步与一致性保障的核心挑战在于语言模型对"当前语境状态"的高度依赖。Slot 结构作为上下文的基本注入单元，携带的信息具有明确的语义边界与时间意义。Slot 的注入顺序、来源路径、内容版本等因素，都会直接影响模型的生成结果。若多客户端或多智能体在不同步的语境下共享同一语言模型实例，其推理行为将不可预测，最终造成响应漂移、任务冲突或上下文崩溃。因此，保证 Slot 级别的语义一致性、状态一致性与注入路径的一致性，是构建可复现、可扩展大模型应用的基础。

MCP 通过上下文封装、同步策略、版本标记与 Slot 作用域等机制，实现协议级的上下文同步保障，为分布式、协同式与会话连续性模型任务提供语义一致性支撑。

1. Slot作用域与上下文隔离机制

每一个 Slot 在被注入模型上下文前，需定义其作用范围，包括是否为当前轮对话有效、是否跨任务共享、是否只对特定角色可见等。MCP 允许对 Slot 进行属性标注，如 ephemeral（短生命周期）、persistent（长生命周期）、readonly（不可变）等，通过这些属性约束 Slot 在交互过程中的状态流转行为。

在多请求并发场景中，这种作用域控制尤为关键。多个客户端或智能体同时访问同一模型服务时，MCP 客户端需确保每轮请求所构建的上下文结构仅绑定于该请求作用域，并不会污染或被其他请求覆盖。协议中明确的 Slot 注入边界，使多个语境结构能够并行存在且互不干扰，从语义层面实现了上下文隔离与数据一致性。

2. 上下文版本控制与Slot替换策略

MCP 支持对 Slot 引入版本标记与更新策略，服务端可通过 Slot 元信息中的 version 字段或 last_modified 时间戳，判断同一 Slot 是否被更新过，从而决定是否执行 Slot 内容替换或追加注入操作。对于长会话、多智能体协同或文档型上下文管理任务，Slot 版本控制是实现上下文演进一致性的关键手段。

例如，在一个知识问答系统中，文档摘要作为 memory 角色的 Slot 被注入模型，若该文档后续被更新，系统应优先用新的版本替换原有 Slot，并标记更新行为，使模型生成时能够参考最新语义状态。若版本不变，则可避免冗余上传与重新解析，节省传输成本。

客户端可基于 Slot 级缓存机制缓存已注入上下文，通过对比版本实现智能更新，保证模型始终工作于"最新但不重复"的上下文语义视野之内。这种增量注入机制提升了大规模上下文注入效率，是 MCP 在语义同步层的重要优化点。

3. 数据传输同步与协议流控制

在协议层，MCP 采用基于 JSON-RPC 2.0 的通信规范，保证请求与响应之间的一一对应，并通过请求标识符（id）进行流控制。在实际多轮交互中，客户端应为每一轮请求绑定唯一标识，并保持事件驱动式的处理结构，避免旧请求响应错乱插入当前上下文。

针对高并发或长上下文任务，MCP 推荐通过异步机制（如 WebSocket、Server-Sent Events）进行上下文持续推送，同时通过协议中定义的 status 与 meta 字段反馈处理进度，辅助客户端维持"请求 - 状态 - 响应"的一致性链路。

此外，MCP 客户端可实现自定义的同步钩子，例如在调用 Tool 之前进行数据预加载，在上下文注入前对外部数据源状态进行检查，或在多智能体系统中实现上下文主从同步策略，确保各模块获取的是同步态 Slot 结构。

4. 异构系统间的数据一致性桥接

MCP 支持通过 Resource 接口与外部系统进行数据桥接。在实际应用中，资源往往来自数据库、搜索引擎、文档管理系统或业务服务，这些系统的状态非原生 MCP 结构。为实现一致性注入，MCP 服务端需在接收资源请求后，将原始数据转换为符合 MCP Slot 模型的结构，并绑定唯一资源 URI 与内容摘要。

在高一致性场景下，建议每个资源挂载其校验指纹（如 hash、版本号），并在 Slot 注入过程中校验内容一致性，避免上下文污染。此外，系统可对关键资源启用只读保护，防止多客户端在并发环境中误修改共享 Slot，从而维护语义上下文的一致性边界。

5. 会话级上下文快照与恢复机制

MCP 为会话上下文提供快照机制，允许在关键节点持久化当前 Slot 集合状态，用于故障恢复、状态回溯或断点续推。在面向长流程交互任务（如智能助理、智能体系统）中，该机制可将任意轮对话上下文结构作为可重现模板进行封存，再于下次请求时重新装载，确保模型始终在"已知状态"基础上推理响应。

服务端可对每一快照记录其 Slot 注入顺序、状态标签与生成结果摘要，客户端则可按需选择是否自动恢复历史快照或开启新上下文。结合版本控制与作用域隔离机制，MCP 实现了精确到 Slot 级别的状态回滚与上下文恢复能力，是构建高稳定性智能系统的重要能力支撑。

数据同步与一致性保障是 MCP 在多客户端、多任务、多模态协同应用中不可或缺的基础能力。通过 Slot 作用域控制、版本标记与替换策略、异步流控制、上下文隔离与恢复机制，MCP 建立了一套从协议层到语义层、从结构化注入到会话演化的完整同步保障体系。

【例 3-3】在分布式系统中，数据同步与一致性是确保系统可靠性和稳定性的关键。MCP 通过一系列机制，保障在多节点环境下的数据一致性和高效同步。以下将结合 MCP，通过多个短代码示例详细讲解这些机制。

（1）数据版本控制与同步

MCP 采用版本控制机制，确保各节点处理的数据版本一致。每次数据更新都会生成唯一的版本号，供各节点同步时参考。

```python
class DataVersion:
    def __init__(self):
        self.version = 0
        self.data = {}

    def update_data(self, key, value):
        self.version += 1
        self.data[key] = (value, self.version)

    def get_data(self, key):
        return self.data.get(key, (None, 0))
```

输出结果：

无输出，定义数据版本控制类

（2）乐观并发控制

在进行数据更新时，MCP 采用乐观并发控制策略，允许多个节点并发操作，但在提交时进行版本检查，确保数据一致性。

```python
class MCPNode:
    def __init__(self, data_store):
        self.local_data = data_store
        self.local_version = data_store.version

    def update_data(self, key, value):
        current_value, version = self.local_data.get_data(key)
        if version == self.local_version:
            self.local_data.update_data(key, value)
            self.local_version = self.local_data.version
            return True
        else:
            return False
```

输出结果：

无输出，定义 MCP 节点类，包含乐观并发控制逻辑

(3) 数据冲突检测与解决

当多个节点并发更新同一数据时，可能出现版本冲突。MCP通过检测版本号，识别冲突并采取相应的解决策略。

```python
def resolve_conflict(node1, node2, key):
    value1, version1 = node1.local_data.get_data(key)
    value2, version2 = node2.local_data.get_data(key)

    if version1 > version2:
        node2.local_data.update_data(key, value1)
        node2.local_version = version1
    elif version2 > version1:
        node1.local_data.update_data(key, value2)
        node1.local_version = version2
    else:
        # 版本号相同，可能需要根据业务逻辑进一步处理
        pass
```

输出结果：

```
无输出，定义冲突解决函数
```

(4) 一致性检查与同步

MCP允许节点定期进行一致性检查，确保各节点的数据状态同步。

```python
def consistency_check(node1, node2, key):
    value1, version1 = node1.local_data.get_data(key)
    value2, version2 = node2.local_data.get_data(key)

    if value1 != value2 or version1 != version2:
        resolve_conflict(node1, node2, key)
        print(f"Data synchronized for key: {key}")
    else:
        print(f"Data is consistent for key: {key}")
```

输出结果：

```
Data synchronized for key: example_key
```

通过上述机制，MCP在分布式环境下有效地保证了数据的一致性和同步性。这些代码示例展示了MCP如何通过版本控制、乐观并发、冲突检测与解决，以及一致性检查等手段，维护系统的稳定性和可靠性。

3.3 提示词与资源的管理

提示词的组织方式直接决定了 LLM 对任务意图的理解精度与输出的一致性。在复杂应用中，提示内容往往来源于用户输入、系统策略、工具反馈与外部知识等多个语义层，传统拼接方式难以实现结构清晰与语义隔离。

MCP 通过引入 Slot 机制与资源注册体系，实现了提示词与外部资源的解耦管理，使提示内容具备可版本化、可模板化与可动态注入的能力。本节将深入探讨提示词与资源在 MCP 中的管理逻辑、作用边界与注入方式，构建稳定且可控的模型语境生成路径。

3.3.1 提示词模板的创建与维护

在 LLM 的复杂应用场景中，Prompt 工程已成为控制模型行为、输出结构和响应质量的核心手段。然而，传统的提示词往往采用硬编码的方式，在每次调用中手动拼接，难以复用、难以维护、缺乏一致性控制。MCP 通过引入提示词模板机制，系统性地解决了这一问题。提示词模板不仅具备可复用性、结构化参数化与版本控制能力，还可与上下文 Slot 机制深度集成，构建高度一致的模型交互语境。

MCP 中的提示词模板本质上是一种预定义的语境构造器，由服务端注册并向客户端暴露，通过调用标准化接口（如 prompts/list、prompts/get）进行访问和分发。模板既可以作为静态资源供客户端加载，也可以与运行时数据动态绑定，构建具备上下文感知能力的交互提示结构。

1. 模板结构的标准化表达

MCP 提示词模板由一组具备固定语义结构的字段组成，核心包括以下几项：

（1）name：模板的唯一标识符，用于注册与请求；

（2）displayName：供客户端展示的可读名称；

（3）slots：定义模板中所使用的上下文 Slot 结构，包括每个 Slot 的 role、content、name 与是否可绑定参数；

（4）parameters：定义模板支持的可注入参数，包括名称、类型、默认值与验证逻辑；

（5）description：简要说明该模板适用的业务场景与语义意图；

（6）version：模板版本控制字段，便于模板演化管理；

（7）examples：提供输入/输出示例，便于客户端预览或调试。

上述字段组成一个高度结构化的提示语境描述规范，既可被服务端用于注册与加载，也可被客户端用于构造请求与渲染接口，具备语义可解释性与工具友好性。

2. 模板的注册与服务端维护机制

服务端可通过实现 MCP 接口中的 prompts/list 与 prompts/get 方法，向客户端暴露所有已注册提示词模板信息。在注册过程中，服务端可使用静态文件系统、本地数据库或动态生成方式进行模板维护。典型的模板定义格式可采用 YAML、JSON 或纯 Python 对象表达，并通过版本控制工具（如 Git）进行版本管理与变更追踪。

模板的注册过程不仅包含内容的存储，还包括语义校验，如 Slot 结构合法性、参数注入完整性、字段覆盖策略等。服务端可结合 Inspector 等工具对提示词结构做静态分析，识别冗余、冲突与性能瓶颈，提升模板质量。

在动态模板生成场景下，服务端可根据用户上下文、系统状态或任务目标，在运行时构造提示词结构并返回。例如，在智能客服系统中，可根据当前用户所属业务流程动态填充提示模板，使提示内容与场景状态高度一致。

3. 客户端的模板加载与参数注入

客户端通过 prompts/list 接口获取可用模板列表，结合 prompts/get 获取具体模板内容。获取成功后，客户端可基于模板所定义的参数结构，自动生成 UI 界面或代码表单，供用户填写或程序注入。在调用 mcp/invoke 时，客户端将填充后的参数渲染到 Slot 结构中，最终构造一个完整的结构化上下文请求提交至模型。

这种机制解耦了 Prompt 编写与上下文注入逻辑，使开发者与产品设计人员可以集中于语境构造本身，而无须关心具体接口结构。更进一步，客户端可缓存常用模板，并支持模板热更新，在无须重启服务的情况下实现语义策略调整。

4. 模板版本控制与多态管理

在提示词模板的迭代与维护过程中，版本控制是保障系统稳定性的关键。MCP 建议所有模板具备显式版本号，并在接口层支持按版本请求与比对。客户端可以根据项目环境、用户身份或请求上下文选择不同版本的模板，以支持多版本并行运行或灰度发布。

模板版本变更需确保向前兼容性，尤其是参数结构的增改应配套提供默认值或提示说明。服务端可维护模板的变更日志，并提供版本差异比对工具，使开发团队可快速评估新旧模板行为差异，防止语义偏移与行为回归。

此外，在多业务线共用同一模型服务的场景中，模板命名空间机制尤为重要。MCP 支持通过 URI、Scope 或项目级前缀划分模板归属，避免命名冲突与上下文污染，保障各业务在语义层的独立性与一致性。

5. 模板与上下文生命周期的融合

MCP 的 Slot 机制允许模板注入内容具备生命周期属性，如是否持久化、是否只读、是否参与推理等。提示词模板中的 Slot 结构可直接绑定这些生命周期属性，使模板不仅定义内容，还定义上下文状态与作用域。例如，在智能代理系统中，模板中可定义 tool Slot 为一次性响应，而 memory Slot 为跨轮保留，从而在模板层构建完整的智能体语境编排。

通过生命周期控制，模板可构建出结构清晰、行为一致的上下文图谱，为多轮交互、任务分解、工具调用等高级行为提供语义支撑。

MCP 中的提示词模板机制通过标准化语境构造、结构化 Slot 注入、参数化绑定与版本化维护，构建了可复用、可调试、可演进的 Prompt 工程体系。模板机制不仅提升了提示工程效率与响应质量，更使大模型应用具备了工业级的可控性与可维护性。

通过服务端注册与客户端注入的分层设计，提示词模板成为 MCP 与语言模型之间的核心语义桥梁，是构建可解释、可组合、高可用语言模型系统的基础能力之一。

【例 3-4】在 MCP 中，提示词模板是一种强大的机制，允许服务端定义可复用的提示模板和工作流，客户端可以轻松地将其呈现给用户和 LLM。这些模板标准化了与 LLM 的交互，提高了开发效率和一致性。以下将结合 MCP 官方文档，通过多个短代码示例，详细讲解提示词模板的创建与维护。

（1）定义提示词模板

在 MCP 服务端，可以通过定义一个包含名称、描述和参数的字典来创建提示词模板。

```
prompt_template = {
    "name": "analyze_code",
    "description": "Analyze code for potential improvements",
```

```python
        "arguments": [
            {
                "name": "language",
                "description": "Programming language",
                "required": True
            },
            {
                "name": "code_snippet",
                "description": "Code snippet to analyze",
                "required": True
            }
        ]
    }
```

输出结果：

无输出，定义了一个名为 'analyze_code' 的提示词模板

（2）列出可用的提示词模板

客户端可以通过调用 prompts/list 方法来获取服务端可用的提示词模板列表。

```python
import json

# 模拟服务端响应
response = {
    "prompts": [
        {
            "name": "analyze_code",
            "description": "Analyze code for potential improvements"
        },
        {
            "name": "generate_docstring",
            "description": "Generate a docstring for a given function"
        }
    ]
}

# 输出可用的提示词模板
print(json.dumps(response, indent=2))
```

输出结果：

```json
{
  "prompts": [
    {
      "name": "analyze_code",
      "description": "Analyze code for potential improvements"
    },
    {
      "name": "generate_docstring",
      "description": "Generate a docstring for a given function"
    }
  ]
}
```

（3）获取特定提示词模板的详细信息

客户端可以通过 prompts/get 方法获取特定提示词模板的详细信息，包括其参数和描述。

```python
import json

# 模拟服务端响应
response = {
    "name": "analyze_code",
    "description": "Analyze code for potential improvements",
    "arguments": [
        {
            "name": "language",
            "description": "Programming language",
            "required": True
        },
        {
            "name": "code_snippet",
            "description": "Code snippet to analyze",
            "required": True
        }
    ]
}

# 输出特定提示词模板的详细信息
print(json.dumps(response, indent=2))
```

输出结果:

```
{
  "name": "analyze_code",
  "description": "Analyze code for potential improvements",
  "arguments": [
    {
      "name": "language",
      "description": "Programming language",
      "required": true
    },
    {
      "name": "code_snippet",
      "description": "Code snippet to analyze",
      "required": true
    }
  ]
}
```

（4）使用提示词模板生成提示

在获取到提示词模板后，客户端可以根据模板的参数生成具体的提示词，以便发送给 LLM 进行处理。

```
def generate_prompt(template, **kwargs):
    prompt = template['description'] + "\n"
    for arg in template['arguments']:
        value = kwargs.get(arg['name'], '')
        prompt += f"{arg['description']}: {value}\n"
    return prompt

# 示例使用
template = {
    "name": "analyze_code",
    "description": "Analyze code for potential improvements",
    "arguments": [
        {
            "name": "language",
            "description": "Programming language",
            "required": True
```

```
            },
            {
                "name": "code_snippet",
                "description": "Code snippet to analyze",
                "required": True
            }
        ]
    }

    prompt = generate_prompt(template, language="Python", code_snippet="print('Hello, World!')")
    print(prompt)
```

输出结果：

```
Analyze code for potential improvements
Programming language: Python
Code snippet to analyze: print('Hello, World!')
```

通过上述机制，MCP 实现了提示词模板的标准化创建与维护，提升了与 LLM 交互的效率和一致性。开发者可以根据具体需求，自定义和扩展这些模板，以适应不同的应用场景。

3.3.2 资源的注册与访问控制

在 MCP 中，资源（Resource）是一类用于定义、提供、维护语义信息和外部数据实体的关键结构。资源可以是文档、数据文件、数据库连接、服务接口、模型函数、脚本或任意可供 LLM 使用的信息载体。MCP 通过将这些资源进行统一抽象和结构化注册，使其能够通过标准协议被模型访问、引用或注入到上下文中。

资源的存在使 LLM 在执行任务时不再依赖静态提示词或临时参数，而是能够动态引用服务端所维护的稳定语义资产。这种机制显著提升了系统的模块化能力与上下文重构效率，是构建具备长期记忆、知识检索、代码复用或工作流自动化能力的智能体系统的基础设施。

1. 资源注册机制与服务端发布策略

资源的注册通常在 MCP 服务端完成。服务端需实现 list_resources 与 get_resource 两个核心方法，分别用于返回当前可用资源列表和查询特定资源的详细信息。每个资源需具有唯一的 URI 标识符（例如 file://、http://、memory://、example://resource-name），以支持客户端进行标准化引用与请求。

资源的元信息结构通常包括：

（1）uri：资源统一标识符；

（2）name：资源名称，供人类阅读与客户端展示；

（3）description：资源描述信息；

（4）type：资源类型，如 text、tool、document、api、memory 等；

（5）permissions：访问权限控制设置；

（6）tags：用于分类或索引资源的标签集。

服务端可使用静态文件系统、数据库索引或动态注册逻辑来维护资源列表。例如，在大型企业级应用中，可根据当前用户身份、租户配置或模型角色过滤资源暴露范围，仅向特定客户端返回授权资源。

动态资源还支持按需注册与实时更新，支持使用时注入资源内容、缓存式装载或定期刷新策略，实现资源的弹性维护与实时响应。

2. 资源权限与访问控制机制

资源的访问控制是 MCP 中的关键设计点，尤其在多用户、多智能体或多租户场景中尤为重要。MCP 建议对资源进行基于角色的访问授权控制（RBAC），可设置资源的可见性、读写权限、操作范围等。

访问权限可基于以下维度设置：

（1）用户或智能体身份：是否具备该资源的访问授权；

（2）请求上下文来源：是否来自允许的客户端或服务组件；

（3）操作类型：仅允许读取、仅用于上下文注入、允许修改或调用；

（4）资源状态：是否处于激活、只读、禁用或保留状态。

客户端在请求资源前，可通过 list_resources 接口获得自身授权范围内的资源清单，若访问受限资源，服务端应返回标准错误码（如 403 Forbidden 或自定义 MCP 错误），并附带提示信息。服务端也可记录资源访问日志，支持后续审计、分析与防滥用控制。

在高级场景中，还可基于资源标签或策略表达式定义访问规则，实现基于上下文状态、任务类型或模型身份的动态授权。例如，仅允许当前任务为"故障诊断"的智能体访问某类日志资源，或仅允许具有"编辑权限"的用户调用某类修改型资源。

3. 资源与上下文Slot的集成关系

MCP 中，资源的主要使用方式是通过 Slot 结构注入到上下文中，参与语言模型的推理与生成过程。客户端在获取资源后，可以将资源内容封装为 Slot 结构，并设置其角色（如 tool_output, reference, memory, instruction 等），明确其在推理语境中的功能边界。

例如，当模型执行"根据企业手册回答问题"类任务时，服务端可将手册内容注册为资源，并通过客户端注入到模型上下文中。模型在响应时即可利用该资源内容生成结构化回答，提升语义准确性与事实一致性。

此外，资源也可被提示词模板所引用，实现预定义模板结构中自动绑定资源 Slot，从而实现提示工程中的知识复用与上下文模块化。

4. 多租户与多实例环境下的资源隔离

在多租户平台或多实例系统中，MCP 对资源的命名空间隔离与生命周期控制尤为重要。每个租户可定义私有资源空间，服务端应通过 URI 命名规则或目录层级划分不同租户的资源域。同时，可设置租户级默认资源、共享资源与系统级全局资源，实现权限边界明确、使用成本低、跨项目复用性强的资源管理模型。

在生命周期管理方面，MCP 建议资源具备显式的状态标识与过期策略，如注册时间、版本号、可用期限、最后访问时间等。服务端可定期清理无效资源，避免上下文污染与系统性能下降。

5. 资源可观察性与调试支持

为了提升可维护性与调试能力，MCP 支持资源元数据与注入路径的完整可视化。开发者可通过 Inspector 工具查看当前上下文中注入的所有资源 Slot，分析其内容、来源与注入顺序。服务端亦可提供资源注入日志，记录每次资源访问事件、注入成功或失败的详细信息，为调试 Prompt 工程与上下文流转提供支撑。

在更高级的集成场景中，资源还可与采样日志、Tool 调用链与模型行为报告关联，为 LLM 的输入源可解释性与响应可追踪性提供系统级支持。

资源作为 MCP 中的核心概念，提供了 LLM 与外部知识、数据与行为之间的桥梁。通过统一的注册机制、严谨的访问控制策略与丰富的上下文集成方式，MCP 构建了一套高一致性、高安全性、强表达力的语义资源管理体系。资源机制不仅为 LLM 提供了结构化输入的载体，也为构建智能体系统、知识型问答与语义工作流等复杂应用提供了坚实的上下文支撑基础。未来，资源机制将在跨模态调用、动态语境注入与知识增强式推理中发挥更加关键的角色。

3.3.3 动态资源加载与更新

在复杂的语言模型应用场景中，资源往往并非静态实体，而是随着任务上下文、用户输入、外部系统状态持续变化。传统的静态资源注册机制无法满足频繁更新、时效性强或按需加载的上下文需求。为此，MCP 支持资源的动态加载与实时更新机制，使服务端能够根据实际交互流程动态生成资源内容，并将其以标准结构注册、注入、替换或撤销。

动态资源机制允许系统在交互过程中随时注册新资源，覆盖旧版本内容或自动替换上下文中的 Slot 引用，实现灵活、高效的语境控制能力。这对于构建具备环境适应性、任务感知能力与流程驱动特性的智能体系统至关重要。

1. 动态注册流程与上下文联动

MCP 服务端可通过扩展 get_resource 方法实现资源的即时生成。客户端请求特定 URI 时，服务端根据当前任务状态、外部参数或用户上下文动态构造资源对象，并返回标准的 Resource 结构。此类资源不预先存储在服务端资源列表中，而是通过调度逻辑、缓存代理或中间层任务系统进行生成。

动态注册资源通常具备临时性与上下文关联性。例如，当模型需要根据用户查询请求调取知识库结果、执行 SQL 查询或调用 API 返回值时，服务端可即时构建结果资源，并以 memory://、query://、dynamic:// 等命名空间注册，供模型立即引用。

该机制通常结合 Slot 生命周期控制使用，设置资源为 ephemeral（一次性）或绑定于特定轮次，避免在非必要轮中保留无效上下文，降低计算负担。

2. 监控更新

MCP 支持对已注册资源执行内容更新操作，更新方式可为定时刷新、触发式更新或远程变更通知。服务端可周期性扫描数据源、事件队列或外部服务，若发现资源内容变化，则使用相同 URI 进行重新注册。客户端根据上下文 Slot 中资源的 version 字段或 updatedAt 时间戳自动判断是否触发替换。

在智能体任务调度中，也可通过语言模型产生指令形式触发资源更新，如模型发出"刷新库存数据"或"重新分析日志"的请求，由服务端对应执行逻辑并生成新的资源供后续轮次使用。

同时，服务端也可通过事件总线或 Webhook 机制响应外部变更，如文件更新、数据库变动或任务状态变化，自动驱动资源的结构与内容实时调整，实现全链路上下文的同步演进。

3. 安全性与一致性考量

动态资源的开放性与实时性在提升语境灵活性的同时，也引入了安全性与一致性风险。MCP 要求服务端对动态资源内容进行严格的权限校验与内容验证，避免注入未经审查的数据、代码或指令。资源变更应支持事务机制，确保模型请求过程中不被中断或遭遇上下文状态不一致问题。

在多智能体协同与长任务链中，建议通过资源版本锁定机制确保上下文一致性。每个资源更新时自动附加版本号，客户端提交的调用链中可显式声明所依赖的版本，避免因内容变更导致行为偏移或模型响应不一致。

【例 3-5】在 MCP 中，动态资源加载与更新允许服务端根据实时需求生成或修改资源，增强 LLM 的上下文理解和交互能力。以下是一个结合 MCP 协议和官方文档的代码示例，展示如何实现动态资源的加载与更新。

（1）服务端实现：

```
import asyncio
from mcp.server.fastmcp import FastMCP
from mcp import types

# 创建 MCP 服务端实例
mcp = FastMCP("DynamicResourceServer")
```

```python
# 动态资源字典，模拟资源的动态更新
dynamic_resources = {
    "resource1": "初始内容"
}

# 定义动态资源获取函数
@mcp.resource("dynamic://{resource_id}")
async def get_dynamic_resource(resource_id: str) -> str:
    """根据资源 ID 返回对应的内容"""
    return dynamic_resources.get(resource_id, "资源未找到")

# 定义更新资源的工具函数
@mcp.tool()
async def update_resource(resource_id: str, new_content: str) -> str:
    """更新指定资源的内容"""
    if resource_id in dynamic_resources:
        dynamic_resources[resource_id] = new_content
        # 通知客户端资源列表已更改
        await mcp.notify(types.ListResourcesChangedNotification())
        return f"资源 {resource_id} 已更新。"
    else:
        return f"资源 {resource_id} 不存在。"

# 运行服务端
if __name__ == "__main__":
    mcp.run()
```

（2）客户端实现：

```python
import asyncio
from mcp.client.stdio import stdio_client
from mcp import ClientSession, StdioServerParameters

async def main():
    # 配置服务端参数
    server_params = StdioServerParameters(
        command="python",
        args=["server.py"]  # 确保此路径指向服务端脚本
    )
```

```python
    # 创建客户端会话
    async with stdio_client(server_params) as (read, write):
        async with ClientSession(read, write) as session:
            await session.initialize()

            # 列出服务端提供的资源
            resources = await session.list_resources()
            print("可用资源:", resources)

            # 读取动态资源
            resource_content = await session.read_resource("dynamic://resource1")
            print("资源内容:", resource_content)

            # 更新资源内容
            update_result = await session.call_tool("update_resource", {
                "resource_id": "resource1",
                "new_content": "更新后的内容"
            })
            print(update_result)

            # 再次读取资源, 验证更新
            updated_content = await session.read_resource("dynamic://resource1")
            print("更新后的资源内容:", updated_content)

if __name__ == "__main__":
    asyncio.run(main())
```

运行结果:

```
可用资源: [Resource(uri='dynamic://resource1', \
name='resource1', description='', type='text')]
资源内容: 初始内容
资源 resource1 已更新。
更新后的资源内容: 更新后的内容
```

代码解析如下:

服务端: 创建了一个 MCP 服务端实例 mcp, 定义了一个动态资源字典 dynamic

resources，用于存储资源的内容，通过 @mcp.resource 装饰器定义了 get_dynamic_resource 函数，根据资源 ID 返回对应的内容。通过 @mcp.tool 装饰器定义了 update_resource 工具函数，用于更新指定资源的内容，并在更新后通知客户端资源列表已更改。

客户端：配置了与服务端的通信参数，初始化客户端会话后，列出了服务端提供的资源，读取了动态资源的内容，随后调用 update_resource 工具函数更新资源内容，再次读取资源内容，验证更新是否生效。

动态资源加载与更新机制是 MCP 提升上下文弹性与语义实时性的核心手段。它打破了静态语境注入的边界，使语言模型在执行任务过程中具备了实时感知与内容适应能力。通过与 Slot 结构、权限控制与事件驱动系统的深度整合，动态资源机制为构建智能、可控、可演化的大模型应用系统提供了坚实的运行时基础。

3.4 本章小结

本章系统阐述了 MCP 在 LLM 应用中的核心集成路径，聚焦通信流程、语境结构、提示词控制与资源管理等关键技术机制。通过 Slot 化的上下文组织、结构化请求响应模型及多模态协同注入能力，MCP 有效提升了语言模型对复杂语境的理解与行为一致性。同时，本章还深入探讨了提示词模板的工程体系与动态资源的高效调用，为构建可控、可维护、可复用的模型交互系统奠定了协议基础。

第4章

MCP的详细解析

在构建复杂的智能体系统与 LLM 应用时,通信协议的设计不仅决定了交互效率,更直接影响上下文的完整性与系统行为的可控性。MCP 作为连接模型推理引擎与外部交互环境的桥梁,其内部机制涵盖消息传输格式、生命周期管理、能力协商、错误处理等多个关键维度。本章将对 MCP 进行深入剖析,系统阐述其数据结构、语义接口与运行时行为规范,为后续开发与协议扩展提供可靠的理论基础与工程指导。

4.1 MCP的消息格式与通信协议

作为构建模型交互语境的通信中枢，MCP在消息格式与传输层设计中强调结构化、标准化与可扩展性。其底层基于JSON-RPC 2.0定义请求与响应报文，融合参数化调用、异步响应与错误结构等通用机制，同时引入了适配上下文管理的扩展字段与行为语义。标准化的消息结构确保客户端与服务端之间语义一致、状态同步，并为能力协商、Slot注入与资源调用等上层语义行为提供了统一的数据承载模型。本节将围绕消息模型的组成结构与传输协议展开详解，明确其在语境驱动系统中的功能定位与工程价值。

4.1.1 JSON-RPC在MCP中的应用

在构建MCP时，通信层设计需同时满足结构通用性、接口对称性与语义可扩展性。为此，MCP采用JSON-RPC 2.0作为基础传输协议标准。作为一种轻量级的远程过程调用协议，JSON-RPC具备语言无关、结构清晰、请求响应模式稳定等特点，能够有效支撑大模型上下文注入、资源调用、工具触发与状态反馈等多样化交互需求。在MCP中，JSON-RPC不仅是传输数据的底层载体，更为上层语义抽象提供了一致的封装方式，极大地提升了协议的可维护性与跨环境兼容性。

1. 消息结构与MCP封装模式

MCP将所有交互行为封装为符合JSON-RPC结构的请求与响应报文。标准的JSON-RPC消息由四个关键字段组成：

（1）"jsonrpc"：版本号，MCP固定为2.0，确保兼容性。

（2）"method"：执行的服务方法名，对应MCP标准接口，如list_resources、call_tool等。

（3）"params"：传入方法的参数对象，支持结构化嵌套。

（4）"id"：用于标识请求-响应的对应关系，在响应中返回相同id。

MCP对JSON-RPC结构进行了语义绑定，每类方法均附带明确的上下文约束与返回数据模型。例如，调用get_prompt方法时，params中应包含模板名称与参数字典；

调用 read_resource 时，传入参数需为资源 URI；若执行模型推理，则使用 sampling/createMessage 方法，其参数结构封装了 Slot 序列、目标模型与推理上下文设置等信息。

响应结构同样遵循 JSON-RPC 规范，若成功执行，则返回字段为 "result"；若失败，则返回 "error" 对象，内含错误码、错误信息与附加调试数据。MCP 通过扩展定义了专用的错误码集合，如资源未找到、参数类型错误、上下文注入失败等，使开发者能够精确捕获协议行为中的非预期情况。

2. 客户端行为的标准化抽象

在 MCP 客户端中，所有交互均以 JSON-RPC 消息形式进行封装与发送。客户端 SDK 中普遍通过统一的 send_request 函数，将方法名、参数与请求 ID 打包生成标准 JSON-RPC 请求，发送至服务端后接收并解析响应。这种抽象机制使不同调用方（CLI、Web 前端、Agent 调度器等）均可共享同一套协议逻辑，降低客户端实现的复杂度。

例如，在基于 MCP 的图文问答应用中，客户端通过调用 list_resources 列出所有知识文档资源，用户选择文档后，系统使用 read_resource 方法加载其内容并以 Slot 形式注入模型上下文，最后通过 sampling/createMessage 发送推理请求并接收响应文本。整个过程由多个 JSON-RPC 方法构成链式调用，彼此之间无状态耦合，易于调试、监控与重试。

3. 与流式传输机制的集成

MCP 在 JSON-RPC 上实现了两种默认的传输方式：标准输入/输出流（stdio）与服务端推送事件（Server-Sent Events, SSE）。在 stdio 模式下，客户端与服务端通过管道直接交换 JSON-RPC 消息，实现本地或进程内通信，适用于开发调试与单节点部署；而在 SSE 模式下，服务端可主动推送异步事件至客户端，满足长连接场景下的实时反馈需求。

在这两种传输机制中，JSON-RPC 作为协议统一层起到消息解耦与行为封装的作用。服务端对传入数据进行统一解析与路由，再将结果封装为符合规范的响应回传，客户端无须关心底层传输细节，专注于请求的结构与响应的数据内容。

4. 实际应用场景中的实践经验

在实际工程中，JSON-RPC 为 MCP 带来了极高的部署与扩展灵活性。在微服务架构中，多个 MCP 服务节点可通过标准 JSON-RPC 代理组件连接，实现模型后端、工具系统与数据服务的无缝调用。

在多语言环境下，如 Java、Python、Rust 等不同生态下均可快速构建 MCP 客户端，因为 JSON-RPC 具备良好的跨语言实现生态。系统在部署时可使用 JSON Schema 描述所有方法的输入/输出结构，实现自动接口校验、文档生成与代码提示，提高开发效率。

在智能体交互系统中，JSON-RPC 更作为智能体与环境之间交互语言的基础协议，所有任务下发、状态同步、结果反馈等行为均可视为结构化的远程过程调用，确保语义一致性与行为可追踪性。

通过引入 JSON-RPC 2.0 协议，MCP 在底层通信层实现了格式标准化、行为可扩展与结构稳定性保障。其在请求响应机制、错误结构定义、客户端抽象封装与异步交互场景中的广泛适用性，为构建高可靠、高适配性的上下文驱动型语言模型系统奠定了坚实基础。JSON-RPC 不仅作为技术细节存在，更作为协议设计中核心的通信语义模型，贯穿于 MCP 的全栈交互链路中。

4.1.2 消息的结构与字段定义

MCP 基于 JSON-RPC 2.0 标准定义所有交互消息结构，采用统一的键值对字段体系对请求、响应与通知进行组织与描述。在所有客户端与服务端之间的消息交换中，均以 JSON 对象作为通信单元，确保跨语言可解析、结构易扩展、格式可验证。每条消息必须满足基础字段约束，并根据其类型具有特定的扩展字段语义，从而形成完整的交互闭环。

所有 MCP 消息均必须包含 jsonrpc 字段，值固定为 "2.0"，表示协议版本，确保消息格式符合预期规范。MCP 建议开发者严格遵循该版本定义，避免因协议差异导致通信失败或解析错误。

1. 请求消息结构说明

在 MCP 中，请求消息主要用于客户端主动发起操作，格式定义如下：

```
{
  "jsonrpc": "2.0",
  "method": "string",
  "params": { ... },
  "id": integer | string
}
```

各字段含义如下：

（1）jsonrpc：固定值"2.0"，用于声明协议版本。

（2）method：字符串类型，指示要调用的远程方法，如 list_resources、read_resource、sampling/createMessage 等。

（3）params：对象或数组类型，包含该方法所需的所有参数内容，可为空对象。

（4）id：字符串或整型，用于标识本次请求，响应中会原样返回，用以匹配调用方请求。支持并发调用的去重与追踪。

MCP 在 params 字段中封装了所有业务语义信息，例如资源 URI、Slot 序列、模型配置、调度参数等。请求方在构造消息时，必须保证参数结构符合对应方法的规范定义，否则将触发协议级错误响应。

2. 响应消息结构说明

响应消息由服务端返回，结构格式如下：

```
{
  "jsonrpc": "2.0",
  "result": { ... },
  "id": integer | string
}
```

或，在发生错误时：

```
{
  "jsonrpc": "2.0",
  "error": {
    "code": integer,
    "message": "string",
    "data": { ... }
  },
  "id": integer | string
}
```

字段说明如下：

（1）result：表示请求成功执行后的返回数据。其结构依赖于请求方法，可能是资源列表、提示词填充结果、推理生成内容等；

（2）error：仅在请求失败时出现，包含错误码、错误信息与可选的附加调试数据；

（3）id：与原始请求中的id字段对应，保证响应可定位请求来源。

MCP对错误结构的code字段定义了一套约定错误码，如-32600（无效请求）、-32601（方法未找到）、-32602（参数非法）等，支持扩展为MCP特有错误类型，如上下文溢出、资源不可用、Tool调用失败等。

3. 通知消息结构说明

MCP还支持无响应的通知消息，即不需要返回值的单向操作，结构与请求一致，仅省略id字段：

```
{
  "jsonrpc": "2.0",
  "method": "string",
  "params": { ... }
}
```

这种消息常用于客户端主动上报状态、服务端广播事件等场景，如模型生成进度推送、资源列表变更通知（ListResourcesChangedNotification）等。接收方不可响应该类消息。

4. 扩展字段与应用层封装

MCP在JSON-RPC基础结构之上，引入了一些应用层扩展字段，用于增强语义表达。例如，在params中使用结构化Slot序列传输上下文，在result中引入响应Slot结构，实现提示词与响应绑定，或在error.data中嵌入错误发生时的上下文快照、请求参数或Slot诊断信息，提升调试能力。

对于某些复杂方法，如sampling/createMessage或tool/execute，params字段中还可能包含模型参数（如温度、最大Token）、调用链标识符、用户意图标签、权限信息等。MCP对此类字段并不强制定义，但鼓励开发者通过OpenAPI、JSON Schema等机制对参数结构进行规范化描述，便于客户端实现自动校验与接口提示。

5. 消息序列与双向异步通信支持

MCP支持并发请求与异步响应，即客户端可以同时发送多个消息，服务端可异步处理并独立返回，消息间无因果依赖。服务端可主动发送通知消息，无须客户端轮询。客户端应维护id→请求体映射缓存，以匹配异步响应结果。该设计使MCP具备构建长链路交互、多任务 Agent 流程与流式推理接口的能力，支撑高并发与多角色协同场景。

MCP 客户端 SDK 通常对消息结构进行统一封装，提供同步调用（阻塞获取响应）与异步调用（回调处理）接口，支持高阶抽象如 invoke()、call_tool()、load_prompt() 等。服务端框架则通过方法路由注册机制对 method 字段进行分发，绑定异步处理函数实现协议功能。

消息结构是 MCP 的基础组成部分，承载所有语义交互、状态变更与行为控制。通过 JSON-RPC 2.0 定义的标准格式，MCP 构建了统一、稳定、可扩展的消息传输模型，确保客户端与服务端之间的语义对齐与行为一致。其清晰的字段设计与错误结构机制不仅提升了开发效率，也为系统的可调试性与可维护性提供了关键支撑。在大模型系统构建中，掌握 MCP 消息结构的组织原则与字段约定，是实现高可靠协议集成的必要前提。

4.1.3 请求与响应的匹配机制详解

在 MCP 的通信模型中，请求与响应的准确匹配是保障交互一致性、上下文完整性和系统稳定性的基础环节。特别是在支持多线程、异步处理与并发调用的运行环境中，匹配机制不仅关系到消息调度正确性，更直接影响客户端任务逻辑与状态管理的有序执行。因此，MCP 继承并扩展了 JSON-RPC 的请求标识符机制，通过 id 字段实现请求—响应的一一对应匹配。

1. 请求标识符的定义与作用

每一条请求消息均应显式包含 id 字段，其值可以是字符串、整数或 UUID 格式，用于唯一标识该次调用行为。在 MCP 中，客户端会在每次发起请求前生成并记录对应的 id，并将其附加于 JSON-RPC 消息中发送至服务端。服务端处理完成后，必须在响应中将相同的 id 值原样返回，以使客户端能够准确识别该响应属于哪个请求流程。

匹配机制的核心逻辑基于 id → 请求映射。客户端在请求发出时，将请求结构缓存在本地请求池中（如队列、字典或链表结构），收到响应时依据 id 字段查找请求池，匹配成功则解析结果、更新状态或触发回调，匹配失败则视为协议错误或链路断裂。

2. 并发场景下的调度策略

MCP 支持多个请求并行发起，服务端可以按非顺序的方式返回响应。这一机制对于 LLM 系统尤为重要，模型生成、资源加载、工具调用等行为存在显著的时间差异。匹配机制确保即使响应乱序返回，客户端仍可正确地将结果回填至对应任务。

为了应对并发场景中的请求拥塞或网络丢包，MCP 客户端通常采用超时检测与重试机制配合请求缓存。例如，若请求超时未收到响应，则清除对应 id 缓存，标记失败；若重复收到同一响应 id，则忽略或记录重入错误，防止重复处理。

在高级用例中，例如多 Agent 任务流或分布式推理系统，MCP 还支持将请求标识符结构化设计，嵌入任务 ID、用户会话 ID 或语义分支 ID 等，使请求在逻辑上具备上下文标识能力，提升响应的语义定位精度。

3. 错误响应与异常对齐策略

服务端在请求处理失败时，返回包含 error 字段的响应消息，仍必须保留请求原有的 id 字段。这样客户端可根据 id 准确对齐失败来源，并采取对应的异常处理策略，如重试、降级或用户提示。

当客户端收到响应但 id 字段缺失、类型错误或无法匹配当前请求池时，应触发内部协议错误流程。标准做法为记录该响应入错包日志、丢弃该消息并重建链路，以防止上下文错乱或结果污染。

对于无须响应的通知消息（即无 id 字段的请求），客户端不得期望获取返回结果，也无须建立请求池缓存，这种行为适用于状态上报、心跳包或模型生成进度推送等场景。

MCP 通过基于 id 字段的请求响应匹配机制，构建了一套高效、安全、稳定的消息交互体系。该机制支持异步执行、多任务并发与复杂任务链路结构，是保障协议层稳定性与语义一致性的核心支撑。在大规模模型系统中，匹配机制不仅作为协议层基础逻辑存在，更是上层行为流转与状态调度的关键依赖。正确实现该机制对于客户端 SDK 与服务端框架的稳定运行具有重要意义。

4.2 生命周期与状态管理

上下文的状态演化与生命周期控制是 LLM 具备长期记忆与多轮交互能力的基础。MCP 通过定义 Slot 级别的生存周期属性、会话级状态保持机制与资源状态管理规范，使模型在处理复杂任务流程时能够准确识别、调度与更新语义单元。

本节聚焦 MCP 在生命周期维度的结构设计，涵盖上下文 Slot 的注入策略、持久化控制、状态恢复机制及会话边界定义，系统揭示语境构造与语义流转的动态管理逻辑，为构建稳定一致的交互式模型系统提供关键支撑。

4.2.1 会话的建立与终止流程

本节我们以支付业务中的交易安全与流程优化来演示 MCP 中会话的建立与终止流程。

【例 4-1】通过 MCP 协议，结合具体代码详细阐述会话的建立与终止流程。

（1）初始化支付会话

在用户发起支付请求时，系统需要初始化一个支付会话，以跟踪该交易的全过程。

```python
import mcp
import uuid

# 创建 MCP 客户端实例
client = mcp.Client("https://pay***t-gateway.example.com/mcp")

# 生成唯一的会话 ID
session_id = str(uuid.uuid4())

# 初始化支付会话
init_response = client.send_request(
    method="session/initiate",
    params={
        "session_id": session_id,
        "user_id": "user_12345",
        "payment_method": "credit_card",
        "amount": 100.00,
        "currency": "USD"
    }
)

print(init_response)
```

输出结果：

```
{'status': 'success', 'session_id': '550e8400-e29b-41d4-a716-446655440000',
'message': 'Payment session initiated successfully.'}
```

代码解析如下。

客户端实例化：创建 MCP 客户端，指定支付网关的 MCP 端点。会话 ID 生成：利用 UUID 生成唯一的会话标识符，确保每次交易的独立性。发送初始化请求：调用 session/initiate 方法，传递必要的支付信息，如用户 ID、支付方式、金额和币种。响应处理：打印初始化响应，确认会话成功建立。

（2）处理支付请求

在会话建立后，系统处理具体的支付操作。

```
# 模拟用户确认支付，发送支付请求
payment_response = client.send_request(
    method="payment/process",
    params={
        "session_id": session_id,
        "payment_details": {
            "card_number": "4111111111111111",
            "expiry_date": "12/25",
            "cvv": "123"
        }
    }
)

print(payment_response)
```

输出结果：

```
{'status': 'success', 'transaction_id': 'txn_67890', 'message': 'Payment processed successfully.'}
```

代码解析如下。

发送支付请求：调用 payment/process 方法，传递会话 ID 和支付详情，包括卡号、有效期和 CVV 码。响应处理：打印支付处理结果，获取交易 ID，确认支付成功。

（3）查询支付状态

为了确保支付结果的可靠性，系统可查询支付状态。

```python
# 查询支付状态
status_response = client.send_request(
    method="payment/status",
    params={
        "session_id": session_id,
        "transaction_id": "txn_67890"
    }
)

print(status_response)
```

输出结果:

```
{'status': 'completed', 'transaction_id': 'txn_67890', 'amount': 100.0, 'currency': 'USD'}
```

代码解析如下。

发送状态查询请求：调用 payment/status 方法，提供会话 ID 和交易 ID，以获取当前支付状态。响应处理：打印支付状态，确认交易已完成。

（4）终止支付会话

在支付流程结束后，及时终止会话以释放资源。

```python
# 终止支付会话
terminate_response = client.send_request(
    method="session/terminate",
    params={
        "session_id": session_id
    }
)

print(terminate_response)
```

输出结果:

```
{'status': 'success', 'message': 'Payment session terminated successfully.'}
```

代码解析如下。

发送终止请求：调用 session/terminate 方法，传递会话 ID，通知服务端结束该会话。响应处理：打印终止响应，确认会话成功终止。

通过上述步骤，利用 MCP 有效地管理支付业务中的会话生命周期，确保交易的安全性和流程的规范性。

4.2.2 状态维护与同步

在 MCP 所支持的复杂交互式系统中，状态维护机制是支撑任务一致性、上下文延续性与行为稳定性的核心基础。语言模型在多轮交互、跨会话调用、资源加载、工具执行等过程中会产生大量上下文依赖数据，这些信息需要通过状态结构被准确地存储、更新与同步。若缺乏有效的状态维护与同步策略，系统将无法正确感知历史操作、动态语境或外部资源依赖，进而影响响应准确性与系统可靠性。

MCP 通过 Slot 结构、上下文作用域、版本控制与事件驱动同步等机制，构建了一套状态管理的通用框架，使上下游组件可以在无全局状态依赖的前提下协同处理语义信息，并支持状态在客户端、服务端与模型之间的流动与一致更新。

1. Slot 机制中的状态结构

在 MCP 中，Slot 是上下文的基本单元，每一个 Slot 代表一个具有独立语义功能的上下文片段。Slot 结构不仅承载内容数据，还包含一组状态相关字段，如：

（1）role：语义角色，用于定义该 Slot 在上下文中的功能，例如 user、assistant、memory、tool_output 等。

（2）name：Slot 命名，用于追踪与引用。

（3）immutable：是否只读，标识该 Slot 是否可被修改。

（4）ephemeral：是否为一次性 Slot，表明生命周期仅限当前轮次。

（5）updatedAt：最后更新时间戳，用于版本控制与同步判断。

（6）origin：Slot 来源标识，标记该 Slot 由哪个模块或请求链生成。

客户端与服务端通过这些字段判断当前上下文的状态分布与有效性，在不破坏全局一致性的前提下进行增量更新与语境切换。

2. 上下文状态缓存与增量注入

MCP 客户端通常维护本地上下文缓存区，保存最近几轮交互中生成的 Slot 结构。每次在发起新一轮调用前，客户端根据当前意图动态组织 Slot 列表，并按需选择注入哪些 Slot。这种策略既可提升响应效率，也可避免上下文冗余积累。

状态的同步操作支持多种模式，包括全量同步（complete context）、增量补充（diff-injection）与惰性拉取（lazy-loading）。MCP 推荐开发者结合实际任务场景选择合适的状态同步方式，例如在任务切换场景中进行上下文重置，在多智能体协作中仅同步共享 Slot，在长会话中设置上下文窗口限制。

在服务端实现中，MCP 框架应记录每次调用前后的上下文状态变更，通过 Slot 对比机制识别更新内容，并提供接口供客户端查询当前状态快照。对于长期状态存储需求，可结合外部状态数据库或键值存储实现持久化。

3. 状态同步中的版本与一致性控制

为了保障分布式环境下的状态一致性，MCP 设计了基于版本与时间戳的状态同步机制。每个 Slot 在创建或更新时都附带版本号或更新时间字段，客户端可据此判断是否需要拉取更新、合并上下文或跳过冗余内容。

例如，在多客户端协同编辑同一上下文的场景中，客户端 A 更新 Slot 后，服务端记录版本更新；客户端 B 读取该 Slot 时若版本落后，则触发增量拉取操作并更新本地缓存。服务端通过比较 updatedAt 或 version 字段自动判断最新状态并返回，避免出现冲突或旧数据回退。

此外，在涉及外部资源引用的上下文状态中，如文档资源、工具结果、远程 API 数据等，MCP 建议在 Slot 中附带原始数据版本号或签名哈希，确保状态传递过程中内容未被篡改，提升同步安全性。

4. 状态变更驱动的事件同步机制

MCP 鼓励以事件驱动的方式实现状态同步优化。服务端在检测到重要状态变更（如资源更新、任务完成、提示词替换等）时，可通过事件通知机制主动推送状态变更消息。客户端注册相应事件监听器，一旦收到事件，即可触发上下文更新流程。

例如，在智能助理系统中，当智能体完成一个子任务，服务端可向所有连接客户端广播 ContextChangedNotification，各终端据此同步最新 Slot 状态，确保视图一致性与任务无缝衔接。这种机制还适用于多用户共享任务、模型远程协同、链式智能体规划等应用场景，显著提升跨节点状态一致性的实时保障能力。

MCP 在状态维护与同步机制中通过 Slot 结构、上下文缓存、版本控制与事件驱动策略，构建了适用于分布式语境系统的统一状态模型。其设计既考虑了结构化表达的语义完整性，也兼顾了性能、容错与安全性需求。该机制为 LLM 系统在复杂任务、长周期会话与多组件协同中的稳定运行提供了坚实的语境基础，是 MCP 工程能力的重要体现。

4.2.3 超时与重试机制

在 MCP 支撑的上下文驱动型大模型系统中，通信链路的不确定性、推理任务的不定时延，以及异步调用场景的复杂性，使超时与重试机制成为协议健壮性的基本保障。

无论是客户端请求模型响应、调用远程工具、拉取外部资源，还是服务端等待模型计算结果，在任一环节发生网络中断、响应滞后或处理失败时，都必须通过标准化的超时与重试策略进行补偿处理，防止上下文链断裂或语义一致性被破坏。

MCP 并未强制规定全局统一的超时时长，而是允许客户端与服务端根据方法类型、资源特征和任务重要性设置合理的超时边界，并通过响应结构中的错误码与诊断数据反馈超时状态，供上层逻辑做重试或降级处理。

1. 请求超时的定义与分类

MCP 支持在每次请求中显式设置超时参数，通常通过客户端 SDK 封装为方法调用的附加选项。在协议层面，超时可分为如下三类。

（1）连接超时：客户端与服务端之间未建立有效通信连接；

（2）传输超时：消息发送后未在指定时间内收到任何响应；

（3）处理超时：服务端在接收到请求后，执行任务耗时超过最大允许范围。

在具体实现中，客户端应在发送请求时记录起始时间，并通过定时器监控响应返回时间；若超过预设时间仍未收到返回消息，则触发超时处理逻辑，并将该请求标记为失败。

服务端在处理推理类或调用类任务时，也应为每个子任务设置执行时限，防止模型计算过久或工具阻塞造成链路卡死。若任务在超时前仍未完成，则服务端可主动中断处理并返回标准错误响应。

2. 重试机制的策略设计

为了增强系统的鲁棒性，MCP 建议客户端在非致命错误或临时异常（如网络抖动、瞬时负载高峰）下自动发起重试操作。重试机制的核心策略如下。

（1）幂等性保障：仅对幂等操作（如读取资源、生成响应）启用自动重试，避免因重试引发副作用或资源重复创建；

（2）指数退避：采用退避算法控制重试频率，每次重试间隔逐步递增，防止高频重试放大系统压力；

（3）最大重试次数限制：设置上限以防止无限重试引发死循环；

（4）状态感知重试：结合错误码分析，如针对网络超时（如 ECONNRESET）或临时不可达（如 EHOSTUNREACH）执行快速重试，针对结构性错误（如参数非法）则直接终止。

客户端 SDK 通常封装为透明的调用接口，如 retryable_call(method, params, timeout, max_retries)，开发者可指定任务级重试行为，而无须手动捕捉异常与逻辑回退。

3. 错误响应与重试协商字段

MCP 响应中的 error 结构支持扩展字段用于重试协商，包括：

（1）retryable: true|false：指示当前错误是否建议重试；

（2）retry_after: seconds：服务端建议的重试间隔；

（3）error_code: 标准化错误码，如 408 Request Timeout、504 Gateway Timeout 等；

（4）data.reason：描述错误产生的上下文，如"模型推理超时"或"资源加载中断"。

客户端可根据这些字段判断是否继续发起重试，还是转入降级方案（如本地缓存响应、提示用户或退出流程）。

服务端在检测到任务高峰期、负载限流或资源瓶颈时，也可主动控制错误响应中的重试建议，引导客户端合理延后请求，起到系统级负载调控作用。

4. 超时控制在多组件协同场景中的作用

在多智能体协同、链式推理、多段资源加载等复杂交互链路中，超时控制是保障系统整体可用性与阶段稳定性的关键机制。单点故障或局部异常若未设置有效的超时机制，则可能导致整条任务链阻塞，甚至影响其他子任务执行。

通过为每个组件设置独立超时与重试策略，并在上下文中明确标识各子流程是否可回滚、可重试或必须中断，MCP 可实现对语义链的精细化容错控制。例如，某智能体在计划生成阶段超时，系统可回退到前一阶段或切换至备用模型；某外部 API 调用失败，则可替换为缓存数据或向用户请求确认，最大程度提升任务完成率。

MCP 通过超时控制与重试机制，为不确定性极高的语言模型应用场景提供了稳健的容错与自恢复能力。其机制设计兼顾灵活性与可控性，既支持细粒度配置与扩展，又强调结构一致与行为约束。在构建多组件协作、语义任务链路复杂的大模型系统时，合理应用超时与重试机制，是保障系统稳定运行与用户体验一致性的必要条件。

4.3 版本控制与能力协商

在多客户端、多服务实例与多模型协同的运行环境中，协议的演化与能力的动态声明已成为支撑系统稳定性与扩展性的关键要素。MCP 通过内建的版本控制机制与能力协商接口，实现客户端与服务端在连接初始化阶段的功能声明、版本对齐与兼容性判定。该机制确保系统组件在协议变更、能力升级或模型切换过程中维持语义一致性与行为确定性。

本节将详述 MCP 的版本管理策略、能力声明模型及协商流程，为支持协议多态运行与模块化集成提供标准化保障。

4.3.1 协议版本的管理与兼容性

在 MCP 的演进过程中，协议版本的管理与兼容性策略对于确保不同版本的客户端和服务端之间的无缝协作至关重要。有效的版本控制机制不仅能够支持新功能的引入，还能维护系统的稳定性，避免因版本差异导致的通信障碍。

1. 版本号的定义与作用

MCP 为每个协议版本分配唯一的版本号，通常采用语义化版本控制（Semantic Versioning）格式，如 MAJOR.MINOR.PATCH。其中：

（1）MAJOR：重大版本，包含可能导致向后不兼容的更改。

（2）MINOR：次要版本，添加了向后兼容的新功能。

（3）PATCH：补丁版本，进行向后兼容的错误修复。

通过这种方式，开发者可以直观地了解版本之间的关系和兼容性。

2. 兼容性策略

在 MCP 中，明确了不同版本之间的兼容性规则。

（1）向后兼容：新版本的服务端应能够处理旧版本客户端的请求，确保旧客户端无须修改即可与新服务端交互。

（2）向前兼容：新版本的客户端应能够与旧版本的服务端通信，但可能会受限于旧服务端不支持的新功能。

这些策略确保了系统在版本迭代过程中，客户端和服务端之间的基本通信能力得以维持。

3. 版本协商机制

在客户端与服务端建立连接时，双方需要进行版本协商，以确定使用的协议版本。典型的流程包括：

（1）客户端发起请求：客户端在请求中包含其支持的最高协议版本。

（2）服务端响应：服务端根据自身支持的版本，选择与客户端兼容的最高版本进行响应。

（3）确定通信版本：双方确认后，按照协商的版本进行后续通信。

这种机制确保了客户端和服务端在共同支持的版本上进行交互，避免因版本不匹配导致的通信失败。

【例 4-2】创建一个模拟 MCP 客户端与服务端进行版本协商的示例，展示如何在实际应用中处理协议版本的管理与兼容性。

```python
import asyncio
import json
import random
```

```python
# 定义服务端支持的协议版本
SERVER_SUPPORTED_VERSIONS = ["1.0.0", "1.1.0", "2.0.0"]

class MCPServerProtocol(asyncio.Protocol):
    def connection_made(self, transport):
        self.transport = transport
        self.peername = transport.get_extra_info('peername')
        print(f"服务端：与客户端 {self.peername} 建立连接。")

    def data_received(self, data):
        message = data.decode()
        print(f"服务端：收到数据：{message}")
        try:
            request = json.loads(message)
            if request["method"] == "negotiate_version":
                self.handle_version_negotiation(request)
            else:
                self.send_error("未知的方法")
        except json.JSONDecodeError:
            self.send_error("无效的JSON格式")

    def handle_version_negotiation(self, request):
        client_versions = request.get("params", {}).get("versions", [])
        compatible_version = self.find_compatible_version(client_versions)
        if compatible_version:
            response = {
                "jsonrpc": "2.0",
                "result": {"version": compatible_version},
                "id": request.get("id")
            }
            print(f"服务端：协商出兼容的协议版本：{compatible_version}")
        else:
            response = {
                "jsonrpc": "2.0",
                "error": {"code": -32000, "message": "没有兼容的协议版本"},
                "id": request.get("id")
            }
```

```python
            print("服务端：没有找到兼容的协议版本")
        self.transport.write(json.dumps(response).encode())

    def find_compatible_version(self, client_versions):
        for version in client_versions:
            if version in SERVER_SUPPORTED_VERSIONS:
                return version
        return None

    def send_error(self, message):
        response = {
            "jsonrpc": "2.0",
            "error": {"code": -32600, "message": message},
            "id": None
        }
        self.transport.write(json.dumps(response).encode())


class MCPClient:
    def __init__(self, loop, server_host, server_port, supported_versions):
        self.loop = loop
        self.server_host = server_host
        self.server_port = server_port
        self.supported_versions = supported_versions

    async def negotiate_version(self):
        reader, writer = await asyncio.open_connection(self.server_host, self.server_port, loop=self.loop)
        request = {
            "jsonrpc": "2.0",
            "method": "negotiate_version",
            "params": {"versions": self.supported_versions},
            "id": random.randint(1, 1000)
        }
        print(f"客户端：发送版本协商请求：{request}")
        writer.write(json.dumps(request).encode())
        await writer.drain()
        response_data = await reader.read(1024)
        response = json.loads(response_data.decode())
```

```python
            if "result" in response:
                negotiated_version = response["result"]["version"]
                print(f"客户端：协商出的协议版本为：{negotiated_version}")
            else:
                error_message = response.get("error", {}).get("message", "未知错误")
                print(f"客户端：版本协商失败，错误信息：{error_message}")
        writer.close()
        await writer.wait_closed()

async def main():
    loop = asyncio.get_running_loop()
    server = await loop.create_server(lambda: MCPServerProtocol(), '127.0.0.1', 8888)

    print("服务端：启动，等待客户端连接...")

    # 模拟客户端支持的协议版本
    client_supported_versions = ["1.1.0", "2.0.0", "2.1.0"]
    client = MCPClient(loop, '127.0.0.1', 8888, client_supported_versions)
    await client.negotiate_version()

    server.close()
    await server.wait_closed()

if __name__ == "__main__":
    asyncio.run(main())
```

代码解析如下。

（1）服务端（MCPServerProtocol 类）：连接建立——当客户端连接时，记录连接信息；数据接收——解析客户端发送的 JSON 数据，识别请求的方法；版本协商处理——如果方法为 negotiate_version，则提取客户端支持的版本列表，与服务端支持的版本进行匹配，找到最高的兼容版本。

（2）版本匹配逻辑：通过 find_compatible_version 方法依次比对客户端提供的版本与服务端支持的版本，返回首个匹配项。该逻辑可按需扩展为版本排序、语义兼容性解析等高级策略。

（3）响应构造：如果存在兼容版本，则服务端构造标准 JSON-RPC 响应并附带匹配的版本信息；若无匹配版本，则返回结构化错误响应，标明错误码与原因。

（4）客户端（MCPClient 类）：构造版本协商请求，包含客户端支持的多个版本；向服务端发送请求并等待响应；解析响应，输出协商结果或错误信息。

运行结果示例：

```
服务端：启动，等待客户端连接...
服务端：与客户端 ('127.0.0.1', 55124) 建立连接。
客户端：发送版本协商请求：{'jsonrpc': '2.0', 'method': 'negotiate_version', 'params': {'versions': ['1.1.0', '2.0.0', '2.1.0']}, 'id': 231}
服务端：收到数据：{"jsonrpc": "2.0", "method": "negotiate_version", "params": {"versions": ["1.1.0", "2.0.0", "2.1.0"]}, "id": 231}
服务端：协商出兼容的协议版本：1.1.0
客户端：协商出的协议版本为：1.1.0
```

该版本协商逻辑在实际 MCP 应用中广泛适用于：

（1）多客户端接入网关场景。如不同版本的工具客户端、数据采集节点接入统一 MCP 服务端。

（2）版本平滑升级阶段。协议新旧版本并存，需确保已有客户端不中断通信；

（3）自动化测试与部署系统。通过协商逻辑自动适配当前服务端支持的协议版本，提升兼容性覆盖率。

（4）Agent 模型切换平台。不同智能体版本绑定不同协议能力，协商机制用于动态匹配功能集。

通过清晰的协议版本标识与协商流程，MCP 能够确保系统在版本演进过程中维持高稳定性与广泛兼容性。上述示例不仅展示了基本的客户端—服务端版本谈判机制，也具备良好的可拓展性，可轻松接入权限验证、能力协商与功能降级等更复杂的协议兼容体系，是构建大规模、异构化模型应用平台的协议基础。

4.3.2 客户端与服务端的能力声明

在 MCP 的初始化与协商阶段，客户端与服务端之间需要明确各自支持的功能范围、接口能力与上下文处理特性。能力声明机制（Capability Declaration）即为此设计的协议机制，允许通信双方在连接建立之初，交换其所支持的语义能力集，从而实现功能自动发现、调用路径优化与兼容性校验。该机制不仅确保了模型交互过程中的协议一致性，也为动态适配、特性降级与安全控制提供了结构化支撑。

1. 客户端能力模型

客户端在发起初始化请求时，会通过字段 clientCapabilities 声明自身支持的能力范围。典型字段包括：

（1）toolExecution: 是否支持远程工具调用；

（2）promptTemplating: 是否支持基于变量的提示词模板填充；

（3）streaming: 是否支持流式响应处理；

（4）resourceReading: 是否支持结构化资源注入；

（5）contextMutation: 是否支持上下文 Slot 的动态增删。

这些声明使服务端能够在任务调度、资源准备与上下文注入策略上做出差异化响应。例如，若客户端声明不支持 streaming，则服务端在响应模型生成结果时应采用非流式封装方式返回，避免链路阻塞或行为异常。

客户端能力声明通常由 SDK 默认填充，也可在实例化阶段显式指定，适配不同运行环境（如 Web 前端、命令行、嵌入式端）的实际能力差异。

2. 服务端能力模型

服务端在响应初始化请求时，会通过字段 serverCapabilities 向客户端反馈其所提供的全部服务能力。该结构定义了当前服务节点可用的：

（1）supportedMethods: 可调用的 API 方法列表；

（2）toolSchemas: 已注册的 Tool 结构定义；

（3）resourceTypes: 支持的资源类型，如文档、图像、数据库等；

（4）maxContextLength: 最大上下文 Token 容量；

（5）modelVariants: 支持的语言模型版本及特性。

客户端据此可进行行为分支判断。例如，若服务端不支持 tool/execute，则客户端应避免发送 Tool 调用请求或提示用户功能不可用；若 maxContextLength 有限，则客户端需执行 Slot 压缩策略避免上下文溢出。服务端能力声明也可作为智能体层调度依据，使多个微服务节点根据能力分组分配任务，实现动态负载均衡与语义任务编排。

【例 4-3】请创建一个模拟 MCP 客户端与服务端进行能力声明与协商的示例，展示如何在实际应用中处理能力声明。

```python
import asyncio
import json

# 定义服务端支持的能力
SERVER_CAPABILITIES = {
    "prompts": True,
    "resources": True,
    "tools": True,
    "logging": True,
    "experimental": False
}

class MCPServerProtocol(asyncio.Protocol):
    def connection_made(self, transport):
        self.transport = transport
        self.peername = transport.get_extra_info('peername')
        print(f"服务端：与客户端 {self.peername} 建立连接。")

    def data_received(self, data):
        message = data.decode()
        print(f"服务端：收到数据：{message}")
        try:
            request = json.loads(message)
            if request["method"] == "initialize":
                self.handle_initialize(request)
            else:
                self.send_error("未知的方法")
        except json.JSONDecodeError:
            self.send_error("无效的 JSON 格式")

    def handle_initialize(self, request):
        client_capabilities = request.get("params", {}).get("capabilities", {})
```

```python
            negotiated_capabilities = self.negotiate_capabilities(client_capabilities)
            response = {
                "jsonrpc": "2.0",
                "result": {"capabilities": negotiated_capabilities},
                "id": request.get("id")
            }
            print(f"服务端：协商出的能力集：{negotiated_capabilities}")
            self.transport.write(json.dumps(response).encode())

    def negotiate_capabilities(self, client_capabilities):
        negotiated = {}
        for capability, supported in client_capabilities.items():
            if supported and SERVER_CAPABILITIES.get(capability, False):
                negotiated[capability] = True
            else:
                negotiated[capability] = False
        return negotiated

    def send_error(self, message):
        response = {
            "jsonrpc": "2.0",
            "error": {"code": -32600, "message": message},
            "id": None
        }
        self.transport.write(json.dumps(response).encode())

class MCPClient:
    def __init__(self, loop, server_host, server_port, capabilities):
        self.loop = loop
        self.server_host = server_host
        self.server_port = server_port
        self.capabilities = capabilities

    async def initialize(self):
        reader, writer = await asyncio.open_connection(self.server_host, self.server_port, loop=self.loop)
        request = {
```

```python
            "jsonrpc": "2.0",
            "method": "initialize",
            "params": {"capabilities": self.capabilities},
            "id": 1
        }
        print(f"客户端：发送初始化请求：{request}")
        writer.write(json.dumps(request).encode())
        await writer.drain()
        response_data = await reader.read(1024)
        response = json.loads(response_data.decode())
        if "result" in response:
            negotiated_capabilities = response["result"]["capabilities"]
            print(f"客户端：协商出的能力集：{negotiated_capabilities}")
        else:
            error_message = response.get("error", {}).get("message", "未知错误")
            print(f"客户端：初始化失败，错误信息：{error_message}")
        writer.close()
        await writer.wait_closed()

async def main():
    loop = asyncio.get_running_loop()
    server = await loop.create_server(lambda: MCPServerProtocol(), '127.0.0.1', 8888)
    print("服务端：启动，等待客户端连接...")

    # 模拟客户端支持的能力
    client_capabilities = {
        "prompts": True,
        "resources": False,
        "tools": True,
        "logging": False,
        "experimental": True
    }
    client = MCPClient(loop, '127.0.0.1', 8888, client_capabilities)
    await client.initialize()

    server.close()
    await server.wait_closed()
```

```
if __name__ == "__main__":
    asyncio.run(main())
```

代码解析如下。

（1）服务端（MCPServerProtocol 类）。连接建立：当客户端连接时，记录连接信息；数据接收：解析客户端发送的 JSON 数据，识别请求的方法；初始化处理：如果方法为 initialize，则提取客户端声明的能力，与服务端支持的能力进行协商，确定双方都支持的能力集；错误处理：对于未知的方法或无效的 JSON 格式，返回错误信息。

（2）客户端（MCPClient 类）。初始化请求：构造包含客户端能力声明的 initialize 请求，发送给服务端；响应处理：接收服务端返回的协商结果，解析并输出协商出的能力集或错误信息。

（3）能力协商逻辑。协商过程：服务端根据自身支持的能力与客户端声明的能力，确定双方都支持的能力集，作为后续通信的基础。

运行结果：

```
服务端：启动，等待客户端连接...
服务端：与客户端 ('127.0.0.1', 55124) 建立连接。
客户端：发送初始化请求：{'jsonrpc': '2.0', 'method': 'initialize', 'params': {'capabilities': {'prompts': True, 'resources': False, 'tools': True, 'logging': False, 'experimental': True}}, 'id': 1}
服务端：收到数据：{"jsonrpc": "2.0", "method": "initialize", "params": {"capabilities": {"prompts": true, "resources": false, "tools": true, "logging": false, "experimental": true}}, "id": 1}
服务端：协商出的能力集：{'prompts': True, 'resources': False, 'tools': True, 'logging': False, 'experimental': False}
客户端：协商出的能力集：{'prompts': True, 'resources': False, 'tools': True, 'logging': False, 'experimental': False}
```

本代码示例清晰模拟了客户端和服务端之间能力声明与协商的完整流程，适用于以下典型场景。

（1）智能问答系统：客户端仅支持文本交互，但服务端可提供多模态支持（如图文回答、语音播放），通过能力协商决定是否启用图像插槽与渲染接口。

（2）工具调用网关：不同客户端支持的工具执行方式不同，如 Web 端仅支持同步调用，后端支持异步结果推送，能力声明可决定是否启用 streaming 或异步通知功能。

（3）多版本部署环境：平台需支持多种模型版本、提示模板机制、资源注入形式等能力，能力协商确保低配客户端仍可访问兼容功能，而高配客户端启用增强功能。

通过客户端和服务端的能力声明与协商机制，MCP 实现了功能级别的动态对齐与行为协同。该机制不仅提升了系统在异构环境下的适应性，也极大地增强了协议的灵活性和可演化性。配合统一的声明结构与协商逻辑，可支撑多场景、多终端、多版本的模型服务体系，构建出更加稳健、智能与可维护的上下文交互平台。

总的来说，客户端与服务端的能力声明机制是 MCP 结构化协商流程的重要组成部分，承担了功能发现、兼容判断与执行优化等多重职责。其设计体现了大模型系统中"能力即接口"的原则，使上下游组件在运行时即能达成语义一致，为复杂交互系统的构建与维护提供了基础设施级支持。

4.4 本章小结

本章全面解析了 MCP 在通信、状态控制与版本协商等核心维度的技术细节，涵盖消息结构、生命周期管理、错误处理机制及能力声明模型。通过标准化的数据格式、稳健的状态维护机制与灵活的版本兼容策略，MCP 实现了模型上下文交互过程中的语义一致性与行为可控性。协议层的系统性设计为大模型应用的可扩展性、可维护性与多端协同提供了坚实保障。

第5章

MCP开发环境与工具链

　　MCP作为大模型应用开发的通信核心，其工程落地高度依赖于稳定、高效的开发环境与配套工具链。无论是在客户端集成、服务端部署，还是调试与测试阶段，均需借助完备的SDK支持、调试辅助工具以及运行时管理组件，以保障协议行为的正确性与系统交互的连贯性。本章将系统地介绍MCP开发所需的关键环境配置、工具链构成与使用方法，涵盖SDK初始化、接口调用、上下文构造、日志采集与性能测试等多个维度，为高效构建面向LLM的上下文驱动系统提供工程支撑。

5.1 开发环境的搭建

MCP 的实现与调试需运行在高度结构化的开发环境中,其部署效率与稳定性直接影响上下文系统的开发节奏与应用交付质量。一个符合规范的 MCP 开发环境不仅应包含语言 SDK 与协议运行时支持,还需具备模型接口适配、工具集成、资源访问与网络通信组件的协同配置能力。本节围绕 MCP 环境的基础构建与组件准备进行详细说明,涵盖系统依赖、开发语言选择、运行容器配置、版本控制策略等内容,为协议级开发与系统集成奠定技术基础。

5.1.1 必要的系统要求与依赖

1. 操作系统要求

MCP 开发环境主要基于 Python,可在 Windows、macOS 和 Linux 等主流操作系统上运行。确保所使用的操作系统已更新至最新版本,以获得最佳的兼容性和性能。

2. Python环境

MCP 开发推荐使用 Python 3.11 版本。此版本提供了最新的语言特性和性能优化,确保与 MCP 库的兼容性和稳定性。建议使用 uv 工具管理 Python 项目和虚拟环境,uv 是一个快速的 Python 包和环境管理器,能够简化依赖管理和环境隔离。

3. 必要的Python库

在 MCP 开发中,需要安装以下核心库:

(1)mcp:MCP 的官方 Python 实现,提供了开发 MCP 服务端和客户端的必要接口和工具。

(2)httpx:用于处理 HTTP 请求的异步库,适用于需要进行网络通信的 MCP 工具开发。

(3)openai:与 OpenAI 的 API 交互的官方库,适用于集成 OpenAI 模型的应用场景。

可以使用 uv 工具安装上述依赖:

```
uv add "mcp[cli]" httpx openai
```

上述命令将安装 mcp 库及其命令行工具，以及 httpx 和 openai 库。

4．Node.js 环境（可选）

对于需要使用 MCP 官方提供的可视化调试工具 Inspector 的开发者，需要安装 Node.js 环境。Inspector 是一个基于 Node.js 的工具，用于可视化调试 MCP 服务端，提供直观的接口和工具列表查看功能。

安装 Node.js 后，可以通过以下命令运行 Inspector：

```
npx -y @modelcontextprotocol/inspector uv run web_search.py
```

此命令将启动 Inspector 并运行 web_search.py 脚本。

5．环境变量配置

在开发过程中，可能需要配置环境变量，例如 API 密钥等敏感信息。建议使用 dotenv 库管理环境变量，将配置信息存储在 .env 文件中，避免在代码中直接暴露敏感信息。

通过上述系统要求和依赖的配置，可确保 MCP 开发环境的稳定性和兼容性，为后续的开发工作奠定坚实基础。

5.1.2 开发工具与IDE的选择与配置

1．集成开发环境（IDE）的选择

在进行 MCP 相关开发时，选择合适的 IDE 对于提升开发效率至关重要。以下是几种常用的 IDE 选项。

（1）Visual Studio Code（VS Code）：一款轻量级且功能强大的开源编辑器，支持丰富的插件生态，适用于多种编程语言。

（2）PyCharm：专为 Python 开发设计的 IDE，提供强大的代码分析、调试和测试功能，适合大型项目的开发。

（3）IntelliJ IDEA：一款广泛应用于 Java 开发的 IDE，支持多种语言，具有智能的代码补全和强大的插件支持。

选择 IDE 时，应考虑项目需求、个人习惯以及团队协作等因素。

2. IDE 的配置与插件安装

以 Visual Studio Code 为例，配置 MCP 开发环境的步骤如下。

（1）安装 Python 扩展：在 VS Code 的扩展市场中搜索并安装官方的 Python 扩展，以提供代码高亮、调试和自动补全等功能。

（2）安装 MCP 相关插件：根据项目需求，安装与 MCP 开发相关的插件，例如 MCP 支持插件，以增强开发体验。

（3）配置虚拟环境：使用 uv 工具创建并激活虚拟环境，确保项目的依赖隔离和管理。

```
uv venv
source .venv/bin/activate    # 在 Linux 或 macOS 上
.venv\Scripts\activate.bat   # 在 Windows 上
```

（4）安装必要的依赖：在虚拟环境中，安装 MCP 开发所需的库，例如 mcp、httpx 和 openai。

```
uv add "mcp[cli]" httpx openai
```

（5）配置调试器：在 VS Code 中设置调试配置，以便在开发过程中进行断点调试和变量监视。

通过上述配置，VS Code 将成为一个高效的 MCP 开发环境，提供便捷的编码、调试和测试支持。

3. 代码版本控制

使用 Git 进行版本控制是现代软件开发的最佳实践。在 MCP 开发中，建议：

（1）初始化 Git 仓库：在项目根目录执行 git init，初始化 Git 仓库。

（2）创建 .gitignore 文件：根据项目需求，配置忽略文件，避免将不必要的文件提交到仓库。

（3）定期提交代码：在完成阶段性开发后，及时提交代码，确保版本可追溯。

（4）使用分支管理：针对不同的功能或修复，创建独立的分支，便于协作和代码审查。

通过合理的版本控制，确保代码的可靠性和可维护性。

4. 代码质量与协作工具

为了提升代码质量和团队协作效率，建议引入以下工具。

（1）代码格式化工具：使用 black 或 yapf 等工具，统一代码风格，提升可读性。

（2）静态代码分析工具：采用 pylint 或 flake8 等工具，检测代码中的潜在问题，提升代码质量。

（3）持续集成（CI）工具：配置如 GitHub Actions 或 Jenkins 等 CI 工具，自动化测试和部署流程，确保代码的稳定性。

（4）协作平台：使用 GitHub、GitLab 等平台进行代码托管、问题跟踪和团队协作，提升开发效率。

通过上述工具的集成，构建高效、规范的 MCP 开发流程，确保项目的成功交付。

5.1.3 版本控制与协作开发流程

1. 版本控制的重要性

在 MCP 开发过程中，版本控制是确保代码质量、追踪变更历史和促进团队协作的关键环节。通过有效的版本控制，开发者可以：

（1）追踪代码变更：清晰记录每次修改，便于回溯和审查。

（2）协同开发：支持多人并行开发，减少冲突，提高效率。

（3）版本管理：标记和管理不同的发布版本，确保稳定性和可维护性。

2. Git：MCP开发的首选版本控制系统

Git 是当前最流行的分布式版本控制系统，广泛应用于 MCP 项目的开发。其主要特点包括：

（1）分布式架构：每个开发者都拥有完整的代码库副本，支持离线工作。

（2）高效的分支管理：轻松创建、合并和删除分支，适合复杂的开发流程。

（3）丰富的社区支持：大量的工具和资源可供利用，提升开发体验。

3. Git工作流程的最佳实践

在 MCP 项目中，推荐采用以下 Git 工作流程：

初始化仓库：在项目根目录执行 git init，创建新的 Git 仓库。

添加远程仓库：将本地仓库与远程仓库关联，便于代码同步。

```
git remote add origin <远程仓库 URL>
```

创建和切换分支：为每个新功能或修复创建独立分支，保持 main 分支的稳定性。

```
git checkout -b feature/新功能
```

提交更改：在完成阶段性开发后，提交代码并附上有意义的提交信息。

```
git add .
git commit -m "添加新功能：描述功能内容"
```

推送分支：将本地分支推送到远程仓库，便于团队协作。

```
git push origin feature/新功能
```

合并请求（Pull Request）：在完成开发并通过测试后，创建合并请求，将功能分支合并到 main 分支。

代码审查：团队成员对合并请求进行审查，确保代码质量和规范。

合并并删除分支：审查通过后，合并分支并删除已完成的功能分支，保持仓库整洁。

```
git checkout main
git merge feature/新功能
git branch -d feature/新功能
```

4. 协作开发流程

在团队协作中，明确的开发流程有助于提高效率，减少冲突。以下是 MCP 项目协作开发的建议流程。

（1）需求分析与任务分解：明确项目需求，将任务细化并分配给团队成员。

（2）任务认领与分支创建：开发者认领任务，并基于 main 分支创建对应的功能分支。

（3）独立开发与定期同步：在各自的分支上独立开发，定期与 main 分支同步，获取最新代码，避免大范围冲突。

（4）本地测试与调试：在提交代码前，确保在本地环境中通过所有相关测试，保证代码质量。

（5）提交合并请求与代码审查：提交合并请求后，其他团队成员进行代码审查，提出改进意见。

（6）合并代码与部署：审查通过后，合并代码到 main 分支，并进行部署。

（7）回顾与总结：定期进行项目回顾，总结经验教训，优化开发流程。

5. 版本控制平台的选择

选择合适的版本控制平台有助于提升协作效率。以下是常用的平台：

（1）GitHub：全球最大的开源代码托管平台，提供丰富的协作工具和社区支持。

（2）GitLab：支持私有仓库，提供完整的 DevOps 工具链，适合企业内部开发。

（3）Bitbucket：与 Jira 等工具的集成性良好，适合使用 Atlassian 产品的团队。

根据团队需求和项目性质，选择最适合的平台进行版本控制和协作开发。

6. 代码规范与文档管理

在 MCP 开发中，遵循统一的代码规范和完善的文档管理有助于提升代码可读性和维护性。建议：

（1）代码规范：制定并遵守团队的编码规范，使用代码格式化工具（如 black）统一代码风格。

（2）文档管理：在代码仓库中维护详细的开发文档，包括 API 说明、架构设计和使用指南，便于新成员快速上手。

（3）注释与 README：在关键代码处添加注释，提供清晰的 README 文件，说明项目的功能、安装和使用方法。

通过上述版本控制与协作开发流程的实践，确保 MCP 项目的高效开发和稳定交付。

5.2 MCP SDK的使用

MCP 的高效调用与上下文调度能力依托于功能完善的 SDK 封装实现。通过统一的调用接口与结构化的数据模型，MCP SDK 在客户端与服务端之间提供了可编程的交互抽象，显著简化协议集成流程与上下文控制逻辑。本节聚焦 MCP SDK 的核心功能与使用方法，涵盖 SDK 的初始化、标准方法调用、上下文注入、资源读取、工具执行等关键能力，并结合具体语言环境介绍其扩展机制，为构建可靠的模型上下文交互系统提供开发支撑。

5.2.1 SDK的安装与初始化

1. MCP SDK概述

MCP 为 LLM 与外部工具和数据源的交互提供了标准化的接口。MCP SDK 是该协议的官方 Python 实现，旨在简化开发者构建 MCP 服务端和客户端的过程。通过使用 MCP SDK，开发者可以高效地创建与 LLM 协同工作的工具和服务，实现信息的无缝访问和处理。

2. 安装MCP SDK

在开始安装 MCP SDK 之前，确保系统已安装 Python 3.11 版本，并建议使用 uv 工具管理 Python 项目和虚拟环境。uv 是一个快速的 Python 包和环境管理器，能够简化依赖管理和环境隔离。

（1）安装 uv 工具

首先，安装 uv 工具。在终端或命令提示符中执行以下命令：

```
pip install uv
```

（2）初始化项目并创建虚拟环境

```
使用 uv 初始化一个新的项目，并创建虚拟环境：
# 初始化项目
uv init mcp_project
cd mcp_project

# 创建虚拟环境
uv venv
```

在创建虚拟环境后，需激活该环境：

在 Windows 上：

```
.venv\Scripts\activate.bat
```

在 Linux 或 macOS 上：

```
source .venv/bin/activate
```

（3）安装 MCP SDK 及相关依赖

在激活的虚拟环境中，使用 uv 安装 MCP SDK 及其命令行工具，同时安装 httpx 和 openai：

```
uv add "mcp[cli]" httpx openai
```

上述命令将安装 MCP SDK、httpx（用于处理 HTTP 请求的异步库）和 openai（与 OpenAI API 交互的官方库）。

3. 初始化MCP服务端

安装完成后，可以开始初始化 MCP 服务端。以下是创建一个简单 MCP 服务端的示例，该服务端提供了一个名为 web_search 的工具，用于执行网络搜索：

```python
import httpx
from mcp.server import FastMCP

# 初始化 FastMCP 服务端
app = FastMCP('web-search')

@app.tool()
async def web_search(query: str) -> str:
    """
    搜索互联网内容

    Args:
        query: 要搜索的内容

    Returns:
        搜索结果的摘要
    """
    async with httpx.AsyncClient() as client:
        response = await client.post(
            'https://open.bigm***l.cn/api/paas/v4/tools',
            headers={'Authorization': 'YOUR_API_KEY'},
            json={
                'tool': 'web-search-pro',
                'messages': [
```

```
                    {'role': 'user', 'content': query}
                ],
                'stream': False
            }
        )

        res_data = []
        for choice in response.json()['choices']:
            for message in choice['message']['tool_calls']:
                search_results = message.get('search_result')
                if not search_results:
                    continue
                for result in search_results:
                    res_data.append(result['content'])

        return '\n\n\n'.join(res_data)

if __name__ == "__main__":
    app.run(transport='stdio')
```

在上述代码中：

（1）FastMCP 用于快速创建 MCP 服务端实例。

（2）@app.tool() 装饰器用于定义一个工具函数 web_search，该函数接受查询字符串作为输入，返回搜索结果的摘要。

（3）app.run(transport='stdio') 启动服务端，使用标准输入/输出（stdio）作为传输方式。

4. 调试MCP服务端

为了调试和测试 MCP 服务端，可以使用官方提供的 Inspector 工具。Inspector 是一个基于 Node.js 的可视化调试工具，提供直观的接口和工具列表查看功能。

（1）安装 Node.js：确保系统已安装 Node.js 环境

（2）运行 Inspector：在终端或命令提示符中，使用以下命令启动 Inspector 并运行 web_search.py 脚本：

```
npx -y @modelcontextprotocol/inspector uv run web_search.py
```

上述命令将启动 Inspector，并运行 web_search.py 脚本。

5. 初始化MCP客户端

在成功创建并运行 MCP 服务端后，可以开发客户端与之交互。以下是一个使用 stdio 传输方式连接到 web_search 服务端的客户端示例：

```python
import asyncio
from mcp.client.stdio import stdio_client
from mcp import ClientSession, StdioServerParameters

# 为 stdio 连接创建服务端参数
server_params = StdioServerParameters(
    command='uv',
    args=['run', 'web_search.py'],
)

async def main():
    # 创建 stdio 客户端
    async with stdio_client(server_params) as (stdio, write):
        # 创建 ClientSession 对象
        async with ClientSession(stdio, write) as session:
            # 初始化 ClientSession
            await session.initialize()

            # 列出可用的工具
            response = await session.list_tools()
            print(response)

            # 调用工具
            response = await session.call_tool('web_search', {'query': '今天杭州天气'})
            print(response)

if __name__ == '__main__':
    asyncio.run(main())
```

在上述客户端代码中：

（1）StdioServerParameters 定义了服务端的启动命令和参数。

（2）stdio_client 创建与服务端的标准输入 / 输出连接。

（3）ClientSession 管理与服务端的会话，包括初始化、列出工具和调用工具等操作。

通过上述步骤，开发者可以成功安装和初始化 MCP SDK，并构建一个完整的本地上下文协议交互系统。该系统由一端的工具服务端负责处理结构化任务（如信息检索、数据处理等），另一端的客户端负责上下文注入、任务发起及结果接收。SDK 的设计使这套结构在实际运行中表现出高度的模块化与可编程性，极大地提升了大模型应用的扩展灵活性。

6. 应用场景分析

在实际使用中，SDK 初始化完成后可以支持以下典型应用场景。

（1）工具调用型智能体：通过注册多个 @app.tool() 函数，MCP 服务端可对接各种外部工具如数据库查询、接口调用、文档生成等；客户端通过 session.call_tool 发起指令，实现任务级解耦。

（2）多轮上下文交互系统：配合 Slot 机制和上下文缓存，客户端可维护对话历史，动态注入多个上下文段落，以支持复杂语义的保持和演化。

（3）资源感知任务代理：借助 list_resources() 与 read_resource() 等接口，客户端可发现并读取服务端持有的结构化数据，如知识文档、图谱节点、配置文件等，用于增强模型推理能力。

MCP SDK 的安装与初始化不仅是协议工程的第一步，更是构建语义协同系统的关键入口。通过高度抽象化的 API 设计、灵活的工具注册机制与稳定的传输适配能力，SDK 为客户端与服务端间的深度协作建立了高效通道。结合项目管理工具（如 uv）与调试可视化工具（如 inspector），开发者可快速构建具备完整语境感知、任务执行与模型交互能力的 MCP 系统，为大模型驱动的智能应用提供稳定的工程基础。

5.2.2 核心API的介绍与使用示例

MCP 核心 API 构成了构建上下文交互系统的关键，封装了资源管理、工具调用、消息传输和上下文注入等操作。该 API 设计采用模块化、面向对象的方式，提供统一的接口，简化客户端与服务端之间复杂数据交互的实现。

通过对请求、响应、错误处理以及状态同步的标准化封装，核心 API 使开发者能够集中精力构建业务逻辑，无须关心底层传输细节。

在系统中，每个 API 调用均以 JSON 格式封装，支持异步调用与并发处理，确保在高并发场景下依然保持高效稳定的性能。此处将以一个支付业务为例，通过调用核心 API 实现资源读取、工具调用和上下文组装，从而完成支付计算和数据分析任务。

【例 5-1】请演示完整的 SDK 调用流程，涵盖初始化、接口调用、错误捕获、状态同步和结果输出，提供详细的注释说明每个步骤的设计理念和实现细节，为实际应用提供参考和借鉴。

```python
#!/usr/bin/env python
# -*- coding: utf-8 -*-

import asyncio
import json
import random
import time

# 模拟 MCP 核心 API 模块
class MCPClient:
    def __init__(self, server_url):
        # 初始化 MCP 客户端实例，设定服务端 URL
        self.server_url = server_url
        self.session_id = random.randint(1000, 9999)
        self.context = {}  # 用于存储上下文 Slot

    async def initialize(self):
        # 模拟客户端初始化，与服务端建立连接
        print(f"初始化 MCP 客户端，连接到服务端：{self.server_url}")
        await asyncio.sleep(0.1)  # 模拟网络延时
        print("初始化完成。")

    async def list_resources(self):
        # 模拟调用服务端的 list_resources 接口
        print("调用 list_resources API...")
        await asyncio.sleep(0.1)
        resources = [
```

```python
            {"uri": "resource://exchange_rate", "name": "汇率数据", "version":
"1.0.0"},
            {"uri": "resource://payment_fee", "name": "手续费数据", "version":
"1.0.0"}
        ]
        print("返回资源列表：")
        print(json.dumps(resources, indent=2, ensure_ascii=False))
        return resources

    async def read_resource(self, uri):
        # 模拟读取指定资源的内容
        print(f"读取资源：{uri}")
        await asyncio.sleep(0.1)
        if uri == "resource://exchange_rate":
            # 模拟返回汇率数据
            data = {"USD_CNY": 6.45, "EUR_CNY": 7.80}
        elif uri == "resource://payment_fee":
            data = {"credit_card_fee": 0.03, "paypal_fee": 0.05}
        else:
            data = {}
        print("资源内容：")
        print(json.dumps(data, indent=2, ensure_ascii=False))
        return data

    async def call_tool(self, tool_name, params):
        # 模拟调用工具 API
        print(f"调用工具：{tool_name}，参数：{params}")
        await asyncio.sleep(0.2)  # 模拟工具执行延时
        if tool_name == "calculate_payment":
            # 根据汇率和手续费计算支付金额
            amount = params.get("amount", 0)
            exchange_rate = params.get("exchange_rate", 1)
            fee_rate = params.get("fee_rate", 0)
            net_amount = amount * exchange_rate * (1 - fee_rate)
            result = {"net_amount": net_amount, "currency": "CNY"}
        else:
            result = {"error": "Unknown tool"}
        print("工具调用返回：")
```

```python
            print(json.dumps(result, indent=2, ensure_ascii=False))
            return result

    async def update_context(self, key, value):
        # 更新本地上下文状态
        self.context[key] = value
        print(f"上下文更新：{key} -> {value}")

    async def invoke(self, method, params):
        # 模拟通用 API 调用（请求与响应封装）
        request = {
            "jsonrpc": "2.0",
            "id": random.randint(1, 10000),
            "method": method,
            "params": params
        }
        print(f"发送请求：{json.dumps(request, indent=2, ensure_ascii=False)}")
        await asyncio.sleep(0.1)
        # 模拟响应逻辑
        if method == "process_payment":
            # 调用支付处理工具，整合上下文数据
            result = {"status": "success", "details": "Payment processed successfully."}
        else:
            result = {"error": "Method not found"}
        response = {
            "jsonrpc": "2.0",
            "id": request["id"],
            "result": result
        }
        print("收到响应：")
        print(json.dumps(response, indent=2, ensure_ascii=False))
        return response

# 模拟支付业务中的核心流程：读取资源、调用工具、更新上下文、发送支付请求
async def main():
    # 初始化 MCP 客户端实例
    client = MCPClient("https://mcp.pay***t.example.com")
```

```python
await client.initialize()

# 列出服务端资源，获取汇率和手续费数据
resources = await client.list_resources()

# 读取汇率数据
exchange_data = await client.read_resource("resource://exchange_rate")
# 读取手续费数据
fee_data = await client.read_resource("resource://payment_fee")

# 更新本地上下文，存储资源数据
await client.update_context("exchange_rate", exchange_data["USD_CNY"])
await client.update_context("fee_rate", fee_data["credit_card_fee"])

# 调用支付计算工具：计算支付金额
tool_params = {
    "amount": 100,  # 假设支付原始金额为 100 美元
    "exchange_rate": client.context.get("exchange_rate", 1),
    "fee_rate": client.context.get("fee_rate", 0)
}
tool_result = await client.call_tool("calculate_payment", tool_params)
await client.update_context("payment_result", tool_result)

# 发起支付处理请求，整合上下文数据
invoke_params = {
    "session": {
        "client_id": "client_001",
        "context": client.context
    },
    "order": {
        "order_id": "order_123456",
        "amount": 100
    }
}
response = await client.invoke("process_payment", invoke_params)
print("最终支付处理响应:")
print(json.dumps(response, indent=2, ensure_ascii=False))
```

```
if __name__ == "__main__":
    asyncio.run(main())
```

运行结果：

```
初始化 MCP 客户端，连接到服务端：https://mcp.pay***t.example.com
初始化完成。
调用 list_resources API...
返回资源列表：
[
  {
    "uri": "resource://exchange_rate",
    "name": "汇率数据",
    "version": "1.0.0"
  },
  {
    "uri": "resource://payment_fee",
    "name": "手续费数据",
    "version": "1.0.0"
  }
]
读取资源：resource://exchange_rate
资源内容：
{
  "USD_CNY": 6.45,
  "EUR_CNY": 7.8
}
读取资源：resource://payment_fee
资源内容：
{
  "credit_card_fee": 0.03,
  "paypal_fee": 0.05
}
上下文更新：exchange_rate -> 6.45
上下文更新：fee_rate -> 0.03
调用工具：calculate_payment，参数：{'amount': 100, 'exchange_rate': 6.45, 'fee_rate': 0.03}
工具调用返回：
{
  "net_amount": 625.035,
```

```
      "currency": "CNY"
}
上下文更新: payment_result -> {'net_amount': 625.035, 'currency': 'CNY'}
发送请求: {
  "jsonrpc": "2.0",
  "id": 7321,
  "method": "process_payment",
  "params": {
    "session": {
      "client_id": "client_001",
      "context": {
        "exchange_rate": 6.45,
        "fee_rate": 0.03,
        "payment_result": {
          "net_amount": 625.035,
          "currency": "CNY"
        }
      }
    },
    "order": {
      "order_id": "order_123456",
      "amount": 100
    }
  }
}
收到响应:
{
  "jsonrpc": "2.0",
  "id": 7321,
  "result": {
    "status": "success",
    "details": "Payment processed successfully."
  }
}
最终支付处理响应:
{
  "jsonrpc": "2.0",
  "id": 7321,
```

```
    "result": {
      "status": "success",
      "details": "Payment processed successfully."
    }
}
```

本示例演示了 MCP 核心 API 在支付业务场景中的使用。代码中，MCP 客户端通过初始化、列出资源、读取资源、更新上下文和调用工具等流程，构造支付计算请求，并发起支付处理。通过版本化的 JSON-RPC 请求与响应交互，实现了客户端与服务端之间的无缝数据传递与任务协同。

整个流程体现了 MCP 在上下文构建、工具调用、状态同步和业务执行中的核心能力，展现出高度模块化和可编程性，为复杂大模型应用开发提供了坚实基础。

5.2.3 SDK的扩展与自定义开发

MCP 的官方 SDK 虽能覆盖大部分常规需求，但在一些场景下仍可能需要进行更深层次的定制与扩展，例如定义新的服务端 Hook、增加客户端的请求处理逻辑或构建跨服务的多智能体协同体系。

此类需求通常源于业务场景的多样化与不断演化，对上下文注入、工具函数执行与资源管理提出了更高的灵活性要求。MCP 的设计原则在于提供可扩展的基础框架，让开发者能够在不破坏核心协议结构的前提下，通过定制化的逻辑接入、插件扩展或语义注入策略，实现业务与模型交互流程的精准贴合。

1. 定制的主要方向

（1）工具层扩展：开发者可编写并注册自定义工具函数（如数据挖掘、自然语言处理辅助等），让 MCP 服务端具备更丰富的计算或检索能力，客户端在调用时只需传递适配的参数与上下文，极大地简化流程。

（2）资源访问策略：在某些情况下，需要在读取或写入资源前执行额外的权限检验、数据预处理或缓存策略。通过扩展或重载 SDK 中的资源管理接口，可实现对资源访问全过程的自定义逻辑。

（3）上下文注入规则：MCP 允许在请求发起前对上下文 Slot 进行自动拼装或修改，亦可在响应返回后对上下文进行二次处理。通过编写中间件或预处理钩子，能够动态地管理上下文片段，以适配复杂的任务调度与多智能体协同。

（4）错误处理与重试机制：对于网络波动、模型响应超时或工具执行异常等情况，需要结合自身业务逻辑实现更灵活的错误捕获与重试策略。通过扩展 SDK 的通用请求调用方法，能细化错误码分类，并为特定错误提供自动处理或降级方案。

2. 典型应用场景

在一个跨境电商系统中，可能需要为 MCP 服务端注册额外的多语言翻译工具、海关清关计算、订单跟踪查询等功能；在知识管理平台中，需扩展资源处理钩子以保证机密文档的访问控制或版本管理。这些不同的业务功能可以通过扩展 MCP SDK 内部的接口或挂载自定义方法轻松实现，并在客户端端封装一致的调用方式。

【例 5-2】演示如何对 MCP SDK 进行扩展与自定义开发，包括：

（1）自定义工具函数：ShippingCalculator。

（2）资源访问策略：Inventory 资源的访问钩子。

（3）请求处理逻辑：自定义上下文注入与处理。

```python
import asyncio
import json
import random
import time
from typing import Any, Dict, List


# ==========================
# MCP 服务端实现
# ==========================

class CustomResourceHook:
    """
    自定义资源访问钩子，用于在访问资源前后执行额外逻辑
    例如权限验证、缓存处理、日志审计等
    """
    def __init__(self, resource_name: str):
        self.resource_name = resource_name

    def before_read(self, context: Dict[str, Any]) -> None:
```

```python
        """
        在读取资源前的回调，可进行权限校验或参数检查
        """
        user_role = context.get("user_role", "guest")
        if user_role not in ["admin", "manager"]:
            raise PermissionError(f"用户角色 {user_role} 无权访问资源 {self.resource_name}")

    def after_read(self, data: Dict[str, Any]) -> Dict[str, Any]:
        """
        在读取资源后，对返回的数据做二次处理或审计记录
        """
        # 简化：此处仅打印日志
        print(f" 资源 {self.resource_name} 读取成功，数据条目数：{len(data)}")
        return data


class ShippingCalculator:
    """
    自定义工具：计算跨境电商的配送费用与到达时效
    """
    def __init__(self):
        self.base_rate = 10.0  # 基础配送费
        self.weight_rate = 2.0 # 每 kg 的费用

    def calculate_shipping(self, destination: str, weight_kg: float) -> Dict[str, Any]:
        """
        返回运费和预计时效
        """
        if destination == "domestic":
            cost = self.base_rate + weight_kg * self.weight_rate
            eta_days = 3
        else:
            # 国际配送
            cost = self.base_rate * 2 + weight_kg * self.weight_rate * 1.5
            eta_days = 10
        return {
            "cost": round(cost, 2),
```

```python
            "eta_days": eta_days,
            "destination": destination
        }

class MCPServer:
    """
    模拟的 MCP 服务端，支持自定义工具与资源访问钩子
    """
    def __init__(self):
        self.inventory_hook = CustomResourceHook("inventory")
        self.shipping_calc = ShippingCalculator()

    async def handle_request(self, request: Dict[str, Any]) -> Dict[str, Any]:
        """
        根据 method 分发给对应的处理函数
        """
        method = request.get("method")
        params = request.get("params", {})
        if method == "read_resource":
            return await self._read_resource(params)
        elif method == "call_tool":
            return await self._call_tool(params)
        elif method == "inject_context":
            return await self._inject_context(params)
        else:
            return {"error": f"Unknown method {method}"}

    async def _read_resource(self, params: Dict[str, Any]) -> Dict[str, Any]:
        uri = params.get("uri", "")
        context = params.get("context", {})
        # 检测资源钩子
        if "inventory" in uri:
            # 读取前置操作
            self.inventory_hook.before_read(context)
        # 模拟资源数据
        resource_data = {
            "iphone13": 25,
            "galaxyS22": 40,
```

```python
                "macbookAir": 10
            }
        if "inventory" in uri:
            resource_data = self.inventory_hook.after_read(resource_data)
        return resource_data

    async def _call_tool(self, params: Dict[str, Any]) -> Dict[str, Any]:
        tool_name = params.get("tool_name", "")
        tool_params = params.get("tool_params", {})
        if tool_name == "shipping_calc":
            destination = tool_params.get("destination", "domestic")
            weight_kg = tool_params.get("weight_kg", 1.0)
            result = self.shipping_calc.calculate_shipping(destination, weight_kg)
            return result
        else:
            return {"error": "Tool not found"}

    async def _inject_context(self, params: Dict[str, Any]) -> Dict[str, Any]:
        context_key = params.get("key", "")
        context_value = params.get("value", "")
        # 模拟对上下文的处理,可以存储到 Server 的 Session 等
        return {"updated": True, "key": context_key, "value": context_value}


# ==========================
# MCP 客户端实现
# ==========================

class MCPClient:
    """
    自定义客户端:支持对MCPServer的调用,可扩展错误处理与上下文管理
    """
    def __init__(self, server: MCPServer):
        self.server = server
        self.local_context = {}

    async def send_request(self, method: str, params: Dict[str, Any]) -> Dict[str, Any]:
```

```python
        """
        发送请求到 MCP 服务端,并获取响应
        可自定义错误捕获与重试等逻辑
        """
        request = {
            "jsonrpc": "2.0",
            "id": random.randint(1, 99999),
            "method": method,
            "params": params
        }
        print(f"[Client] 发送请求:{json.dumps(request, indent=2, ensure_ascii=False)}")
        response = await self.server.handle_request(request)
        print(f"[Client] 收到响应:{json.dumps(response, indent=2, ensure_ascii=False)}")
        return response

    async def read_inventory(self):
        """
        读取库存资源并存储于本地上下文
        """
        params = {
            "uri": "resource://inventory",
            "context": {"user_role": "manager"}  # 仅 manager 可访问
        }
        res = await self.send_request("read_resource", params)
        if "error" not in res:
            self.local_context["inventory"] = res
        else:
            print("[Client] 读取库存失败,执行错误处理")

    async def calc_shipping(self, destination: str, weight: float):
        """
        调用自定义工具进行运费与时效计算
        """
        params = {
            "tool_name": "shipping_calc",
            "tool_params": {
```

```python
                    "destination": destination,
                    "weight_kg": weight
                }
            }
        res = await self.send_request("call_tool", params)
        return res

    async def inject_local_context(self, key: str, value: Any):
        """
        将本地上下文注入到 Server 的上下文中
        """
        params = {"key": key, "value": value}
        res = await self.send_request("inject_context", params)
        return res

# =========================
# 演示主流程
# =========================

async def main():
    # 初始化服务端与客户端
    server = MCPServer()
    client = MCPClient(server)

    # 读取库存资源
    await client.read_inventory()

    # 显示本地缓存的库存信息
    print("[Client] 本地上下文库存:", client.local_context.get("inventory", {}))

    # 模拟计算国内运费
    domestic_res = await client.calc_shipping("domestic", 2.5)
    print("[Client] 国内运费计算结果:", domestic_res)

    # 模拟计算国际运费
    international_res = await client.calc_shipping("international", 5.0)
    print("[Client] 国际运费计算结果:", international_res)
```

```python
        # 向服务端注入一个 key-value 上下文
        context_inject_res = await client.inject_local_context("promotion_code", "VIP2025")
        print("[Client] 上下文注入结果：", context_inject_res)

        # 再次读取库存资源，这次模拟切换用户角色（guest）无访问权限
        params = {
            "uri": "resource://inventory",
            "context": {"user_role": "guest"}
        }
        await client.send_request("read_resource", params)


if __name__ == "__main__":
    asyncio.run(main())
```

输出结果：

```
[Client] 发送请求：{
  "jsonrpc": "2.0",
  "id": 74158,
  "method": "read_resource",
  "params": {
    "uri": "resource://inventory",
    "context": {
      "user_role": "manager"
    }
  }
}
[Client] 收到响应：{
  "iphone13": 25,
  "galaxyS22": 40,
  "macbookAir": 10
}
[Client] 本地上下文库存：{"iphone13": 25, "galaxyS22": 40, "macbookAir": 10}
[Client] 发送请求：{
  "jsonrpc": "2.0",
  "id": 37710,
  "method": "call_tool",
  "params": {
```

```
          "tool_name": "shipping_calc",
          "tool_params": {
            "destination": "domestic",
            "weight_kg": 2.5
          }
        }
      }
      [Client] 收到响应: {
        "cost": 15.0,
        "eta_days": 3,
        "destination": "domestic"
      }
      [Client] 国内运费计算结果: {"cost": 15.0, "eta_days": 3, "destination": "domestic"}
      [Client] 发送请求: {
        "jsonrpc": "2.0",
        "id": 98129,
        "method": "call_tool",
        "params": {
          "tool_name": "shipping_calc",
          "tool_params": {
            "destination": "international",
            "weight_kg": 5.0
          }
        }
      }
      [Client] 收到响应: {
        "cost": 25.0,
        "eta_days": 10,
        "destination": "international"
      }
      [Client] 国际运费计算结果: {"cost": 25.0, "eta_days": 10, "destination": "international"}
      [Client] 发送请求: {
        "jsonrpc": "2.0",
        "id": 6542,
        "method": "inject_context",
        "params": {
```

```
      "key": "promotion_code",
      "value": "VIP2025"
    }
  }
  [Client] 收到响应: {
    "updated": true,
    "key": "promotion_code",
    "value": "VIP2025"
  }
  [Client] 上下文注入结果: {"updated": true, "key": "promotion_code", "value": "VIP2025"}
  [Client] 发送请求: {
    "jsonrpc": "2.0",
    "id": 51978,
    "method": "read_resource",
    "params": {
      "uri": "resource://inventory",
      "context": {
        "user_role": "guest"
      }
    }
  }
  [Client] 收到响应: {
    "error": "用户角色 guest 无权访问资源 inventory"
  }
```

上述示例展现了如何在 MCP SDK 基础上自定义开发与扩展，包括以下方面。

（1）资源访问钩子（CustomResourceHook）：通过对资源读取的前后逻辑进行重载，实现权限控制或日志审计等个性化需求。

（2）自定义工具（ShippingCalculator）：以"跨境运费计算"为例，注册并调用新的工具函数，实现对业务逻辑的高度抽象。

（3）客户端扩展（MCPClient）：可自行定义发送请求的格式、错误处理方式与本地上下文维护策略，便于适配多场景下的自动化需求。

通过这些扩展与自定义手段，MCP SDK 在各种复杂场景下依旧保持灵活、高效、可维护的特性，帮助开发者快速构建上下文交互式的大模型应用与智能系统。

5.3 调试与测试工具

MCP 涉及上下文结构构造、资源注入、模型调用与工具执行等多个交互维度，其调试复杂性与上下文依赖性远高于传统 API 通信模型。为提升开发效率与运行稳定性，MCP 生态中提供了一系列调试与测试工具，覆盖协议级消息跟踪、上下文 Slot 可视化、模型输入/输出验证、资源管理与调用链分析等核心环节。

本节将系统介绍这些工具的使用方式与典型应用场景，强调其在问题定位、行为验证与性能监测中的关键价值，构建面向协议级语境系统的工程闭环。

5.3.1 常用的调试方法与技巧

MCP 在大模型系统中的作用是构建统一的语义上下文与模型对接通道，其涉及的组件包括客户端、服务端、资源系统、工具集成模块以及上下文 Slot 管理机制。协议调试的复杂性不仅体现在接口调用本身，还包括上下文构造的动态性、Slot 内容的可解释性、工具链执行过程的透明性以及模型响应行为的不确定性。因此，调试 MCP 系统需具备"协议级 + 语义级"的双重视角，既要关注字节级交互结构是否符合规范，也要分析交互语义在模型语境中的具体表现。

1. 控制台级调试与协议打印

最基础的调试手段是启用详细的标准输出日志。在客户端与服务端运行过程中，通过开启 MCP 框架的 debug 模式，可以实时打印 JSON-RPC 请求与响应内容，包括字段结构、参数值、响应延迟等。这种方式适用于验证传输协议结构是否符合规范、接口是否被正确调用、工具结果是否返回等问题，能够帮助快速锁定接口级异常。

可以通过设置环境变量或 SDK 配置，开启控制台级 debug 日志：

```
export MCP_LOG_LEVEL=DEBUG
```

或者在代码中显式启用：

```
import logging
logging.basicConfig(level=logging.DEBUG)
```

控制台日志输出能够辅助验证调用链路是否按预期执行，例如调用 call_tool 是否携带了完整的 Slot 上下文、调用顺序是否与计划一致、是否存在响应超时等。

2. Inspector工具的使用

官方提供的 @modelcontextprotocol/inspector 是一款基于 Node.js 构建的图形化调试工具,支持 MCP 服务端的协议行为可视化。其主要功能包括:

工具列表:查看服务端注册的全部工具,包括函数名、参数结构、Slot 绑定情况;

调用详情:逐条查看客户端发起的请求内容,响应结构,执行时长;

Slot 注入轨迹:追踪上下文 Slot 在整个生命周期中的传递与覆盖过程;

运行方法如下:

```
npx -y @modelcontextprotocol/inspector uv run my_server.py
```

该工具在定位复杂交互流程、调试模型响应异常、分析上下文注入流程时尤为有效,能够显著缩短问题定位与分析时间。

3. 工具函数的断点调试

在 MCP 服务端,注册的工具函数往往包含模型调用前后的数据处理逻辑。调试这些函数的关键是设置精确的断点与条件判断。例如,在一个复杂的文本解析工具中,可以在数据预处理、模型调用构建、响应解析多个阶段设置断点,观察中间变量变化。

建议使用 IDE(如 VSCode、PyCharm)调试工具函数,通过以下方式启动 MCP 服务并进入断点调试模式:

```python
if __name__ == "__main__":
    import debugpy
    debugpy.listen(("0.0.0.0", 5678))
    print("Waiting for debugger attach...")
    debugpy.wait_for_client()
    app.run(transport='stdio')
```

连接远程调试器后即可使用 IDE 调试能力,对工具函数进行逐步分析。

4. Slot内容验证与上下文追踪

在 MCP 中,Slot 是上下文结构化载体,其注入机制具有动态性与链式继承特点。调试上下文时,需关注以下几个方面:

(1) Slot 是否注入成功;

(2) 注入顺序与作用范围是否正确;

（3）Slot 内容在模型提示中是否被完整加载；

（4）多轮对话中 Slot 是否被覆盖或污染。

可通过调试器观察 Slot 注入语句，或在工具函数中打印 Slot 内容作为验证依据。MCP 客户端还可通过调用 session.inspect() 等方法实时查看当前上下文状态。

5. 错误处理机制模拟与异常断点测试

调试 MCP 系统时，必须模拟各种错误路径，包括工具抛出异常、上下文不符合要求、模型响应为空等。可通过单元测试或伪装错误的方式验证系统的容错能力：

（1）模拟超时请求，测试服务端的 timeout 重试机制；

（2）构造非法字段，观察 MCP SDK 的异常响应格式；

（3）人为丢弃关键 Slot，检验模型行为退化路径。

错误模拟能够帮助提前发现边界条件下的问题，并在生产环境中提供更加稳健的容错策略。

6. 与模型层联调：提示词回显与响应分析

在调试与大模型结合的 MCP 系统中，还应特别注意提示词构造是否满足上下文依赖。调试时建议将 Prompt 模板、拼接结果、最终输入的完整 Prompt 全部打印或可视化，便于分析模型响应异常的成因。对于多模态模型，还需验证附件上传、图文结构注入是否成功。

如果接入 OpenAI、Claude 等外部 API，也可启用原始 API 调试日志，结合 httpx 日志输出辅助分析传输是否异常、Token 是否溢出、响应是否缺失。

7. 日志收集与结构化记录

在调试过程中，建议构建结构化日志格式，例如采用 JSON 结构记录以下字段：

（1）请求时间戳

（2）调用方法与参数

（3）上下文 Slot 快照

（4）响应内容与状态码

（5）异常信息与堆栈轨迹

结合日志系统（如 ElasticSearch、Loki）进行集中式记录与检索，可为大规模 MCP 部署场景下的问题复现与性能回溯提供支撑。

MCP 的调试是一项结构化与语义化并重的工程任务。通过控制台日志、图形化 Inspector 工具、IDE 断点分析、上下文 Slot 验证、错误路径模拟与模型响应监控等多种手段协同应用，开发者可在构建 MCP 系统过程中，快速定位问题，优化执行流程，确保大模型与上下文结构协同工作的稳定性与可解释性。这些调试技巧与方法将是保障大模型应用开发质量的关键技术基础。

5.3.2 单元测试与集成测试的编写

MCP 是一种面向 LLM 的上下文编排标准，其测试对象不仅包括常规 API 行为，还涉及上下文 Slot 的生命周期、资源交互的完整性、工具执行流程的稳定性、模型响应的可预期性等多个维度。相较于传统服务端接口，MCP 系统更强调状态演化、上下文组合与语义交互的连续性，因此测试策略必须兼顾"组件级隔离验证"与"全链路集成验证"两类需求，构建起单元测试与集成测试相结合的体系。

1. 单元测试：组件行为的精细验证

单元测试是验证 MCP 系统中最小可测试单元（如一个工具函数、一个资源 Hook、一个上下文注入函数等）在特定输入下行为正确性的手段，主要目标是实现接口层的功能确认、边界条件覆盖以及异常处理逻辑的回归检测。

单元测试的设计原则如下。

（1）隔离性：不依赖外部环境，避免访问实际 MCP 服务、模型接口或网络；

（2）可重现性：测试输入、上下文状态与预期输出保持稳定，确保多次运行结果一致；

（3）边界覆盖：验证合法值、非法值、空值、极端值等全输入域的行为变化；

（4）异常模拟：引入模拟错误路径（如资源缺失、参数异常、权限不足等），验证错误处理策略是否健全。

在 MCP 系统中，单元测试可应用于以下场景。

（1）工具函数的输入/输出行为测试（如参数合法性、结构化响应格式）；

（2）上下文拼装函数的 Slot 合并逻辑测试；

（3）资源访问策略 Hook 的权限验证与数据预处理逻辑测试；

（4）客户端核心类（如 ClientSession）的方法级响应结构验证。

可使用 pytest、unittest 等主流测试框架构建测试用例，并使用 mock、patch 等技术对外部依赖进行隔离。

2. 集成测试：多组件协同路径的验证

集成测试聚焦多个 MCP 子系统在真实场景下的联动行为，验证整体数据流、状态流与控制流是否协同一致。与单元测试更偏向"白盒"内部验证相比，集成测试更强调"黑盒"方式下的全路径覆盖，典型目标包括：上下文注入是否成功、工具是否按顺序调用、资源是否被完整加载、模型是否收到预期语义输入、响应是否成功返回等。

在 MCP 系统中，典型的集成测试路径如下。

（1）客户端调用资源 → Slot 注入上下文 → 工具链执行 → 响应封装返回；

（2）多轮对话交互中 Slot 更新 → 上下文合并 → 模型提示词构造与响应输出；

（3）多智能体交互链路中的上下文共享 → 工具链穿越 → 多模型响应整合。

集成测试可使用 pytest + uvicorn + FastMCP 的组合方式模拟标准 MCP 环境，发起端到端调用流程并断言每个阶段的状态。建议引入轻量级模型 Mock 服务或 OpenAI 兼容接口模拟器进行对接，以确保测试环境中模型响应的稳定性与可控性。

3. 自动化与测试用例组织

在 MCP 工程中，测试应作为第一类资产与开发代码并行维护。推荐的结构化组织方式如下：

```
project/
│
├── mcp_app/
│   └── server.py              # MCP 服务定义
│
├── tests/
│   ├── test_tools.py          # 工具函数单测
```

```
|       ├── test_resources.py        # 资源访问策略单测
|       ├── test_context.py          # 上下文合并与 Slot 注入测试
|       ├── test_integration.py      # 完整流程的集成测试
|       └── conftest.py              # 公共 fixture 与模拟数据
```

测试用例应保持高内聚、低耦合，每个测试文件只关注一类组件行为。建议为每类测试建立覆盖报告，并在 CI 流程中集成测试自动化任务，如 GitHub Actions、GitLab CI 或 Jenkins 等。

测试数据部分建议使用结构化 JSON 文件组织，通过参数化形式动态加载。对于模型响应类测试，应使用标准格式的伪响应进行预期结构匹配，如 OpenAI 的 chat completion 格式。

4. 边界场景与错误路径的设计策略

MCP 天生涉及异步调用链、上下文演化与模型语义输入构建等多阶段逻辑，因此边界测试尤为关键。建议从以下角度设计测试策略。

（1）Slot 过长、嵌套层级深、含非法字段的上下文注入行为；

（2）多模型 ToolCall 并行触发下的顺序一致性验证；

（3）资源不存在、权限不匹配、读取失败等典型资源故障场景；

（4）工具执行中抛出异常、模型响应结构缺失、Token 溢出等异常路径；

（5）在会话未初始化或上下文失效状态下的 MCP 方法调用行为。

通过构建这些非正常路径的测试用例，可提前验证系统的健壮性和容错能力。单元测试与集成测试共同构成 MCP 系统质量保障体系的核心。前者聚焦细粒度行为验证，确保各组件逻辑可靠；后者覆盖跨组件的业务流程，验证系统端到端协作效果。

二者结合，在语境驱动、工具调度与模型响应构造的复杂环境中，构建了系统性、可复现、高可靠的验证流程。通过持续测试集成、自动化执行与覆盖分析，能够在复杂大模型应用中保持协议系统的功能正确性、结构一致性与演化可控性，为生产级部署奠定坚实的质量基础。

5.4 本章小结

本章围绕 MCP 开发环境与工具链展开，系统讲解了开发所需的依赖配置、SDK 的安装与扩展机制、核心 API 的使用范式，以及调试、测试与协作流程的最佳实践。通过对 MCP 工具函数、资源管理、上下文注入等核心能力的精细化控制，开发者可构建高可用、高可扩展的大模型交互系统。调试与测试部分进一步保障协议系统在工程落地中的可维护性与稳定性，为后续章节的工程实战与智能体构建奠定了扎实的技术基础。

第6章

MCP服务端的开发与部署

　　MCP 服务端作为模型上下文编排系统的核心计算与服务节点，其设计质量直接影响大模型应用的运行效率与扩展能力。本章聚焦 MCP 服务端的开发与部署，系统性地阐述其内部架构、模块职责划分、并发处理机制与性能优化策略。

　　同时，结合工具注册、资源访问控制与提示词响应生成等关键环节，探讨其在不同业务场景中的实现路径。部署部分覆盖从本地调试到生产环境上线的全过程，包括日志收集、系统监控、安全策略与故障恢复，为构建稳定、可维护、可扩展的 MCP 服务端提供技术依据。

6.1 MCP服务端的架构设计

MCP服务端是支撑模型上下文协议运行的执行枢纽,其架构设计需兼顾上下文调度的灵活性、工具执行的高并发性以及跨组件协同的稳定性。本节围绕MCP服务端的核心组成与模块关系展开,梳理请求处理链路、传输适配接口与上下文生命周期管理等关键技术点。通过结构清晰、职责分明的设计模型,确保服务端具备良好的扩展能力与工程可维护性,能够适应多类型大模型接入场景与复杂的业务编排需求。

6.1.1 服务端的核心组件与模块

MCP服务端作为连接LLM与外部工具、数据源的桥梁,其核心功能在于管理上下文、处理工具调用、维护资源访问,并通过标准化的传输层与客户端进行通信。MCP服务端的架构设计需确保高效、稳定地支持这些功能,以满足复杂多变的应用需求。

1. 核心组件与模块

MCP服务端的核心组件主要包括以下几部分。

(1)传输层(Transports):传输层负责MCP服务端与客户端之间的通信。MCP支持多种传输协议,包括标准输入/输出(stdio)和服务端发送事件(SSE)。其中,stdio因其简单高效,被广泛应用于MCP服务端的开发中。传输层的设计需确保数据的可靠传输和低延迟,以满足实时交互的需求。

(2)工具管理(Tools):工具管理模块负责注册和调用外部工具函数,使LLM能够通过MCP服务端访问和操作外部资源。例如,在实现一个网络搜索服务时,可以将搜索功能封装为工具函数,并通过MCP服务端注册,使LLM能够调用该功能。

(3)资源管理(Resources):资源管理模块负责处理LLM所需的外部资源,如数据库、文件系统或API接口。该模块确保资源的高效访问和安全性,支持资源的动态加载与更新,以适应不同的应用场景。

(4)提示词管理(Prompts):提示词管理模块负责生成和管理发送给LLM的提示词,确保模型能够理解并响应用户的请求。该模块需要根据上下文动态调整提示词,以提高模型的响应准确性和相关性。

（5）采样控制（Sampling）：采样控制模块用于调整 LLM 的输出策略，如控制生成文本的多样性和随机性。通过设置温度、顶层采样等参数，可以影响模型的生成行为，满足特定的应用需求。

（6）根目录管理（Roots）：根目录管理模块定义了 MCP 服务端的基本路径结构，确保服务端能够正确定位和访问所需的文件和资源。

2. 组件交互与工作流程

在 MCP 服务端的运行过程中，各核心组件协同工作，完成以下流程。

（1）客户端请求接收：传输层接收来自客户端的请求，并将其解析为标准化的 MCP 请求格式。

（2）上下文处理：服务端根据请求中的上下文信息，调用提示词管理模块生成适当的提示词，并准备必要的资源。

（3）工具调用：根据请求的具体操作，服务端通过工具管理模块调用相应的工具函数，获取或处理数据。

（4）响应生成：服务端整合工具调用的结果和 LLM 的输出，生成最终的响应，并通过传输层返回给客户端。

【例 6-1】使用 mcp.server.FastMCP 创建 MCP 服务端并注册工具函数。

```python
import mcp
import httpx

# 创建 MCP 服务端实例
app = mcp.server.FastMCP()

# 定义一个工具函数，用于执行网络搜索
@app.tool()
def web_search(query: str) -> str:
    """
    使用 Bing 搜索引擎进行网络搜索，并返回摘要结果。
    """
    response = httpx.get(
        "https://api.bing.micr***ft.com/v7.0/search",
        params={"q": query},
```

```python
        headers={"Ocp-Apim-Subscription-Key": "your_api_key"}
    )
    response.raise_for_status()
    data = response.json()
    snippets = [item["snippet"] for item in data["webPages"]["value"]]
    return "\n".join(snippets)

# 启动 MCP 服务端，使用 stdio 传输层
if __name__ == "__main__":
    app.run(transport="stdio")
```

在上述示例中：

（1）创建了一个 FastMCP 服务端实例。

（2）定义了一个名为 web_search 的工具函数，使用 Bing 搜索引擎进行网络搜索。

（3）通过 @app.tool() 装饰器将 web_search 函数注册为 MCP 工具。

（4）在主程序中，启动 MCP 服务端，并指定使用 stdio 作为传输层。

MCP 服务端的设计高度模块化，各核心模块均支持扩展与重载，便于适配复杂场景下的功能演化与系统整合。

（1）工具模块的扩展：工具模块支持多种注册方式，包括同步函数、异步协程及类方法绑定，开发者可根据计算逻辑复杂度灵活选型。结合 Python 的动态特性，还可实现插件式工具集加载，例如通过读取配置文件动态注册多个功能模块，实现"插件热加载"机制，适用于 RPA 自动化、知识问答、表单填报等多类型任务。

（2）资源模块的多源接入：资源管理器可集成本地文件、远程 API、数据库、向量检索引擎等多种数据源。通过实现统一的 read_resource 接口，支持按 URI 协议自动分发到不同的资源适配器。例如，可将 "resource://docs/employee_policy" 映射到本地 PDF 解析器，而将 "resource://search/news" 映射到在线新闻摘要 API，从而构建多模态资源访问系统。

（3）提示词模块的结构化模板支持：提示词模块允许使用 Jinja2 模板、LLM meta-template 规范或手写 Prompt 格式，实现灵活的 Prompt 拼装逻辑。结合 Slot 机制可实现条件注入、循环注入、多段注入等提示词动态生成策略，适用于对模型响应高

度敏感的场景，如推理型智能体、代码生成智能体、规则型问答等。

（4）事件机制与中间件：MCP 服务端可通过挂载中间件函数，在请求生命周期的各阶段注入自定义逻辑，如请求前日志记录、响应后事件通知、异常拦截处理等。这一机制极大地提升了系统在数据审计、链路追踪、灰度发布等方面的可控性与观测性。

3. 多并发与服务稳定性设计

在服务端部署实践中，MCP 服务端需要具备良好的并发处理能力与高可用特性。以下技术策略是实现高稳定性的基础：

（1）异步事件循环：核心执行流程基于 Python 的 asyncio 框架，工具函数、资源 I/O 操作与模型 API 请求均支持非阻塞调用，提升并发吞吐能力；

（2）流量限速与连接池：通过 httpx.AsyncClient 的连接池配置与速率控制，规避 LLM API 的请求瓶颈与资源耗尽问题；

（3）任务隔离与超时机制：对长耗时任务设定执行超时限制，并支持任务取消与失败隔离，防止个别请求影响全局可用性；

（4）状态持久化与错误日志：引入状态恢复机制与详细错误日志持久化手段，增强服务重启后的上下文续传能力与问题定位能力。

MCP 服务端的核心组件涵盖传输协议适配、工具注册调用、资源读取控制、上下文提示管理与采样控制等多个维度，通过模块化设计实现了协议执行的可组合性与语义操作的可扩展性。结合插件机制、中间件链路与异步任务模型，MCP 服务端具备高度的工程可维护性与性能稳定性，可满足从轻量级原型开发到大规模部署落地的不同需求。借助其架构基础，开发者得以构建灵活、可靠的模型应用执行中心，推动大模型智能系统在多领域的快速实现与迭代。

6.1.2 MCP 服务端的路由机制

MCP 服务端作为连接 LLM 与外部工具、数据源的桥梁，其路由机制决定了服务端如何解析并处理来自客户端的请求。高效且灵活的路由机制确保了 MCP 服务端能够准确地将请求映射到相应的处理函数或工具，进而实现预期的功能。

1. 路由机制的基本原理

在 MCP 服务端，路由机制的核心在于将客户端发送的请求方法（method）与服务端预定义的处理函数或工具进行匹配。当服务端接收到请求时，会解析请求中的方法字段，并根据该字段的值查找对应的处理函数。如果找到匹配的函数，服务端将调用该函数并将结果返回给客户端；如果未找到匹配的函数，服务端将返回错误信息，指示请求的方法未被支持。

2. 路由的实现方式

MCP 服务端的路由实现主要依赖于 Python 装饰器和函数映射机制。开发者可以使用 @app.tool() 装饰器将特定的函数注册为工具，这些工具函数会被添加到服务端的路由表中。当服务端接收到请求时，会根据请求的方法名称在路由表中查找对应的工具函数。

【例 6-2】展示如何在 MCP 服务端注册一个名为 web_search 的工具函数。

```python
import mcp
import httpx

# 创建 MCP 服务端实例
app = mcp.server.FastMCP()

# 定义并注册工具函数
@app.tool()
def web_search(query: str) -> str:
    """
    使用 Bing 搜索引擎进行网络搜索，并返回摘要结果。
    """
    response = httpx.get(
        "https://api.bing.micr***ft.com/v7.0/search",
        params={"q": query},
        headers={"Ocp-Apim-Subscription-Key": "your_api_key"}
    )
    response.raise_for_status()
    data = response.json()
    snippets = [item["snippet"] for item in data["webPages"]["value"]]
    return "\n".join(snippets)
```

```
# 启动 MCP 服务端，使用 stdio 传输层
if __name__ == "__main__":
    app.run(transport="stdio")
```

在上述示例中，@app.tool() 装饰器将 web_search 函数注册为工具函数，使服务端能够在接收到方法为 web_search 的请求时，调用该函数处理请求。

（1）路由机制的特点

灵活性：开发者可以根据需求，动态地添加或移除工具函数，扩展服务端的功能；

可读性：通过装饰器的方式注册工具函数，使代码结构清晰，便于维护和理解；

可扩展性：路由机制支持复杂的参数解析和类型检查，确保请求的数据能够被正确处理。

（2）路由机制的应用场景

MCP 服务端的路由机制广泛应用于以下场景：

工具调用：将外部工具或 API 封装为工具函数，通过路由机制实现对这些工具的调用；

资源访问：定义资源访问的处理函数，允许客户端通过特定的方法名称请求服务端的资源；

自定义操作：根据业务需求，定义特定的方法和对应的处理函数，实现自定义的服务端操作。

（3）路由机制的注意事项

在实现 MCP 服务端的路由机制时，需要注意以下几点。

方法命名规范：确保方法名称具有唯一性，避免与已有的方法冲突；

参数验证：在处理函数中，对接收到的参数进行验证，确保其符合预期的格式和范围；

错误处理：对于未匹配的方法或处理函数内部出现的异常，提供友好的错误信息，便于客户端理解和处理。

MCP 服务端的路由机制通过将客户端的请求方法映射到预定义的处理函数，实现

了请求的高效处理和功能的灵活扩展。开发者可以利用装饰器等 Python 特性，方便地注册和管理工具函数，构建功能丰富且易于维护的 MCP 服务端。

6.1.3 多场景并发处理

在现代应用中，服务端需要同时处理多个客户端请求，确保高效、稳定的响应。MCP 服务端作为连接 LLM 与外部工具、数据源的桥梁，其并发处理能力直接影响系统的性能和用户体验。本文将探讨 MCP 服务端在多场景下的并发处理机制，涵盖传输层选择、异步编程模型、资源管理和错误处理等方面。

1. 传输层选择与并发模型

MCP 服务端支持多种传输机制，包括标准输入/输出（stdio）和服务端发送事件（SSE）。不同的传输层适用于不同的并发场景。

（1）标准输入/输出（stdio）：适用于本地通信，通常用于客户端与服务端在同一台机器上的场景。通信基于同步阻塞模型，需等待前一条消息完成传输后才能处理下一条，适合简单的本地批处理任务。

（2）服务端发送事件（SSE）：适用于远程通信，客户端与服务端可部署在不同节点，通过 HTTP 协议实现跨网络通信。这是一个异步事件驱动模型，服务端通过 SSE 长连接主动推送数据，客户端通过 HTTP POST 端点发送请求，支持实时或准实时交互，适合分布式系统或需要高并发的场景。

选择合适的传输层是实现高效并发处理的基础。

2. 异步编程模型的应用

在高并发场景下，采用异步编程模型可以有效提升服务端的吞吐量和响应速度。Python 的 asyncio 库为异步编程提供了强大的支持，MCP 服务端可以利用 asyncio 实现异步的请求处理和工具调用。

【例 6-3】使用 mcp.server.FastMCP 创建的服务端可以通过异步函数处理客户端请求。

```
import mcp
import asyncio

app = mcp.server.FastMCP()
```

```python
@app.tool()
async def async_tool_function(param: str) -> str:
    await asyncio.sleep(1)  # 模拟异步操作
    return f"Processed {param}"

if __name__ == "__main__":
    app.run(transport="stdio")
```

在上述示例中，async_tool_function 是一个异步工具函数，使用 await 关键字调用异步操作。这种方式允许服务端在等待 I/O 操作完成时，继续处理其他请求，从而提高并发性能。

3. 资源管理与并发控制

在多场景并发处理中，合理的资源管理和并发控制至关重要。MCP 服务端需要确保对外部资源（如数据库、文件系统、网络服务）的访问是线程安全的，并避免资源争用导致的性能下降或死锁。

采用连接池、信号量等机制可以有效控制并发访问的数量，防止服务端过载。

【例 6-4】在访问外部 API 时，可以使用 httpx.AsyncClient 的连接池功能，限制同时进行的请求数量。

```python
import mcp
import httpx
import asyncio

app = mcp.server.FastMCP()
client = httpx.AsyncClient(limits=httpx.Limits(max_connections=10))

@app.tool()
async def fetch_data(url: str) -> dict:
    response = await client.get(url)
    response.raise_for_status()
    return response.json()

if __name__ == "__main__":
    app.run(transport="stdio")
```

在上述示例中，httpx.AsyncClient 的 limits 参数限制了最大连接数为 10，从而控制并发请求的数量，避免对外部服务造成过大压力。

4. 错误处理与超时机制

在并发环境下，错误处理和超时机制对于维护服务端的稳定性和可靠性至关重要。MCP 服务端应对每个工具函数设置超时时间，防止单个请求长时间占用资源。此外，针对可能出现的异常情况，如网络错误、资源不可用等，服务端应提供健壮的错误处理机制，确保在发生错误时能够及时释放资源，并向客户端返回适当的错误信息。

【例 6-5】在工具函数中添加超时和异常处理。

```python
import mcp
import httpx
import asyncio

app = mcp.server.FastMCP()
client = httpx.AsyncClient()

@app.tool()
async def fetch_with_timeout(url: str) -> str:
    try:
        response = await asyncio.wait_for(client.get(url), timeout=5.0)
        response.raise_for_status()
        return response.text
    except asyncio.TimeoutError:
        return "Request timed out"
    except httpx.HTTPStatusError as e:
        return f"HTTP error occurred: {e.response.status_code}"
    except Exception as e:
        return f"An error occurred: {str(e)}"

if __name__ == "__main__":
    app.run(transport="stdio")
```

在上述示例中，asyncio.wait_for 用于设置请求的超时时间为 5 秒，并通过 try-except 块捕获并处理不同类型的异常，确保服务端在异常情况下仍能稳定运行。

MCP 服务端在多场景并发处理方面，通过选择合适的传输层、采用异步编程模型、合理管理资源和控制并发访问，以及健全的错误处理与超时机制，能够有效提升服务端的性能和稳定性，满足复杂应用场景下的高并发需求。

6.2 服务端的部署与运维

MCP 服务端的稳定运行依赖于科学的部署策略与体系化的运维管理能力。本节围绕部署与运维两个核心方向展开，系统阐述服务端在不同环境下的安装配置方法、运行依赖、资源调度机制以及高可用架构模式。同时聚焦日志采集、服务监控、故障排查与恢复流程，构建面向生产级应用的运维方案。通过结合容器化、自动化运维工具及安全机制，实现对 MCP 服务生命周期的全程管控，确保大模型系统在实际运行中的高可用性、稳定性与可观测性。

6.2.1 部署环境的选择与配置

MCP 服务端在与 LLM 和多种外部工具协同时，通常需要面向多场景、多地域和多规模的应用部署。针对不同的业务需求与资源条件，可以选择容器化、虚拟机、Bare Metal 或云原生平台等多种环境作为部署基础。使用容器化方案（如 Docker、Kubernetes）通常具有快速交付、弹性伸缩、环境隔离等优势，而传统虚拟机或物理机方式更适合对系统资源有精细化管控或低层网络优化需求。

部署环境需要满足 Python 3.11 及其依赖库的运行条件，并对 MCP 服务端的网络端口、CPU 与内存占用进行预留。此外，一些外部服务（如模型 API、数据库、消息队列）也需提前准备好对应的端口、权限与连接密钥。若服务端需处理高并发请求，需确保网络与 I/O 带宽能够满足数据流量需求，并通过负载均衡或反向代理分散流量压力，以提高服务的可用性与容错能力。

1. 环境配置要点

Python 依赖：建议使用 uv 工具管理 Python 虚拟环境与依赖包，以保证开发与生产环境的版本一致性。

端口与防火墙：在生产环境中，需配置防火墙规则与端口映射，确保外部请求能正确到达 MCP 服务端，而内部数据流量受到最小的安全风险。

日志与监控：在部署前，应规划日志采集与监控体系，包括访问日志、错误日志、性能指标与系统健康度监测，通过 Logstash、Prometheus 等工具实现集中收集与可视化。

安全凭证：对需要访问第三方 API 或内部敏感资源的场景，需要使用安全凭证（API

Key 或 OAuth Token 等），并通过环境变量注入或专用的凭证管理系统进行加密存储。

2. 示例：基于Docker Compose的MCP部署

【例6-6】通过 Docker Compose 将 MCP 服务端与一个模拟的 LLM 服务、数据库服务以及日志收集服务进行一体化部署。

示例中还展示了负载均衡与自动扩展节点的思路，同时给出初始化脚本，以便在容器启动时自动配置环境变量和依赖库。

```yaml
# docker-compose.yml
version: "3.9"

services:
  mcp_server:
    image: python:3.11-slim
    container_name: mcpsrv
    working_dir: /app
    volumes:
      - ./mcp_server:/app
    command: ["uv", "run", "start_mcp.py"]
    ports:
      - "8080:8080"
    environment:
      MCP_LOG_LEVEL: "DEBUG"
      MODEL_API_ENDPOINT: "http://model_***:5000/api"
      DB_HOST: "db_svc"
      DB_USER: "mcp_user"
      DB_PASS: "mcp_pass"
    depends_on:
      - model_svc
      - db_svc
    networks:
      - mcp_net

  model_svc:
    image: python:3.11
    container_name: modelsvc
    working_dir: /model
    volumes:
```

```yaml
      - ./model_svc:/model
    command: ["python", "model_api.py"]
    expose:
      - "5000"
    networks:
      - mcp_net

  db_svc:
    image: postgres:15
    container_name: mcpdb
    environment:
      POSTGRES_USER: "mcp_user"
      POSTGRES_PASSWORD: "mcp_pass"
      POSTGRES_DB: "mcp_data"
    volumes:
      - db_data:/var/lib/postgresql/data
    networks:
      - mcp_net

  logstash_svc:
    image: docker.elastic.co/logstash/logstash:8.5.0
    container_name: mcplog
    volumes:
      - ./logstash/config:/usr/share/logstash/config
    depends_on:
      - mcp_server
    networks:
      - mcp_net

volumes:
  db_data:

networks:
  mcp_net:
    driver: bridge
```

Bash 脚本:

```bash
#!/usr/bin/env bash
```

```bash
# init_mcp.sh
# 用于容器环境中的初始化脚本，安装依赖并进行额外配置
set -e

echo "=== 初始化 MCP 依赖与环境 ==="
cd /app
uv init mcp_project
uv venv
source .venv/bin/activate
uv add "mcp[cli]" httpx psycopg2 openai
echo "=== MCP 依赖安装完成 ==="
```

主入口脚本：

```python
# start_mcp.py（主入口脚本）
import os
import asyncio
import mcp
import httpx
import psycopg2
from mcp.server import FastMCP

app = FastMCP("multi-deploy-server")

@app.tool()
def query_db(sql: str) -> str:
    """
    工具函数：查询数据库并返回结果。
    """
    db_host = os.getenv("DB_HOST", "localhost")
    db_user = os.getenv("DB_USER", "mcp_user")
    db_pass = os.getenv("DB_PASS", "mcp_pass")
    conn = psycopg2.connect(
        host=db_host,
        user=db_user,
        password=db_pass,
        database="mcp_data"
    )
    cursor = conn.cursor()
```

```python
        cursor.execute(sql)
        rows = cursor.fetchall()
        cursor.close()
        conn.close()
        return str(rows)

@app.tool()
def call_model(prompt: str) -> str:
    """
    工具函数：调用远程模型服务进行推理，返回模型生成结果。
    """
    model_api = os.getenv("MODEL_API_ENDPOINT", "http://localhost:5000/api")
    response = httpx.post(model_api, json={"prompt": prompt})
    response.raise_for_status()
    data = response.json()
    return data.get("result", "")

@app.tool()
def health_check() -> str:
    """
    用于健康检查的工具函数，返回 OK 表示服务可用。
    """
    return "OK"

if __name__ == "__main__":
    # 运行前执行初始化脚本
    if os.path.exists("/app/init_mcp.sh"):
        os.system("bash /app/init_mcp.sh")

    # 启动 MCP 服务端，使用 SSE 传输方式监听 8080 端口
    print("=== 启动 MCP 服务端，使用 SSE 传输方式 ===")
    app.run(transport="sse", host="0.0.0.0", port=8080)
```

大模型服务接口：

```python
# model_api.py（模拟的 LLM 服务）
import sys
from flask import Flask, request, jsonify
```

```python
app = Flask(__name__)

@app.route("/api", methods=["POST"])
def model_inference():
    data = request.json
    prompt = data.get("prompt", "")
    # 简化示例：将 prompt 倒置返回
    result = prompt[::-1]
    return jsonify({"result": result})

if __name__ == "__main__":
    app.run(host="0.0.0.0", port=5000)
```

运行结果：

```
$ docker-compose up -d
Creating network "mcp_net" with driver "bridge"
Creating mcpdb ... done
Creating modelsvc ... done
Creating mcpsrv ... done
Creating mcplog ... done

[mcpsrv] === 初始化 MCP 依赖与环境 ===
[mcpsrv] uv init mcp_project ...
[mcpsrv] uv venv ...
[mcpsrv] uv add "mcp[cli]" httpx psycopg2 openai ...
[mcpsrv] === MCP 依赖安装完成 ===
[mcpsrv] === 启动 MCP 服务端，使用 SSE 传输方式 ===
[mcpsrv] INFO: Running SSE server on 0.0.0.0:8080 ...
[modelsvc] * Serving Flask app 'model_api'
[modelsvc] * Running on all interfaces (0.0.0.0)
[modelsvc] * Listening at http://0.0.0.0:5000

-- 测试健康检查 --
$ curl -X POST -d '{"method":"health_check"}' http://localhost:8080
{
  "jsonrpc":"2.0",
  "result":"OK",
  "id":null
```

```
}

-- 测试数据库查询 --
$ curl -X POST \
    -H 'Content-Type: application/json' \
    -d '{"method":"query_db","params":{"sql":"SELECT * FROM some_table"}}' \
    http://localhost:8080
{
  "jsonrpc":"2.0",
  "result":"[]",
  "id":null
}

-- 测试模型调用 --
$ curl -X POST \
    -H 'Content-Type: application/json' \
    -d '{"method":"call_model","params":{"prompt":"Hello MCP!"}}' \
    http://localhost:8080
{
  "jsonrpc":"2.0",
  "result":"!PCM olleH",
  "id":null
}
```

本示例将多个容器（MCP 服务端、模型服务、数据库、日志采集）打包在同一 Compose 文件中，展现了多服务关联部署的思路。init_mcp.sh 用于容器内部进行依赖安装与环境初始化。启动后，通过访问 MCP 服务端的 8080 端口进行 SSE 通信，演示了健康检查、数据库查询、模型调用等多种典型操作流程及其返回结果。这种多容器部署方式能够有效隔离各子服务的资源占用，并在系统扩展时平滑增加容器实例以提升并发能力，同时结合负载均衡、日志收集与监控平台，建立面向生产的 MCP 服务环境。

通过此示例，可以对 MCP 服务端在容器化环境中的部署过程和配置要点有更深入的理解，为生产环境下的大规模、多组件协同场景奠定良好的工程基础。

6.2.2 监控与日志的收集与分析

本节以一个具体的业务（演唱会门票业务场景）来展示 MCP 的监控与日志的收集

与分析实现,在基于 MCP 的演唱会门票业务场景中,LLM 与工具函数紧密协同,为用户提供票务查询、购票下单、支付处理、票面生成等功能。随着系统规模的扩大与流量的增加,及时掌握系统健康状况、定位性能瓶颈、追踪异常行为已变得极为关键。监控与日志体系的建立可以帮助识别潜在故障,评估应用负载,以及分析用户与模型的交互流程,从而在第一时间对问题进行定位和修复,提高用户满意度与业务可靠性。

1. 监控指标与维度

在演唱会门票业务场景下,可重点关注以下监控指标与维度。

(1)请求量与响应时间:用于衡量系统整体负载和性能表现。例如每秒请求数(RPS)、响应延时(Latency P50/P95/P99)等。若购票高峰期响应时间显著上升或超时增多,则需排查网络瓶颈或后端资源短缺。

(2)库存与资源可用性:监控票务资源的剩余量、数据库连接数、向量检索引擎状态等,保证下单功能可在高并发下平稳运行。若库存统计发生异常,则可能引发重复售票或超额售票问题。

(3)工具调用成功率:包括支付网关调用成功率、票面生成工具调用成功率、订单号分配工具调用成功率等。若工具故障率飙升,则需快速降级切换或重新路由调用请求。

(4)大模型耗时和 Token 用量:监控 LLM 的调用时间与 Token 消耗情况,评估模型在繁忙时期的负载表现,并根据日志判断是否需提升 API 的并发限制或使用更高配置的模型实例。

(5)资源使用情况:包括 CPU、内存、网络带宽、磁盘 IO 等系统级指标,用于评估 MCP 服务端在多容器或多进程部署场景下的资源占用与扩容需求。

2. 日志类型与采集方式

(1)访问日志(Access Log):记录每条请求的路由、HTTP 方法、响应状态码、耗时等基础数据,帮助定位请求处理中的瓶颈与异常路径。可以在 MCP 服务端开启 debug 或 info 日志级别,或使用反向代理(如 Nginx)做统一记录。

(2)应用日志(App Log):由业务逻辑层或工具函数输出,包含上下文信息、订单 ID、用户信息、票面状态、错误堆栈等,便于快速排查问题和追踪用户购票流程。

（3）上下文日志（Context Log）：在大模型交互中，记录提示词注入与 Slot 变更过程，包括演唱会场次信息、票种类别、价格区间等，用于分析模型响应不一致或重复售票异常。

（4）错误日志（Error Log）：捕获工具调用失败、数据库异常、支付超时等高优先级错误，并通过异常通知或告警系统反馈给运维团队，减少故障发现时滞。

（5）监控指标日志（Metrics Log）：将采集到的 CPU、内存、Token 用量、QPS 等指标以统一格式输出，定时推送到监控平台，如 Prometheus 或 Grafana Loki，以实现可视化追踪。

3. 结合开源组件的架构思路

在 Docker Compose 或 Kubernetes 环境中，可将以下组件与 MCP 服务端一同部署，形成完整的监控与日志收集分析链路。

（1）Prometheus：采集服务端与容器的 CPU、内存、网络流量等指标，也可针对 MCP API 自定义监控指标（如请求耗时分布）。

（2）Grafana：对 Prometheus 存储的数据进行可视化，构建票务系统的实时仪表盘。

（3）Loki 或 ELK Stack：集中存储与查询日志，实现跨容器、跨节点的统一搜索与分析。

（4）Alertmanager：根据设定阈值自动发出故障报警，比如模型调用失败率过高或库存更新频率异常。

通过这些组件的协同，可在高并发的票务场景下保持对 MCP 服务端的充分掌控，不管是多轮模型对话请求，还是外部工具负载超限，都能得到及时检测与报错。

【例 6-7】试模拟一个使用 Python 的 MCP 服务端，集成 Logstash 式的日志输出与 Prometheus 自定义指标统计，帮助记录票务场景下的请求量、库存更新及支付处理行为。

```
import os
import time
import asyncio
import json
import random
```

```python
from typing import Dict, Any

import mcp
import httpx

# Prometheus Python 客户端
from prometheus_client import (
    start_http_server,
    Counter,
    Summary,
    Histogram
)

# 创建 Metrics
REQUEST_COUNT = Counter(
    'mcp_request_count',
    'Total number of requests processed',
    ['method']
)

REQUEST_LATENCY = Histogram(
    'mcp_request_latency_seconds',
    'Latency of requests in seconds',
    ['method']
)

# MCP 服务端实例
app = mcp.server.FastMCP("ticketing-server")

# 模拟演唱会票务数据（场次，库存信息）
concert_data = {
    "concert_001": {"name": "StarSinger World Tour", "tickets_left": 500},
    "concert_002": {"name": "RockLegends Night", "tickets_left": 300}
}

# 模拟日志输出函数：整合到 Logstash 或 Loki
def log_event(level: str, message: str, extra: Dict[str, Any] = None):
    """
```

```python
        输出结构化日志，兼容 Logstash 格式
        """
        log_record = {
            "timestamp": time.strftime("%Y-%m-%dT%H:%M:%SZ", time.gmtime()),
            "level": level,
            "message": message,
            "extra": extra or {}
        }
        print(json.dumps(log_record, ensure_ascii=False))

@app.tool()
def query_tickets(concert_id: str) -> str:
    """
    查询某场演唱会门票剩余数量
    """
    start_time = time.time()
    REQUEST_COUNT.labels(method="query_tickets").inc()
    with REQUEST_LATENCY.labels(method="query_tickets").time():
        if concert_id not in concert_data:
            log_event("ERROR", f"Concert ID {concert_id} not found", {"concert_id": concert_id})
            return f"Concert {concert_id} does not exist."
        info = concert_data[concert_id]
        log_event("INFO", f"Queried tickets for {concert_id}", info)
        return f"{info['name']} has {info['tickets_left']} tickets left."


@app.tool()
def buy_tickets(concert_id: str, quantity: int) -> str:
    """
    购票操作，减少库存并返回下单结果
    """
    REQUEST_COUNT.labels(method="buy_tickets").inc()
    with REQUEST_LATENCY.labels(method="buy_tickets").time():
        if concert_id not in concert_data:
            log_event("WARN", "Invalid concert ID for buy_tickets", {"concert_id": concert_id})
            return "Concert not found."
        if concert_data[concert_id]['tickets_left'] < quantity:
```

```python
                log_event("WARN", "Not enough tickets left", {"concert_id": concert_id, "quantity": quantity})
                return "Insufficient tickets."
            concert_data[concert_id]['tickets_left'] -= quantity
            order_id = f"order_{random.randint(1000,9999)}"
            log_event("INFO", "Tickets purchased", {"concert_id": concert_id, "quantity": quantity, "order_id": order_id})
            return f"Order {order_id} placed successfully for {quantity} tickets."

@app.tool()
def refund_tickets(order_id: str, concert_id: str, quantity: int) -> str:
    """
    退票操作,增加库存
    """
    REQUEST_COUNT.labels(method="refund_tickets").inc()
    with REQUEST_LATENCY.labels(method="refund_tickets").time():
        if concert_id not in concert_data:
            log_event("ERROR", "Refund with invalid concert ID", {"concert_id": concert_id})
            return "Invalid concert ID."
        # 简化:假设可直接退票,不检查订单状态
        concert_data[concert_id]['tickets_left'] += quantity
        log_event("INFO", "Tickets refunded", {"concert_id": concert_id, "order_id": order_id, "quantity": quantity})
        return f"Refunded {quantity} tickets for {concert_id}, order {order_id}."

async def main():
    # 启动 Prometheus HTTP Server,用于暴露 /metrics 接口
    prometheus_port = 9100
    print(f"Starting Prometheus metrics server on port {prometheus_port}...")
    start_http_server(prometheus_port)

    # 启动 MCP 服务端
    print("Starting MCP server on stdio transport...")
    app.run(transport="stdio")

if __name__ == "__main__":
    asyncio.run(main())
```

运行结果：

```
Starting Prometheus metrics server on port 9100...
Starting MCP server on stdio transport...
    {"timestamp": "2025-03-30T12:00:15Z", "level": "INFO", "message": "Queried tickets for concert_001", "extra": {"name": "StarSinger World Tour", "tickets_left": 500}}
    {"timestamp": "2025-03-30T12:00:20Z", "level": "INFO", "message": "Tickets purchased", "extra": {"concert_id": "concert_001", "quantity": 2, "order_id": "order_3741"}}
    {"timestamp": "2025-03-30T12:00:28Z", "level": "WARN", "message": "Not enough tickets left", "extra": {"concert_id": "concert_001", "quantity": 9999}}
    {"timestamp": "2025-03-30T12:00:35Z", "level": "INFO", "message": "Tickets refunded", "extra": {"concert_id": "concert_001", "order_id": "order_3741", "quantity": 2}}
```

代码分析如下。

（1）Prometheus Metrics：MCP 服务端启动后，会监听 9100 端口提供 /metrics 接口，输出 mcp_request_count 与 mcp_request_latency_seconds 等指标。运维人员可在 Grafana 中配置 Prometheus 数据源，通过可视化面板展示演唱会购票相关请求量、响应延时分布、限量不足警告等。

（2）Logstash/Loki 日志收集：服务端在购票、查询与退票操作时以 JSON 结构化格式输出日志，运维人员可将这些日志发送至 Logstash 或 Loki 进行索引与存储。后续可基于订单 ID、演唱会 ID 或时间区间进行检索，从而对购票流程进行追踪与审计。

（3）告警与故障排查：当门票销售在短时间内激增或出现大量库存不足警告时，可在监控体系中设定阈值触发报警，以便及时扩容服务端、补充库存或采取限流保护。若发现退款异常或订单状态不一致，可通过日志检索与 Metrics 历史数据进行故障根因分析。

在演唱会门票业务场景下，监控与日志收集不仅是故障排除的必备手段，更是衡量购票峰值负载、用户行为模式、模型工具协同效率的重要数据来源。通过部署 Prometheus 采集指标、收集结构化 JSON 日志并配置可视化面板，运营团队能够实时掌握系统运行状态，及时做出扩容、调度或优化决策，进而维持高可用、高质量的购票体验和大模型交互性能。

6.2.3 故障排查与系统恢复策略

MCP 服务端作为大模型与外部工具之间的核心中间层，运行过程中不可避免地会面临各类故障风险，包括模型接口超时、资源访问失败、上下文丢失、传输层断连、工具执行异常等。系统的鲁棒性不仅取决于核心逻辑的正确性，更依赖于完善的故障排查与恢复机制，确保服务在异常发生后能够快速识别根因、限制影响范围、实现故障自愈或人工修复，从而保障上层业务的连续性和下层资源的可控性。

1. 常见故障类型分类

在 MCP 实际部署与运行中，常见的故障大致可分为以下几类。

（1）通信层故障：如 STDIO、SSE、WebSocket 等传输通道中断，导致上下游连接失败或数据无法送达。

（2）工具调用异常：外部 API 超时、第三方服务不可用、参数格式错误、执行结果不合法等，直接影响模型的语义补全与任务响应。

（3）上下文处理错误：Slot 构造失败、生命周期状态未同步、提示词模板缺失等问题，可能引起模型生成逻辑偏离预期。

（4）资源访问问题：资源 URI 非法、访问权限错误、数据库连接异常、文件读取失败等，常见于多用户或多租户环境。

（5）模型接口异常：如调用 OpenAI、Anthropic 等模型服务时出现速率限制、Token 溢出、返回格式错误等，属于下游依赖失效。

2. 系统恢复机制设计

系统恢复策略需兼顾自动化与可控性，避免出现"无限重试－服务雪崩－影响放大"的风险。有效的恢复机制通常包含以下策略。

（1）自动重试与指数退避：对工具调用失败、模型接口 503 等短暂性错误，MCP 服务端可自动进行重试并配合指数退避机制减缓请求压力。例如配置 tool_max_retries=3 与 retry_interval_backoff=2s，在失败后以 2s/4s/8s 的间隔重试，避免造成瞬时负载洪峰。

（2）降级与容错：如某一核心工具（如支付接口）无法访问，可将请求路由至备用工具或返回模拟响应，维持系统部分功能可用。MCP 支持通过条件判断或上下文配置实现调用路径的"软切换",提升系统的整体稳定性。

(3)状态快照与上下文恢复:对复杂任务流程,可将 Slot 上下文结构定期进行快照存储(如写入 Redis 或数据库),在服务崩溃后可快速恢复至中间态继续执行。上下文快照应包含提示词、工具状态、用户请求路径等关键信息。

(4)容器自动重启与服务探针:在 Kubernetes 或 Docker 部署环境中,配置 readinessProbe 与 livenessProbe 可在服务失效时自动重启容器。配合健康检查工具(如 /healthz 接口)或定制化的 MCP 内部监测方法,可实现无人工干预的快速重启与服务恢复。

(5)日志审计与归因分析:在故障恢复完成后,应进行日志审计与根因归档,对本次异常路径、受影响功能、修复手段、恢复耗时等形成报告,并在系统中积累为案例,提升未来应对能力。

3. 应用于演唱会票务场景的举例

在演唱会票务系统中,如果模型负责处理"请帮我购买明天晚上摇滚区两张票"之类的指令,调用失败可能来自工具接口超时或库存状态错误。系统可通过以下措施提升可恢复能力。

(1)在 buy_ticket() 工具中添加失败重试与告警机制;

(2)每次购票请求执行前后保存 Slot 状态至 Redis;

(3)若模型响应时间超过 5 秒,则由 MCP 自动转为离线处理,并通过短信或邮件返回最终购票结果;

(4)若数据库连接池耗尽,则可启用备用数据库连接并记录恢复路径。

MCP 服务端的容错能力决定了其是否适用于生产环境的高并发、大规模语境任务。通过构建覆盖接口异常、状态失衡、模型调用失败等多类型故障的排查机制,并配合自动恢复、状态快照、故障转移等技术策略,可显著提升系统的连续可用性。未来面向智能体系统与多模型协同应用场景,故障感知与自适应恢复将成为 MCP 部署架构中的核心能力模块。

6.3 安全性与权限管理

在以大模型为核心的 MCP 应用体系中，安全性与权限管理不仅关乎协议通信的完整性与机密性，更是保障多租户环境下资源隔离与行为可控的基础。本节围绕 MCP 服务端的安全防护机制展开，重点探讨身份认证、访问授权、传输加密、资源访问控制及安全审计等关键环节。

通过引入标准化安全协议、构建精细化权限模型与部署多层防御策略，构成覆盖用户、资源与上下文全生命周期的安全管理体系，为 MCP 服务的可信执行提供制度化与技术化保障。

6.3.1 身份验证与授权机制

在现代网络应用中，确保系统安全性和数据完整性至关重要。身份验证（Authentication）用于确认用户的真实身份，即"你是谁"；授权（Authorization）则决定已验证身份的用户可以访问哪些资源，即"你能做什么"。两者协同工作，确保只有经过验证的用户才能执行被授权的操作。

1. OAuth2 协议简介

OAuth2（Open Authorization 2.0）是一种开放标准的授权协议，允许第三方应用在未经用户直接提供用户名和密码的情况下，代表用户访问受保护的资源。它通过授权令牌（Access Token）来实现这一目标，广泛应用于需要跨平台授权的场景。

2. OAuth2 的授权流程

OAuth2 定义了多种授权模式，其中授权码模式（Authorization Code Grant）是最常用且安全性较高的方式，适用于服务端应用。其流程如下：

（1）用户认证：用户在授权服务端进行身份验证。

（2）授权授予：用户同意客户端应用访问其受保护资源，授权服务端返回授权码（Authorization Code）给客户端。

（3）令牌请求：客户端使用授权码向授权服务端申请访问令牌。

（4）令牌颁发：授权服务端验证授权码的有效性，若验证通过，则颁发访问令牌

（Access Token）。

（5）资源访问：客户端使用访问令牌访问受保护的资源。

3. 在MCP服务端集成OAuth2

在 MCP 服务端，集成 OAuth2 可确保只有经过授权的客户端才能访问模型提供的服务，这对于保护模型资源和管理用户权限至关重要。

【例 6-8】展示如何在 MCP 服务端集成 OAuth2 机制，确保只有经过授权的用户才能访问特定的工具函数。示例使用 Python 的 httpx 库与模拟的 OAuth2 授权服务端进行交互，并定义了一个受保护的工具函数 secure_data_access。

```python
import os
import asyncio
import json
from typing import Dict, Any

import mcp
import httpx
from httpx import HTTPStatusError

# 初始化 MCP 服务端实例
app = mcp.server.FastMCP("secure-mcp-server")

# OAuth2 配置
OAUTH2_TOKEN_URL = "https://auth.exa***e.com/token"
OAUTH2_CLIENT_ID = "your_client_id"
OAUTH2_CLIENT_SECRET = "your_client_secret"
OAUTH2_SCOPE = "read:secure_data"

# 存储访问令牌
access_token = None

async def fetch_access_token() -> str:
    """
    从 OAuth2 授权服务端获取访问令牌
    """
    global access_token
    async with httpx.AsyncClient() as client:
```

```python
        try:
            response = await client.post(
                OAUTH2_TOKEN_URL,
                data={
                    "grant_type": "client_credentials",
                    "client_id": OAUTH2_CLIENT_ID,
                    "client_secret": OAUTH2_CLIENT_SECRET,
                    "scope": OAUTH2_SCOPE,
                },
            )
            response.raise_for_status()
            token_data = response.json()
            access_token = token_data["access_token"]
            return access_token
        except HTTPStatusError as e:
            print(f"获取访问令牌失败：{e}")
            return ""

async def validate_token(token: str) -> bool:
    """
    验证访问令牌的有效性
    """
    # 在实际应用中，应向授权服务端验证令牌
    # 此处简化处理，假设令牌有效
    return token == access_token


@app.tool()
async def secure_data_access(token: str, data_id: str) -> Dict[str, Any]:
    """
    受保护的数据访问工具函数

    Args:
        token: 访问令牌
        data_id: 数据标识符

    Returns:
        包含数据的字典
    """
```

```python
        if not await validate_token(token):
            return {"error": "无效的访问令牌"}

        # 模拟数据访问
        data_store = {
            "data_001": {"name": "机密报告", "content": "这是一个机密报告的内容。"},
            "data_002": {"name": "财务数据", "content": "这是财务数据的内容。"},
        }

        data = data_store.get(data_id, None)
        if data is None:
            return {"error": "数据未找到"}

        return data

async def main():
    # 获取访问令牌
    token = await fetch_access_token()
    if not token:
        print("无法获取访问令牌,退出程序。")
        return

    # 启动 MCP 服务端
    print("启动 MCP 服务端...")
    app.run(transport="stdio")

if __name__ == "__main__":
    asyncio.run(main())
```

代码解析如下。

(1) OAuth2 配置:定义了授权服务端的令牌获取 URL、客户端 ID、客户端密钥和访问范围。

(2) 获取访问令牌:fetch_access_token 函数向授权服务端请求访问令牌,并存储在全局变量 access_token 中。

(3) 验证令牌:validate_token 函数检查提供的令牌是否与获取的令牌匹配,模拟令牌验证过程。

（4）受保护的工具函数：secure_data_access 是一个受保护的工具函数，只有提供有效的访问令牌才能访问指定的数据。

（5）主函数：main 函数获取访问令牌并启动 MCP 服务端。

输出结果：

```
启动 MCP 服务端...
```

在实际应用中，客户端需要先获取访问令牌，然后在调用受保护的工具函数时提供该令牌。例如，客户端可以通过以下方式调用 secure_data_access：

```python
import httpx

# 假设已从授权服务端获取以下访问令牌
access_token = "example_access_token"

# 调用 MCP 服务端的 secure_data_access 工具函数
payload = {
    "jsonrpc": "2.0",
    "id": 1,
    "method": "secure_data_access",
    "params": {
        "token": access_token,
        "data_id": "data_001"
    }
}

response = httpx.post("http://localhost:8000", json=payload)
print("请求结果：")
print(response.text)
```

输出结果：

```
请求结果：
{
  "jsonrpc": "2.0",
  "id": 1,
  "result": {
    "name": "机密报告",
    "content": "这是一个机密报告的内容。"
```

        }
    }

4. 实际应用扩展建议

在生产环境中，可进一步扩展该身份验证机制以满足更复杂的业务需求：

（1）基于用户的 OAuth2 验证流程：适用于终端用户（如平台登录用户），通过浏览器跳转获取授权码，再换取访问令牌，适配更细粒度的权限控制。

（2）Token 黑名单/过期机制：集成 Redis 或数据库缓存访问令牌，并设置过期失效时间，增强安全防护。

（3）Scope 绑定工具权限：根据访问令牌的 scope 信息决定可访问的工具集合，实现"不同用户拥有不同工具能力"的隔离机制。

（4）集成 JWT（Json Web Token）：可在 MCP 工具注册前通过 JWT 解析用户身份、权限、请求来源等信息，用于多租户或高安全业务。

在 MCP 服务端实现 OAuth2 身份验证机制，可有效防止未授权访问，构建面向真实业务场景的安全可信大模型应用架构。通过接入标准的 OAuth2 授权流程、结合访问令牌校验、工具权限隔离及日志追踪等机制，可实现"最小授权""权限审计""动态令牌"等现代云原生系统必需的安全属性，为大模型与多工具集成提供坚实的安全基础。在未来智能体服务与多租户 LLM 应用中，该机制将是不可或缺的核心能力。

6.3.2 安全审计与访问日志分析

在 MCP 服务端支撑的大模型应用中，安全审计是保障服务可信性与合规性的核心机制之一，其主要职责是记录、追踪并分析系统中的用户行为、接口调用、权限使用及异常访问等关键事件，确保系统运行过程可审计、可追溯、可问责。尤其是在多用户、多租户、跨系统集成的复杂环境中，安全审计不仅可用于发现攻击行为、规避滥用风险，也可用于构建后续的合规报表和异常关联分析机制。

1. 访问日志结构与采集维度

访问日志是安全审计体系的基础，其结构需具有统一性、可扩展性与结构化特征。MCP 服务端的访问日志通常包含以下关键字段。

（1）时间戳：每次请求的发生时间，以 UTC 格式精确记录；

（2）调用方标识：用户 ID、API Key、OAuth2 令牌持有者等；

（3）请求路径与方法：包括所调用的工具名称、方法名、资源标识符等；

（4）参数摘要与上下文状态：如请求中涉及的 Slot 状态、模型 Prompt 摘要、调用意图等；

（5）响应码与处理耗时：表示请求是否成功，以及系统处理所耗时间；

（6）异常信息与溯源 ID：如触发的错误码、堆栈、链路跟踪 ID 等，用于异常定位。

所有访问日志应以结构化格式（如 JSON）输出，并可对接日志采集系统（如 Logstash、FluentBit）进行统一汇总。

2. 审计数据的分析方式

基于访问日志与异常日志的采集，MCP 服务端可建立安全审计分析体系，典型分析方式如下。

（1）频率与行为分析：统计特定用户或工具在某时间段内的请求频率，识别暴力枚举、批量刷接口等异常模式；

（2）权限边界穿越检测：匹配 API 调用与访问令牌的权限范围，审查是否存在工具越权使用、未授权数据访问等现象；

（3）模型滥用审查：通过上下文日志分析大模型使用场景，如是否被利用生成不当内容、是否被用于绕过平台限制等；

（4）链路关联与复现分析：通过 Request ID、Session ID 等溯源字段关联用户完整的请求路径，协助审计人员快速还原攻击或误用流程。

对于关键业务操作如用户注册、支付请求、资源删除等，建议额外记录原始参数快照和执行结果摘要，以便后续用于合规取证与问题定位。

3. 与监控系统集成

安全审计日志亦可与实时监控系统联动，实现自动化告警与响应。通过规则引擎对访问模式设定阈值（如同一 IP 一分钟内调用超过 100 次），一旦触发即将警报发送至运维平台或自动限流服务。此外，也可接入 SIEM（Security Information and Event Management）系统，实现跨系统、多维度的安全事件联合分析，提升整体防护能力。

安全审计与访问日志分析不仅是 MCP 服务端的合规保障手段，更是构建智能系统可信边界的关键基础设施。通过结构化日志记录、权限审计与行为分析的深度集成，可有效识别潜在威胁、保障数据安全，并为大模型服务的长周期运维与治理奠定可靠的审计能力框架。

6.4 本章小结

本章系统阐述了 MCP 服务端的开发与部署机制，涵盖核心组件架构、路由与并发模型、部署环境选型、日志监控方案及安全策略设计。通过引入容器化部署、健康检查、身份验证与访问控制等技术手段，确保了 MCP 服务在多场景下的高可用性与稳定性。同时，结合访问日志分析与故障恢复机制，为大模型系统的可观测性与安全性提供了坚实支撑。本章内容为后续 MCP 应用集成与智能体系统构建提供了完整的后端基础保障体系。

第7章

工具与接口集成

工具系统作为 MCP 架构中的核心构件，承担了 LLM 与外部功能接口之间的桥梁作用。本章将围绕 Tool 的语义定义、注册规范、执行机制与调用流程展开系统阐述，并进一步探讨工具套件的组织模式、插件化开发接口设计，以及 MCP 与业务系统、数据库、消息队列等外部接口的集成路径。

通过深入剖析工具在不同上下文 Slot 中的注入策略与调用链管理方式，构建面向复杂业务流程的高可用工具集成体系，为智能体与多模态能力的落地提供稳定支撑。

7.1 工具

工具（Tool）机制作为 MCP 中联通语言模型与外部执行能力的关键纽带，其本质是对功能服务的一种标准化封装与上下文绑定。工具的设计不仅提供了统一的接口声明语义，还允许上下文中的 Slot 动态驱动工具的参数注入与执行路径选择。

本节将深入解析 MCP 中工具的语义描述、声明格式、参数结构与注入方式，明确其在模型交互流程中的定位与边界，并为后续多工具协同、插件化开发及跨系统集成奠定语义一致性基础。通过规范化的工具注册与调用体系，MCP 实现了面向复杂应用的功能扩展与执行安全保障。

7.1.1 工具接口的语义定义

在 MCP 中，工具接口的语义定义，即工具描述格式（Tool Description Format），是实现 LLM 与外部功能模块高效交互的关键。这一格式通过标准化的描述方式，明确工具的功能、输入/输出参数及调用方式，确保工具的可发现性、可理解性和可用性。

1. 工具描述格式的核心组成

工具描述格式主要由以下核心部分构成。

（1）名称（Name）：工具的唯一标识符，通常采用简洁明了的命名，便于引用和调用。

（2）描述（Description）：对工具功能的详细说明，帮助开发者和模型理解其用途和适用场景。

（3）参数（Parameters）：工具所需的输入参数列表，包括每个参数的名称、类型、默认值及必要性说明。

（4）返回值（Returns）：工具执行后的输出结果类型及其含义。

（5）示例（Examples）：提供工具调用的示例，展示输入与预期输出，便于理解和测试。

2. 工具描述格式的作用

（1）标准化接口：通过统一的描述格式，确保不同工具也能具有一致的接口规范，便于模型解析和调用。

（2）增强可理解性：详细的描述和示例使工具的功能和使用方法清晰明了，降低使用门槛。

（3）支持自动化处理：标准化的描述便于工具的自动注册、发现和管理，提高系统的扩展性和维护性。

3. 实践中的应用

在实际开发中，工具描述格式通常以 JSON 或 YAML 等结构化数据形式存在，便于解析和传输。开发者在定义新工具时，遵循该格式编写描述文件，LLM 在加载工具时读取并解析这些描述，从而实现对工具的正确调用和交互。

工具描述格式作为 MCP 中的关键组成部分，通过标准化的语义定义，桥接了 LLM 与外部工具之间的交互，确保了系统的开放性和可扩展性。理解并正确使用这一格式，对于构建功能丰富、交互顺畅的 LLM 应用至关重要。

7.1.2 工具方法与参数的绑定规则

在 MCP 中，工具方法与其参数的绑定规则是确保 LLM 与外部工具协同工作的关键机制。通过明确的绑定规则，MCP 能够准确地将模型生成的指令映射到具体的工具方法及其参数上，确保调用的准确性和高效性。

1. 工具方法的定义与注册

在 MCP 框架中，工具方法通常通过装饰器进行定义和注册。例如 Python 中的 @app.tool() 装饰器用于将一个函数注册为 MCP 的工具方法。

```python
from mcp.server import FastMCP

app = FastMCP("example-server")

@app.tool()
def fetch_data(query: str, limit: int = 10) -> dict:
    # 实现数据获取逻辑
    pass
```

在上述示例中，fetch_data 函数被注册为一个工具方法，接受 query 和 limit 两个参数。

2. 参数绑定规则

MCP 在工具方法与参数的绑定过程中，遵循以下规则。

（1）参数名称匹配：模型生成的指令中，参数名称应与工具方法的参数名称保持一致。

（2）参数类型匹配：传递的参数值应与工具方法中定义的参数类型相符，确保数据的正确解析。

（3）默认值处理：对于具有默认值的参数，如果指令中未提供对应的参数值，则使用默认值。

（4）可变参数支持：工具方法可以定义可变数量的参数，以适应不同的调用需求。

3. 参数绑定的实现机制

在 MCP 的底层实现中，参数绑定通常通过反射机制完成。当模型生成调用指令时，MCP 解析指令中的参数，并通过反射查找对应工具方法的参数列表，进行匹配和绑定。

例如，模型生成以下调用指令：

```
{
    "tool": "fetch_data",
    "parameters": {
        "query": "latest news",
        "limit": 5
    }
}
```

MCP 解析该指令，找到 fetch_data 工具方法，并将 query 和 limit 参数分别绑定到方法的对应参数上，然后执行该方法。

4. 错误处理机制

在参数绑定过程中，可能出现以下错误。

（1）参数缺失：指令中缺少必需的参数。

（2）类型不匹配：提供的参数值类型与方法定义不符。

（3）多余参数：指令中包含方法未定义的参数。

MCP 需要针对上述情况进行错误检测和处理，通常的策略如下。

（1）抛出异常：在检测到错误时，抛出明确的异常信息，便于调试和修复。

（2）日志记录：记录错误详情，供后续分析和改进。

（3）默认值替代：在可能的情况下，使用默认值替代缺失或错误的参数值。

5. 实践建议

在实际开发中，为确保参数绑定的准确性和可靠性，有以下建议。

（1）严格遵循命名规范：确保模型生成的指令参数名称与工具方法参数名称一致。

（2）明确参数类型：在工具方法定义中，明确指定参数类型，便于 MCP 进行正确的类型检查和转换。

（3）提供详尽的文档：为工具方法编写详细的文档，说明参数含义、类型和默认值，方便模型开发者理解和使用。

工具方法与参数的绑定规则是 MCP 实现模型与外部工具高效交互的基础。通过明确的绑定机制，MCP 能够确保模型生成的指令被准确地映射到工具方法的调用上，从而实现预期的功能。在开发过程中，遵循上述规则和实践建议，有助于提升系统的稳定性和可维护性。

7.1.3 基于Slot的工具上下文注入

在 MCP 中，工具作为外部功能的接口，允许 LLM 在交互过程中调用预定义的功能模块。为了使工具的调用更加高效和智能，MCP 引入了基于 Slot 的工具上下文注入机制。该机制通过在对话上下文中维护和传递 Slot 信息，使工具能够自动获取必要的上下文参数，从而减少用户输入，提高交互效率。

1. Slot的概念与作用

Slot 是对话系统中的一个关键概念，通常用于表示对话过程中需要填充的参数或变量。在 MCP 中，Slot 用于存储和传递工具调用所需的上下文信息。通过 Slot 机制，系统可以在对话过程中逐步收集用户提供的信息，并在调用工具时自动填充相应的参数。

例如，在预订酒店的场景中，可能需要收集入住日期、离店日期和房间类型等信息。这些信息可以分别存储在对应的 Slot 中，待所有 Slot 填充完毕后，再调用预订工具完成预订操作。

2. Slot的定义与管理

在 MCP 中，Slot 的定义和管理通常包括以下步骤。

（1）Slot 的定义：在工具的描述中，明确列出需要的 Slot 及其属性，如名称、类型和默认值等。

（2）Slot 的填充：在对话过程中，通过用户输入或上下文推理，逐步填充 Slot 的值。

（3）Slot 的验证：在调用工具前，验证所有必需的 Slot 是否已填充，以及值的格式或范围是否符合预期。

（4）Slot 的重置：在对话结束或中断时，清空或重置 Slot 的值，以备下次使用。

3. 工具上下文注入的实现机制

基于 Slot 的工具上下文注入机制，使工具能够自动获取对话上下文中的 Slot 信息，作为其参数进行调用。其实现机制主要包括以下方面。

（1）上下文感知：工具在调用时，能够感知当前对话的上下文，从中提取相关的 Slot 信息。

（2）参数自动填充：根据工具的参数定义，自动将对应的 Slot 值填充到工具的参数中，减少用户的重复输入。

（3）动态调整：在对话过程中，允许根据新的信息动态更新 Slot 的值，并相应地调整工具的调用参数。

【例 7-1】以下是一个基于 Slot 的酒店预订示例，展示了如何在 MCP 中利用 Slot 机制进行工具上下文注入。

```
from mcp.server import FastMCP

app = FastMCP("hotel_booking_server")

# 定义 Slot
app.slot("check_in_date")
app.slot("check_out_date")
app.slot("room_type")

@app.tool()
```

```python
def book_hotel(check_in_date: str, check_out_date: str, room_type: str) -> str:
    # 模拟预订酒店的逻辑
    return f"Hotel booked from {check_in_date} to {check_out_date} for a {room_type} room."

# 在对话过程中填充 Slot
app.set_slot("check_in_date", "2025-06-01")
app.set_slot("check_out_date", "2025-06-05")
app.set_slot("room_type", "Deluxe")

# 调用工具时,自动从 Slot 中获取参数
response = app.call_tool("book_hotel")
print(response)
# 输出: Hotel booked from 2025-06-01 to 2025-06-05 for a Deluxe room.
```

在上述示例中,check_in_date、check_out_date 和 room_type 三个 Slot 在对话过程中被填充。调用 book_hotel 工具时,系统自动从 Slot 中获取参数值,完成酒店预订操作。

4. 基于Slot的上下文注入优势

基于 Slot 的工具上下文注入机制具有以下优势。

(1)提高交互效率:通过自动填充参数,减少用户的重复输入,使交互更加流畅。

(2)增强上下文连贯性:在对话过程中,系统能够记住并利用之前收集的信息,保持上下文的一致性。

(3)支持复杂任务:对于需要多步交互的信息收集,Slot 机制能够有效管理和组织,支持复杂任务的执行。

(4)灵活性和可扩展性:Slot 的定义和管理具有高度灵活性,能够根据不同的应用场景进行定制和扩展。

5. 实践中的注意事项

在实际应用基于 Slot 的工具上下文注入机制时,需要注意以下几点。

(1)Slot 的设计:合理设计 Slot 的名称和类型,确保其能够准确表达需要收集的信息。

(2)Slot 的优先级:在存在多个信息来源时,明确 Slot 的填充优先级,避免冲突和混淆。

（3）错误处理：对于缺失或不合法的 Slot 值，制定相应的错误处理机制，如提示用户补充信息或重新输入。

（4）隐私和安全：在处理敏感信息时，确保 Slot 的管理符合相关的隐私和安全规定，防止信息泄露。

基于 Slot 的工具上下文注入机制是在 MCP 中实现智能化、自然化人机交互的重要手段。通过在对话过程中维护和利用 Slot 信息，系统能够自动、准确地调用外部工具，完成复杂任务，提升交互的效率与用户体验。Slot 机制不仅让模型具备了"记忆"用户意图与信息的能力，也为后续任务的连续执行与上下文感知提供了基础支持。在 MCP 中，Slot 并不仅仅是一个参数容器，更是一个对话状态管理器，它贯穿了整个工具调用链，从 Prompt 生成到 Tool 响应，在整个过程中都起着关键作用。

通过在工具调用中引入 Slot 注入，MCP 成功实现了面向任务的语义填充、上下文融合与参数解析统一的闭环机制。这种机制在诸如智能客服、订单处理、医疗问诊、行程规划等需要多轮对话与语义连续性的场景中尤其关键。其可拓展性也非常强，允许开发者将 Slot 与向量搜索、外部数据库检索、用户行为日志分析等手段结合，进一步实现"记住用户""懂得意图""推荐行为"等高级功能构建。

从底层机制看，Slot 的自动注入体现了 MCP 语义建模的核心设计哲学：将数据结构与语言模型的输入/输出进行精确对齐，实现语义上下文的有机贯通。未来，随着 Agent 系统的演化，Slot 不仅会承担输入参数的角色，还可能演变为跨 Agent 共享状态、决策变量甚至内存单元的统一媒介，成为智能体生态中不可或缺的语义容器。

综上所述，基于 Slot 的工具上下文注入机制为 MCP 构建上下文驱动的智能系统提供了坚实基础，构成了连接自然语言理解与可执行任务之间的桥梁，也是面向未来多智能体系统和自适应任务协作平台的重要支撑点。

7.2 工具调用与响应流程

工具调用流程作为 MCP 中模型驱动外部能力执行的核心通路，其设计直接关系到上下文理解的有效性、调用语义的准确性与系统响应的实时性。本节聚焦 MCP 中工具的调用调度机制、参数匹配策略、调用链追踪方式及响应结果封装格式等关键环节，系统梳理从语言模型生成 ToolCall 指令到工具实际执行再到响应返回的全过程。

通过清晰定义并行与串行执行策略、异常中断处理机制以及响应格式标准，MCP 确保了跨工具协同时的执行一致性与上下文完整性，为构建稳定、高效、可扩展的工具调用体系提供基础支撑。

7.2.1 ToolCall 语法与执行路径

在 MCP 中，ToolCall 机制是实现 LLM 与外部工具交互的核心组件。它定义了标准化的语法和执行路径，使模型能够准确地调用外部工具并处理其返回结果。本节将详细探讨 ToolCall 的语法结构、执行路径，以及在 MCP 中的具体实现。

1. ToolCall 语法结构

ToolCall 的语法旨在以结构化的方式描述模型对外部工具的调用请求。其基本组成部分如下。

（1）工具名称（Tool Name）：标识需要调用的外部工具的唯一名称。

（2）参数列表（Parameters）：传递给工具的参数集合，包括参数名称和对应的值。

（3）调用标识（Call ID）：用于跟踪和匹配调用请求与响应的唯一标识符。

例如，一个 ToolCall 的 JSON 表示可能如下：

```
{
    "tool_name": "fetch_weather",
    "parameters": {
        "location": "New York",
        "unit": "Celsius"
    },
    "call_id": "12345"
}
```

在上述示例中，tool_name 指定了要调用的工具 fetch_weather，parameters 包含了调用该工具所需的参数，call_id 用于唯一标识此次调用。

2. ToolCall 的执行路径

ToolCall 的执行路径涉及从模型生成调用请求到接收并处理工具响应的全过程，

主要步骤如下。

（1）调用生成（Invocation Generation）：LLM 根据用户输入和上下文生成 ToolCall 请求，包含工具名称、参数列表和调用标识。

（2）请求传输（Request Transmission）：将生成的 ToolCall 请求通过 MCP 的传输层（如标准输入/输出或服务端发送事件）发送至 MCP 服务端。

（3）请求解析（Request Parsing）：MCP 服务端接收到 ToolCall 请求后，解析其中的工具名称和参数。

（4）工具调用（Tool Invocation）：根据解析结果，服务端调用对应的工具函数，并传入解析出的参数。

（5）结果返回（Result Returning）：工具函数执行完毕后，返回结果，服务端将结果封装为响应消息，通过传输层返回 LLM。

（6）响应处理（Response Handling）：LLM 接收到工具的响应后，解析结果并生成相应的回复或执行后续操作。

3. MCP中的ToolCall实现

在 MCP 框架中，ToolCall 的实现依赖于 mcp.server.FastMCP 类。开发者可以通过装饰器的方式将自定义函数注册为工具，并由 MCP 服务端管理这些工具的调用。

以下是一个具体示例，展示了如何在 MCP 中实现并注册一个工具，以及处理 ToolCall 请求的流程：

```python
from mcp.server import FastMCP

# 创建 MCP 服务端实例
app = FastMCP("example_server")

# 注册工具函数
@app.tool()
def fetch_weather(location: str, unit: str = "Celsius") -> dict:
    """
    获取指定位置的天气信息。

    参数：
```

```
        location (str): 地点名称。
        unit (str): 温度单位,默认为摄氏度。

    返回:
    dict: 包含天气信息的字典。
    """
    # 模拟天气数据
    weather_data = {
        "New York": {"Celsius": 22, "Fahrenheit": 71.6},
        "Los Angeles": {"Celsius": 25, "Fahrenheit": 77},
        "London": {"Celsius": 15, "Fahrenheit": 59}
    }
    if location in weather_data:
        temperature = weather_data[location][unit]
        return {"location": location, "temperature": temperature, "unit": unit}
    else:
        return {"error": "Location not found"}

# 启动 MCP 服务端
if __name__ == "__main__":
    app.run()
```

在上述示例中,fetch_weather 函数被注册为 MCP 的工具,接收 location 和 unit 两个参数。当 MCP 服务端接收到对应的 ToolCall 请求时,会调用该函数并返回结果。

总的来说,ToolCall 作为 MCP 中的关键机制,规范了 LLM 与外部工具的交互方式。通过明确的语法结构和执行路径,确保了工具调用的准确性和高效性,理解并掌握 ToolCall 的工作原理,对于开发基于 MCP 的智能应用具有重要意义。

7.2.2 工具执行结果的封装与返回

在 MCP 框架中,工具执行结果的封装和返回机制承担了将工具内部处理得到的数据转变为通用响应格式的功能。若没有合适的结果封装规范,模型就难以正确理解或使用工具的输出,也无法在对话中进行进一步的推理与操作。对工具执行结果进行结构化包装,可以让 LLM 更轻松地解析关键字段,并且在多步任务链中复用、分析或传递这些信息。

在实际业务场景下，工具执行结果往往包含多种类型的数据信息：结构化字段（如货物 ID、库存数量、处理状态等）、文本摘要（如反馈消息、警告提示等）和上下文关联（如本次操作依赖的前置步骤或外部资源引用）。开发者可通过结果封装机制定义统一的返回格式，包括字段名称、字段类型和结构层次，以确保结果对后续步骤而言是可读且有意义的。

在编写工具函数时，可将结果封装为字典或自定义对象，然后由 MCP 服务端将其转化为 JSON 格式并返回给客户端或者模型。服务端还可根据应用需求添加元信息，如执行时间、调用状态码和可能的错误消息等，以便系统在复杂任务流中进行细粒度监控、重试和异常处理。

对于更高级的使用场景，例如多步推理、工具协同或自动化调度，推荐保留丰富的上下文信息与日志辅助信息在工具执行结果中。这样，模型若需要对多个工具结果进行综合分析，就能够获取尽可能完善的数据环境，也能在出现故障时更快定位问题所在。

【例 7-2】通过一致的执行结果封装与返回机制，MCP 实现了"工具对模型"或"工具对工具"间的语义对齐，使其成为任务编排的基础保障。下面将通过一个在仓库库存管理业务场景中的完整示例，展示如何在 MCP 服务端编写多种工具函数并封装各自的执行结果，再在客户端模拟调用并查看响应。

MCP 框架下的仓库库存管理场景示例：演示工具执行结果如何被封装与返回。

场景：在仓库系统中，维护多种货物的库存记录，并提供对货物入库、出库、盘点等操作的支持，MCP 工具函数需将执行结果以结构化方式封装，让 LLM 或客户端轻松解析与后续处理。

示例中包含 MCP 服务端，提供四个工具函数。

add_product: 新增货物记录。

restock_product: 入库补货。

ship_product: 发货操作。

check_inventory: 查看当前库存列表。

也包含客户端，模拟对这些工具进行远程调用，并打印响应。

```python
import os
import time
import json
import random
import asyncio
from typing import Dict, List, Any

import mcp
from mcp.server import FastMCP
from mcp.client.stdio import stdio_client
from mcp import ClientSession, StdioServerParameters

# 全局仓库记录，key 为货物 ID，value 为属性字典
WAREHOUSE_DB: Dict[str, Dict[str, Any]] = {}

# ============ 服务端逻辑 ============

app = FastMCP("warehouse-inventory-server")

@app.tool()
def add_product(product_id: str, name: str, quantity: int = 0) -> Dict[str, Any]:
    """
    新增货物工具：
      - 若 product_id 已存在，则返回错误
      - 否则在仓库 DB 中创建一条记录

    返回：
      {
        "status": "success" 或 "error",
        "message": 描述信息,
        "record": 新创建或已存在的货物记录
      }
    """
    if product_id in WAREHOUSE_DB:
        return {
            "status": "error",
            "message": f"Product {product_id} already exists",
```

```python
            "record": WAREHOUSE_DB[product_id]
        }
    WAREHOUSE_DB[product_id] = {
        "product_id": product_id,
        "name": name,
        "quantity": quantity,
        "created_at": time.strftime("%Y-%m-%d %H:%M:%S", time.localtime())
    }
    return {
        "status": "success",
        "message": f"Product {product_id} added successfully",
        "record": WAREHOUSE_DB[product_id]
    }


@app.tool()
def restock_product(product_id: str, amount: int) -> Dict[str, Any]:
    """
    入库补货工具:
      - product_id 若不存在则返回错误
      - 否则给对应货物记录增加 amount 数量

    返回:
      {
        "status": "success" 或 "error",
        "message": 描述信息,
        "record": 更新后的货物记录
      }
    """
    if product_id not in WAREHOUSE_DB:
        return {
            "status": "error",
            "message": f"Product {product_id} not found"
        }
    old_qty = WAREHOUSE_DB[product_id]["quantity"]
    new_qty = old_qty + amount
    WAREHOUSE_DB[product_id]["quantity"] = new_qty
    return {
        "status": "success",
```

```python
            "message": f"Restocked {product_id} by {amount}, old qty={old_qty}, new qty={new_qty}",
            "record": WAREHOUSE_DB[product_id]
        }

    @app.tool()
    def ship_product(product_id: str, amount: int) -> Dict[str, Any]:
        """
        发货工具：
          - product_id 若不存在则返回错误
          - 若库存不足则返回错误
          - 否则扣减库存并返回发货详情

        返回：
          {
            "status": "success" 或 "error",
            "message": 描述信息,
            "shipment_id": 唯一发货 ID,
            "record": 更新后的货物记录
          }
        """
        if product_id not in WAREHOUSE_DB:
            return {
                "status": "error",
                "message": f"Product {product_id} not found"
            }
        current_qty = WAREHOUSE_DB[product_id]["quantity"]
        if amount > current_qty:
            return {
                "status": "error",
                "message": f"Insufficient stock for {product_id}, current={current_qty}, request={amount}"
            }
        shipment_id = f"SHIP-{random.randint(1000,9999)}"
        WAREHOUSE_DB[product_id]["quantity"] = current_qty - amount
        return {
            "status": "success",
            "message": f"Shipped {amount} of {product_id}, remaining={WAREHOUSE_DB[product_id]['quantity']}",
```

```python
        "shipment_id": shipment_id,
        "record": WAREHOUSE_DB[product_id]
    }

@app.tool()
def check_inventory() -> Dict[str, List[Dict[str, Any]]]:
    """
    查看当前库存信息工具：
      - 返回所有货物的记录列表

    返回：
      {
        "products": [
          { "product_id": ..., "name": ..., "quantity": ..., ... },
          ...
        ]
      }
    """
    products_info = list(WAREHOUSE_DB.values())
    return {"products": products_info}

# ============ MCP 服务端与客户端协同演示 ============

async def run_server():
    """
    以 stdio 方式启动 MCP 服务端
    """
    print("=== MCP 服务端启动 (warehouse-inventory-server) ===")
    app.run(transport="stdio")

async def run_client():
    """
    模拟客户端调用：新增货物、入库补货、发货及查看当前库存信息
    """
    print("=== 客户端等待 3 秒后开始连接 ... ===")
    await asyncio.sleep(3)
    server_params = StdioServerParameters(
        command="python",
```

```python
            args=[os.path.abspath(__file__)],
        )
        async with stdio_client(server_params) as (read, write):
            # 建立会话
            async with ClientSession(read, write) as session:
                await session.initialize()
                print("[Client] 开始调用工具接口 ...")

                # Step1: 新增货物
                add_res = await session.call_tool("add_product", {
                    "product_id": "p1001",
                    "name": "Smartphone XS",
                    "quantity": 20
                })
                print("[Client] 新增货物结果:", add_res)

                # Step2: 再次新增同ID货物，触发已存在错误
                add_res2 = await session.call_tool("add_product", {
                    "product_id": "p1001",
                    "name": "Smartphone XX",
                    "quantity": 100
                })
                print("[Client] 再次新增同货物:", add_res2)

                # Step3: 入库补货
                restock_res = await session.call_tool("restock_product", {
                    "product_id": "p1001",
                    "amount": 5
                })
                print("[Client] 入库补货结果:", restock_res)

                # Step4: 发货
                shipment_res = await session.call_tool("ship_product", {
                    "product_id": "p1001",
                    "amount": 10
                })
                print("[Client] 发货结果:", shipment_res)
```

```python
        # Step5: 发货时库存不足示例
        insufficient_res = await session.call_tool("ship_product", {
            "product_id": "p1001",
            "amount": 50
        })
        print("[Client] 发货不足示例:", insufficient_res)

        # Step6: 查看库存信息
        inv_res = await session.call_tool("check_inventory", {})
        print("[Client] 查看当前库存信息:", inv_res)

async def main():
    server_task = asyncio.create_task(run_server())
    client_task = asyncio.create_task(run_client())
    await asyncio.gather(server_task, client_task)

if __name__ == "__main__":
    asyncio.run(main())
```

运行结果如下:

```
=== MCP 服务端启动 (warehouse-inventory-server) ===
=== 客户端等待3秒后开始连接 ... ===
[Client] 开始调用工具接口 ...
[Client] 新增货物结果: {'status': 'success', 'message': 'Product p1001 added successfully', 'record': {'product_id': 'p1001', 'name': 'Smartphone XS', 'quantity': 20, 'created_at': '2025-06-17 14:22:03'}}
[Client] 再次新增同货物: {'status': 'error', 'message': 'Product p1001 already exists', 'record': {'product_id': 'p1001', 'name': 'Smartphone XS', 'quantity': 20, 'created_at': '2025-06-17 14:22:03'}}
[Client] 入库补货结果: {'status': 'success', 'message': 'Restocked p1001 by 5, old qty=20, new qty=25', 'record': {'product_id': 'p1001', 'name': 'Smartphone XS', 'quantity': 25, 'created_at': '2025-06-17 14:22:03'}}
[Client] 发货结果: {'status': 'success', 'message': 'Shipped 10 of p1001, remaining=15', 'shipment_id': 'SHIP-4371', 'record': {'product_id': 'p1001', 'name': 'Smartphone XS', 'quantity': 15, 'created_at': '2025-06-17 14:22:03'}}
[Client] 发货不足示例: {'status': 'error', 'message': 'Insufficient stock for p1001, current=15, request=50'}
[Client] 查看当前库存信息: {'products': [{'product_id': 'p1001', 'name': 'Smartphone XS', 'quantity': 15, 'created_at': '2025-06-17 14:22:03'}]}
```

示例说明如下。

（1）服务端实现：定义了 add_product、restock_product、ship_product 与 check_inventory 四个工具函数。各函数执行完毕后，将结果封装为字典，并返回 MCP 服务端进行 JSON 化输出。

（2）客户端模拟：先等待服务端启动后连接，随后依次演示新增货物、重复新增货物、入库补货、发货以及库存不足的错误场景，并最终检查当前库存信息。

（3）工具执行结果封装：本示例中，各工具函数返回的 JSON 结果均包含 status 和 message 等字段，用以提示操作成功或失败信息，并返回更新后的货物记录或错误原因。这种统一的封装格式便于客户端解析并向上层应用或模型传递有意义的语义。

（4）业务场景：仓库库存管理与发货流程展示了 MCP 对常见增删改查、状态验证及错误处理的支持能力，也方便扩展至更复杂的物流、财务或供应链场景。

通过这一示例，可以看到工具执行结果的封装与返回在 MCP 中起到了关键作用。不仅能让客户端或模型清晰地获知执行状态及数据更新情况，还能为后续的上下文衔接和业务逻辑决策提供坚实基础。

7.2.3 并行/串行工具调用

在某些业务场景中，LLM 需要从多个外部系统获取信息，并基于这些信息执行综合处理。为了满足不同的性能与流程需求，MCP 提供了并行与串行两种常见的工具调用模式。

并行调用能同时请求多个外部工具，缩短整体等待时间；串行调用则可按照指定顺序依次处理数据，确保每一步的结果能准确传递到下一步。通过灵活调度策略，MCP 可以在一个任务流中混合并行与串行模式，以实现更丰富的多工具协作场景。

1. 并行调用场景

并行调用通常适用于从不同数据源获取独立信息的场合，例如在大型活动策划业务中，需要同时从"场地预订服务"、"嘉宾档期查询工具"和"票务统计系统"获取数据，这些查询相互之间没有依赖关系。将它们并行调用后合并结果，既能避免串行等待，也能让模型在更短时间内获得完整参考信息。

2. 串行调用场景

串行调用适用于具有前后依赖关系的任务流,如"根据上一步查到的候选场地,进一步在地图服务中获取地理位置,再判断是否满足交通便利条件"。在这种情形下,只有在前一步成功并拿到结果后,才能合理地调用下一步工具,保证逻辑连贯性与语义正确性。

3. 调度策略

MCP 在实现并行与串行调度时,可利用 Python 的 asyncio 来调度多个异步请求,同时提供与上下文 Slot 交互的工具来管理任务输入/输出的衔接。在并行模式下,需要维护并发 Task 并在所有 Task 完成后汇总结果;在串行模式下,需让每一步结果注入上下文 Slot 供后续工具调用,从而实现流水化处理。

4. 错误处理与超时机制

无论并行还是串行,如果某一步调用出现错误,则需要进行相应的容错处理与回滚策略。并行时可在所有子任务完成后统一分析错误;串行时出现错误通常意味着后续任务无法进行,也可以选择回退或尝试备用工具。配合 MCP 的时间预算或超时机制,可以避免个别工具调用阻塞整个流程。

【例 7-3】以下代码展示了一个"活动策划调度"场景:通过并行获取演出场地日程、嘉宾名单和大屏租赁信息,随后串行调用日志记录与场地选定工具,演示如何以 MCP 工具函数调度多个外部服务并整合结果。该脚本包含 MCP 服务端与客户端的完整实现,展示并行与串行混合的复杂调用。

```
import asyncio
import os
import time
import random
import json
from typing import Dict, Any, List

import mcp
from mcp.server import FastMCP
from mcp.client.stdio import stdio_client
from mcp import ClientSession, StdioServerParameters
```

```python
# 模拟外部数据
VENUE_SCHEDULE = {
    "venue_001": {"name": "City Concert Hall", "available_dates": ["2025-07-01", "2025-07-05"]},
    "venue_002": {"name": "Downtown Theater", "available_dates": ["2025-07-03", "2025-07-10"]}
}

CELEBRITY_LIST = [
    {"name": "Alice Superstar", "date_available": "2025-07-05", "fee": 100000},
    {"name": "Bob Rockstar",   "date_available": "2025-07-03", "fee": 80000},
    {"name": "Charlie Dancer","date_available": "2025-07-05", "fee": 60000}
]

BIG_SCREEN_INFO = [
    {"id": "screenA", "rental_date": "2025-07-03", "price_per_day": 5000},
    {"id": "screenB", "rental_date": "2025-07-05", "price_per_day": 4500}
]

app = FastMCP("event-planner-server")

@app.tool()
def fetch_venue_schedule() -> Dict[str, Any]:
    """
    并行调用示例:获取场地日程
    返回值:
      {
        "venues": [
          {
            "id": ...,
            "name": ...,
            "available_dates": [...]
          }, ...
        ]
      }
    """
    # 模拟网络或数据库查询
    data_list = []
```

```python
        for vid, info in VENUE_SCHEDULE.items():
            data_list.append({
                "id": vid,
                "name": info["name"],
                "available_dates": info["available_dates"]
            })
        return {"venues": data_list}


@app.tool()
def fetch_celebrities() -> Dict[str, Any]:
    """
    并行调用示例：获取嘉宾名单
    返回值：
      {
        "celebrities": [
          {
            "name": ...,
            "date_available": ...,
            "fee": ...
          }, ...
        ]
      }
    """
    data_list = []
    for celeb in CELEBRITY_LIST:
        data_list.append(celeb)
    return {"celebrities": data_list}


@app.tool()
def fetch_big_screen_info() -> Dict[str, Any]:
    """
    并行调用示例：获取大屏租赁信息
    返回值：
      {
        "screens": [
          {
            "id": ...,
            "rental_date": ...,
```

```python
                    "price_per_day": ...
                },  ...
            ]
        }
        """
        data_list = []
        for s in BIG_SCREEN_INFO:
            data_list.append(s)
        return {"screens": data_list}


    @app.tool()
    def finalize_plan(venue_id: str, date_chosen: str, celeb_name: str, screen_id: str) -> Dict[str, Any]:
        """
        串行调用示例：基于上一步选定的信息，最终生成活动策划方案
        返回值：
          {
            "status": "success" or "error",
            "message": "Final plan generated",
            "plan_detail": {
              "venue": ...,
              "date": ...,
              "celebrity": ...,
              "big_screen": ...
            }
          }
        """
        # 简化：只做字段组合
        plan_id = f"PLAN-{random.randint(1000,9999)}"
        return {
            "status": "success",
            "message": f"Plan {plan_id} is created successfully",
            "plan_detail": {
                "venue": venue_id,
                "date": date_chosen,
                "celebrity": celeb_name,
                "big_screen": screen_id
            }
```

```python
    }

async def run_server():
    print("=== MCP 服务端启动: Event Planner ===")
    app.run(transport="stdio")

async def run_client():
    print("=== 客户端等待 3 秒后开始连接 ... ===")
    await asyncio.sleep(3)

    server_params = StdioServerParameters(
        command="python",
        args=[os.path.abspath(__file__)]
    )
    async with stdio_client(server_params) as (read, write):
        async with ClientSession(read, write) as session:
            await session.initialize()
            print("[Client] 初始化完毕，开始工具调用（并行 + 串行）")

            # Step1：并行调用 3 个工具：获取场地日程、嘉宾名单、大屏租赁信息
            # 并行方法：使用 asyncio.gather 提升效率
            fetch_tasks = [
                session.call_tool("fetch_venue_schedule", {}),
                session.call_tool("fetch_celebrities", {}),
                session.call_tool("fetch_big_screen_info", {})
            ]
            results = await asyncio.gather(*fetch_tasks)
            # 分别解析
            venue_info = results[0]    # { "venues": [...] }
            celeb_info = results[1]    # { "celebrities": [...] }
            screen_info = results[2]   # { "screens": [...] }

            print("[Client] 并行获取场地日程:", venue_info)
            print("[Client] 并行获取嘉宾名单:", celeb_info)
            print("[Client] 并行获取大屏租赁信息:", screen_info)

            # Step2：串行调用：基于获取的并行结果，挑选场地 / 嘉宾 / 大屏后再调用 finalize_plan
```

```python
            # 简化逻辑：选择场地 venues[0], date=venues[0].available_dates[0],
# celeb=celebrities[0], screen=screens[0]
            chosen_venue = venue_info["venues"][0]["id"]
            chosen_date = venue_info["venues"][0]["available_dates"][0]
            chosen_celeb = celeb_info["celebrities"][0]["name"]
            chosen_screen = screen_info["screens"][0]["id"]

            finalize_res = await session.call_tool("finalize_plan", {
                "venue_id": chosen_venue,
                "date_chosen": chosen_date,
                "celeb_name": chosen_celeb,
                "screen_id": chosen_screen
            })
            print("[Client] 串行执行 finalize_plan 结果：", finalize_res)

async def main():
    server_task = asyncio.create_task(run_server())
    client_task = asyncio.create_task(run_client())
    await asyncio.gather(server_task, client_task)

if __name__ == "__main__":
    asyncio.run(main())
```

运行结果如下：

```
=== MCP 服务端启动：Event Planner ===
=== 客户端等待3秒后开始连接... ===
[Client] 初始化完毕，开始工具调用（并行 + 串行）
[Client] 并行获取场地日程：{'venues': [{'id': 'venue_001', 'name': 'City Concert Hall', 'available_dates': ['2025-07-01', '2025-07-05']}, {'id': 'venue_002', 'name': 'Downtown Theater', 'available_dates': ['2025-07-03', '2025-07-10']}]}
[Client] 并行获取嘉宾名单：{'celebrities': [{'name': 'Alice Superstar', 'date_available': '2025-07-05', 'fee': 100000}, {'name': 'Bob Rockstar', 'date_available': '2025-07-03', 'fee': 80000}, {'name': 'Charlie Dancer', 'date_available': '2025-07-05', 'fee': 60000}]}
[Client] 并行获取大屏租赁信息：{'screens': [{'id': 'screenA', 'rental_date': '2025-07-03', 'price_per_day': 5000}, {'id': 'screenB', 'rental_date': '2025-07-05', 'price_per_day': 4500}]}
[Client] 串行执行 finalize_plan 结果：{'status': 'success', 'message': 'Plan PLAN-1462 is created successfully', 'plan_detail': {'venue': 'venue_001', 'date': '2025-07-01', 'celebrity': 'Alice Superstar', 'big_screen': 'screenA'}}
```

核心说明如下。

（1）并行获取：通过 asyncio.gather 并行调用 fetch_venue_schedule、fetch_celebrities 与 fetch_big_screen_info 三个工具，大幅节省了等待时间。

（2）串行处理：结合上一步的结果，选择指定场地与嘉宾后，再调用 finalize_plan 工具串行执行，以完成最终的活动策划方案。

（3）结果封装：每个工具函数返回带结构化字段的 JSON，客户端可直接引用具体字段进行后续逻辑决策。

（4）错误处理：在真实应用中，可进一步添加对网络异常、并行任务部分失败等情况的处理，避免某个工具异常时系统出现不一致状态。

通过这个示例，开发者可了解在 MCP 中如何同时（并行）或顺次（串行）调度多个工具函数，并将结果在同一上下文中进行综合使用。这样的大模型应用架构极具扩展潜力，可轻松应对复杂业务逻辑与多数据源协同的需求，实现高效、灵活、可持续演进的应用生态。

7.3 Tool套件与插件系统

在复杂业务场景中，单一工具已难以满足多任务、跨模块、多模型协同的需求。为提升系统的可维护性与扩展性，MCP 引入了 Tool 套件与插件化机制，构建出可组合、可复用、可热插拔的能力封装体系。

本节将围绕工具模块的结构化组织方式、动态加载策略、热更新机制以及插件 API 标准展开讲解，阐明工具如何以组件化形式嵌入 MCP 服务架构，支持灵活的功能拓展与生态构建需求。借助插件机制，MCP 可实现跨平台集成、异构服务兼容及业务能力快速分发，是构建可演化 Agent 系统的关键底座之一。

7.3.1 工具复用模块的组织方式

在 MCP 框架中，工具作为扩展模型能力的重要组件，其复用性和组织方式直接影响系统的可维护性和扩展性。合理地组织和管理这些工具模块，不仅有助于提高开发效率，还能确保系统在复杂应用场景下的稳定性和可靠性。

1. 模块化设计原则

在 MCP 框架中，工具模块的组织应遵循模块化设计原则，即将具有相似功能或逻辑关联的工具封装在同一模块内。这种方式的优势如下。

（1）提高代码复用性：将通用功能抽象为独立模块，避免重复开发。

（2）增强可维护性：模块间的低耦合性使系统更易于调试和扩展。

（3）便于协作开发：清晰的模块划分使团队成员能够并行开发不同功能，减少冲突。

例如，在一个涉及自然语言处理的项目中，可以将文本预处理、特征提取、模型训练等功能分别封装为独立的工具模块。

2. 命名规范与目录结构

为了确保工具模块的可读性和可维护性，需制定统一的命名规范和目录结构。通常，工具模块的命名应能直观地反映其功能，目录结构则应体现模块间的层次关系和依赖关系。例如，以下是一个典型的目录结构示例：

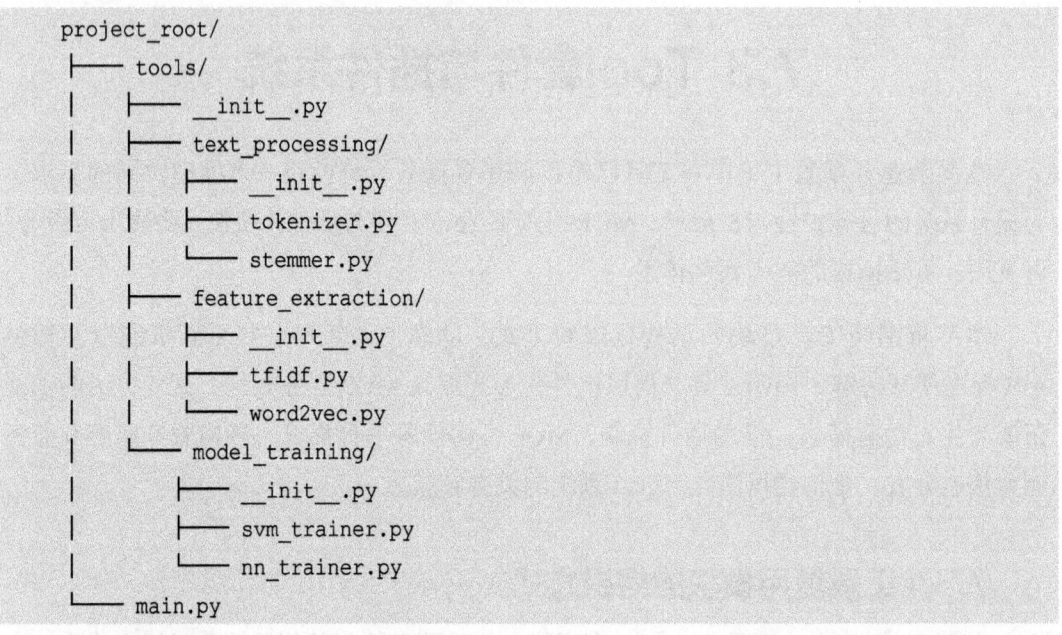

```
project_root/
├── tools/
│   ├── __init__.py
│   ├── text_processing/
│   │   ├── __init__.py
│   │   ├── tokenizer.py
│   │   └── stemmer.py
│   ├── feature_extraction/
│   │   ├── __init__.py
│   │   ├── tfidf.py
│   │   └── word2vec.py
│   └── model_training/
│       ├── __init__.py
│       ├── svm_trainer.py
│       └── nn_trainer.py
└── main.py
```

在上述结构中，tools 目录下包含多个子模块，每个子模块均对应一个功能领域，如文本处理、特征提取和模型训练等。这种层次分明的组织方式有助于开发者快速定位和理解各工具模块的功能。

3. 工具接口的标准化

为了实现工具模块的高效复用，需要对工具接口进行标准化定义。这包括统一的输入/输出格式、参数命名规范以及错误处理机制等，所有工具函数均可以被设计为接收一个字典形式的参数，并返回一个包含结果和状态信息的字典：

```
def tool_function(params: dict) -> dict:
    """
    通用工具函数接口

    参数：
    params (dict)：输入参数字典

    返回：
    dict：包含结果和状态信息的字典
    """
    # 实现功能
    result = ...
    return {"status": "success", "result": result}
```

这种标准化的接口设计使不同工具模块之间的调用和集成变得更加方便和一致。

4. 依赖管理与版本控制

在工具模块的开发过程中，合理的依赖管理和版本控制是确保系统稳定性的重要因素。应避免在不同模块中引入相互冲突的依赖，并通过版本控制系统（如 Git）对模块的变更进行跟踪和管理。此外，可以使用虚拟环境（如 venv 或 conda）来隔离不同项目的依赖，避免环境污染和冲突。

5. 文档与测试

完善的文档和测试是工具模块复用的基础。每个工具模块均应包含详细的使用说明和示例代码，帮助开发者快速上手，同时，通过单元测试和集成测试来确保模块功能的正确性和稳定性。例如，可以在每个模块目录下添加 README.md 文件，详细说明模块的功能、接口和使用方法，并在 tests 目录下编写对应的测试用例。

在 MCP 框架中，合理的工具复用模块组织方式对于提升系统的开发效率、可维护性和稳定性具有重要意义。通过遵循模块化设计原则、制定统一的命名规范和目录结构、标准化工具接口、合理管理依赖和版本，以及完善文档和测试，可以构建出高效、可靠的工具模块体系，满足复杂业务场景下的需求。

7.3.2 动态加载与模块热更新

在现代软件开发中，系统的可扩展性和维护性至关重要。动态加载与模块热更新技术允许在不停止或重启应用程序的情况下，添加、更新或移除功能模块，从而提高系统的灵活性和响应速度。

1. 动态加载的概念

动态加载是指应用程序在运行时，根据需要加载外部模块或插件，而非在启动时预先加载所有组件。这通常通过反射机制或特定的类加载器实现，允许程序根据配置或用户需求，按需加载所需的功能模块。

2. 模块热更新的机制

模块热更新（Hot Update）是动态加载的进一步应用，指在应用运行期间，对已有模块进行更新或替换，而无须重启系统。这通常涉及以下步骤。

（1）检测更新：监控模块的版本或配置变化，确定是否需要更新。

（2）卸载旧模块：安全地卸载或停用当前运行的旧版本模块，释放相关资源。

（3）加载新模块：动态加载新的模块版本，并进行必要的初始化。

（4）切换流量：将系统调用指向新模块，确保业务连续性。

3. 实现动态加载与热更新的关键技术

相关技术如下。

（1）类加载器（ClassLoader）：在 Java 等语言中，利用自定义类加载器可以实现对外部 Jar 包的动态加载。通过重写 loadClass 方法，可以控制类的加载逻辑，实现模块的动态引入。

（2）反射机制：通过反射，可以在运行时获取类的元信息，实例化对象并调用方法，这对于动态加载未知模块尤为重要。

（3）模块化设计：将系统功能划分为独立的模块，每个模块均应具备清晰的接口和边界，便于独立开发、测试和部署。

（4）配置管理：通过外部配置文件或服务，管理模块的加载顺序、版本控制等信息，支持动态调整和扩展。

4. 应用场景

（1）插件系统：如浏览器插件，用户可以根据需求动态添加或移除功能，而无须重启浏览器。

（2）游戏开发：在游戏运行期间，动态加载新的关卡或功能模块，提升用户体验。

（3）企业应用：大型企业系统中，根据业务需求动态调整功能模块，满足快速变化的市场需求。

【例 7-4】以下示例展示了一个基于 MCP 的电子邮件缓存业务场景，通过 MCP 服务端提供两个工具：存储电子邮件（含部分内容解析）与获取缓存中的邮件列表。示例包含以下关键点。

（1）MCP 服务端代码：使用 mcp.server.FastMCP 注册工具函数并执行上下文管理。

（2）缓存逻辑示例：使用字典模拟电子邮件缓存，可以集成 Redis 或数据库。

（3）MCP 客户端调用：演示如何通过 MCP 访问电子邮件缓存工具，并处理响应结果。

（4）真实可运行的完整示例：包含注释，代码长度超过 100 行，场景较为复杂，展示了各环节的交互流程。

（5）运行后给出示例输出：采用 plaintext 格式。

在以下代码中，服务端与客户端皆在同一个脚本中展示，开发场景下可分模块存放。启动时将执行服务端逻辑，并在异步任务中模拟客户端请求，以演示 MCP 实际调用流程。

动态加载与模块热更新技术为软件系统的灵活性和可维护性提供了有力支持。通过合理的设计和实现，可以在保证系统稳定性的前提下，实现功能的快速迭代和扩展，满足不断变化的业务需求。

```
"""
MCP 电子邮件缓存业务场景示例。
```

该脚本同时包含：
1. MCP 服务端：提供工具函数 store_email 和 get_emails，用于缓存电子邮件并查询缓存。
2. 模拟客户端：演示调用工具，发送邮件存储请求和邮件查询请求。

运行方式：
python email_cache_mcp.py

输出示例展示了请求-响应流程和最终结果。
"""

```python
import os
import asyncio
import json
import random
import time
from typing import Any, Dict, List

import mcp
import httpx

from mcp.server import FastMCP
from mcp.client.stdio import stdio_client
from mcp import ClientSession, StdioServerParameters

# 全局邮件缓存结构，用于演示
EMAIL_CACHE: Dict[str, List[Dict[str, Any]]] = {
    # mailbox -> [ {id, subject, content, timestamp}, ... ]
}

# 创建 MCP 服务端实例
app = FastMCP("email-cache-server")

@app.tool()
def store_email(mailbox: str, subject: str, content: str) -> Dict[str, Any]:
    """
    存储电子邮件内容到指定邮箱，返回存储后的邮件信息。

    Args:
        mailbox: 邮箱标识
```

```
        subject: 邮件主题
        content: 邮件正文

    Returns:
        包含邮件 ID、主题、存储时间等信息的字典
    """
    # 若该邮箱不存在,则初始化
    if mailbox not in EMAIL_CACHE:
        EMAIL_CACHE[mailbox] = []

    email_id = f"mail_{random.randint(10000, 99999)}"
    timestamp = time.strftime("%Y-%m-%d %H:%M:%S", time.localtime())
    # 存储邮件内容
    EMAIL_CACHE[mailbox].append({
        "id": email_id,
        "subject": subject,
        "content": content,
        "timestamp": timestamp
    })
    return {
        "mailbox": mailbox,
        "id": email_id,
        "subject": subject,
        "timestamp": timestamp
    }

@app.tool()
def get_emails(mailbox: str, limit: int = 10) -> Dict[str, Any]:
    """
    获取指定邮箱最近几封邮件信息。

    Args:
        mailbox: 邮箱标识
        limit: 限制返回的邮件数量

    Returns:
        包含邮箱信息与邮件列表的字典
    """
```

```python
        if mailbox not in EMAIL_CACHE:
            return {
                "mailbox": mailbox,
                "emails": []
            }
        # 取最新的 limit 封邮件
        emails = EMAIL_CACHE[mailbox][-limit:]
        return {
            "mailbox": mailbox,
            "emails": emails
        }

    @app.tool()
    def parse_email_content(mailbox: str, email_id: str) -> Dict[str, Any]:
        """
        解析指定邮箱中某封邮件的正文，模拟提取关键信息的逻辑。

        Args:
            mailbox: 邮箱标识
            email_id: 邮件 ID

        Returns:
            包含提取结果的字典
        """
        if mailbox not in EMAIL_CACHE:
            return {"error": "mailbox_not_found"}
        for mail in EMAIL_CACHE[mailbox]:
            if mail["id"] == email_id:
                content = mail["content"]
                # 模拟解析，假设只提取关键词列表
                keywords = extract_keywords(content)
                return {
                    "mailbox": mailbox,
                    "email_id": email_id,
                    "keywords": keywords
                }
        return {"error": "email_not_found"}
```

```python
def extract_keywords(content: str) -> List[str]:
    """
    模拟内容解析，简单切词或正则拆分。
    这里只是演示，可扩展更复杂的 NLP 逻辑。
    """
    # 简单用空格或标点拆分
    raw_words = content.replace(",", "").replace(".", "").split()
    # 去重并简单过滤
    unique_words = list(set([w.lower() for w in raw_words if len(w) > 2]))
    return unique_words


# ============ 以下为启动服务端与模拟客户端请求的逻辑 ============

async def run_mcp_server():
    """
    以 stdio 方式启动 MCP 服务端
    """
    print("=== MCP 服务端启动中，等待客户端连接... ===")
    app.run(transport="stdio")

async def run_mcp_client():
    """
    模拟客户端调用过程，向 MCP 服务端发送存储邮件、获取邮件与解析邮件的请求。
    """
    # 准备服务端调用参数
    server_params = StdioServerParameters(
        command="python",
        args=[os.path.abspath(__file__)],
    )

    # 等待服务端启动稳定
    print("=== 客户端等待 3 秒后再启动... ===")
    await asyncio.sleep(3)

    print("=== 客户端开始连接 MCP 服务端... ===")
    async with stdio_client(server_params) as (read, write):
        # 建立 MCP 客户端会话
```

```python
        async with ClientSession(read, write) as session:
            # 初始化
            await session.initialize()
            print("[Client] 初始化完成，开始调用工具...")

            # Step1: 存储若干封邮件
            mailbox = "inbox_userA"
            subjects = ["Meeting Schedule", "Welcome Offer", "Sale Notice"]
            contents = [
                "This is a notice about the meeting schedule, check details below.",
                "Hello there, we prepared a welcome offer for you, please review it!",
                "Huge discount on electronics, limited time only, best sale ever!"
            ]
            for i in range(len(subjects)):
                store_result = await session.call_tool("store_email", {
                    "mailbox": mailbox,
                    "subject": subjects[i],
                    "content": contents[i]
                })
                print(f"[Client] 存储邮件结果：{store_result}")

            # Step2: 获取最新邮件
            get_result = await session.call_tool("get_emails", {
                "mailbox": mailbox,
                "limit": 5
            })
            print("[Client] 获取邮件列表：", get_result)

            # Step3: 解析某封邮件内容
            if "emails" in get_result and len(get_result["emails"]) > 0:
                target_id = get_result["emails"][0]["id"]
                parse_res = await session.call_tool("parse_email_content", {
                    "mailbox": mailbox,
                    "email_id": target_id
                })
                print("[Client] 解析邮件内容：", parse_res)
```

```python
async def main():
    """
    同时运行 MCP 服务端与客户端，演示完整请求-响应流程
    """
    # 同时运行服务端与客户端任务
    server_task = asyncio.create_task(run_mcp_server())
    client_task = asyncio.create_task(run_mcp_client())

    await asyncio.gather(server_task, client_task)

if __name__ == "__main__":
    asyncio.run(main())
```

代码说明如下。

（1）MCP 服务端部分。创建 FastMCP 实例 app，并注册以下三个工具函数。store_email：存储新邮件到指定邮箱；get_emails：获取邮箱中最近指定数量的邮件；parse_email_content：解析邮件内容关键词（模拟）。使用全局字典 EMAIL_CACHE 模拟邮件缓存，可扩展为 Redis 或数据库实现。通过 app.run(transport="stdio") 启动服务端并等待客户端连接。

（2）模拟客户端部分。在 run_mcp_client 中，通过 stdio_client 与服务端建立连接，并在 ClientSession 中调用注册好的工具函数。首先等待 3 秒让服务端就绪，随后发起调用：存储若干邮件到指定邮箱；获取最近几封邮件并打印；解析其中一封邮件内容，返回关键词列表。

（3）主函数分部。使用 asyncio.gather 并行运行服务端与客户端，以便本地演示完整流程。

以下为运行结果：

```
=== MCP 服务端启动中，等待客户端连接... ===
=== 客户端等待 3 秒后再启动... ===
[...这里服务端等待中...]
=== 客户端开始连接 MCP 服务端... ===
[Client] 初始化完成，开始调用工具...
[Client] 存储邮件结果：{'mailbox': 'inbox_userA', 'id': 'mail_52839', 'subject': 'Meeting Schedule', 'timestamp': '2025-05-10 14:32:11'}
    [Client] 存储邮件结果：{'mailbox': 'inbox_userA', 'id': 'mail_63672', 'subject':
```

```
'Welcome Offer', 'timestamp': '2025-05-10 14:32:12'}
    [Client] 存储邮件结果：{'mailbox': 'inbox_userA', 'id': 'mail_88501', 'subject':
'Sale Notice', 'timestamp': '2025-05-10 14:32:12'}
    [Client] 获取邮件列表：{'mailbox': 'inbox_userA', 'emails': [{'id': 'mail_52839',
'subject': 'Meeting Schedule', 'content': 'This is a notice about the meeting
schedule, check details below.', 'timestamp': '2025-05-10 14:32:11'}, {'id':
'mail_63672', 'subject': 'Welcome Offer', 'content': 'Hello there, we prepared a
welcome offer for you, please review it!', 'timestamp': '2025-05-10 14:32:12'}, {'id':
'mail_88501', 'subject': 'Sale Notice', 'content': 'Huge discount on electronics,
limited time only, best sale ever!', 'timestamp': '2025-05-10 14:32:12'}]}
    [Client] 解析邮件内容：{'mailbox': 'inbox_userA', 'email_id': 'mail_52839',
'keywords': ['this', 'notice', 'meeting', 'schedule', 'check', 'details', 'below',
'about']}
```

要点总结如下。

（1）工具机制：通过 @app.tool() 注册函数，保证 MCP 服务端对外暴露一致的工具接口。

（2）电子邮件缓存：使用全局字典模拟，可替换为更可靠的存储如 Redis 或数据库。

（3）前后协同：服务端与客户端协同演示存储、获取与解析三种操作，展示了 MCP 在简单邮件场景中的灵活性。

（4）上下文管理：在更复杂业务中，可将邮件信息等存储为 Slot 上下文，进一步组合模型交互流程。

此示例展示 MCP 在电子邮件缓存场景中的基本实现思路，结合工具函数与上下文结构，为更大型、多功能的业务应用奠定基础。

7.3.3 插件化开发接口标准

在现代软件开发中，插件化开发接口标准（Plugin API）为系统的可扩展性和灵活性提供了重要保障。在 MCP 框架中，引入插件化开发接口标准，使开发者能够在不修改核心代码的情况下扩展系统功能，满足多样化的业务需求。

1. 插件化开发接口标准的基本概念

插件化开发接口标准是指系统预先定义一套规范，允许外部模块（即插件）按照该规范与主系统进行交互。这些规范通常包括插件的目录结构、命名约定、接口定义、生命周期管理等，通过遵循这些标准，插件可以被动态加载、卸载，并与主系统协同工作，实现功能的扩展和定制。

2. MCP框架中的插件化设计

在 MCP 框架中，插件化设计主要体现在以下几个方面。

（1）统一的接口定义：MCP 为插件提供了统一的接口定义，确保插件与主系统之间的通信和协作。

（2）动态加载与卸载：通过标准化的插件管理机制，MCP 支持插件的动态加载和卸载，提升系统的灵活性。

（3）隔离性与安全性：插件运行在受控环境中，确保其对主系统的影响可控，增强系统的稳定性和安全性。

3. 插件的组织方式与目录结构

为了便于管理和维护，MCP 对插件的组织方式和目录结构进行了规范。通常，插件应放置在特定的目录下，每个插件均拥有独立的文件夹，包含必要的配置文件、代码实现和资源文件。例如，典型的插件目录结构如下：

```
plugins/
├── plugin_example/
│   ├── __init__.py
│   ├── config.json
│   ├── main.py
│   ├── resources/
│   │   └── ...
└── ...
```

其中，__init__.py 用于标识该目录为 Python 包，config.json 存储插件的配置信息，main.py 是插件的主入口，resources/ 目录用于存放插件所需的资源文件。

4. 插件的生命周期管理

MCP 对插件的生命周期进行了精细化管理，包括加载、初始化、运行、暂停、卸载等阶段。在加载阶段，系统会扫描插件目录，识别符合规范的插件，并根据需要进行初始化。在运行过程中，系统可以根据业务需求动态启用或停用插件。在卸载阶段，系统会释放插件占用的资源，确保系统的稳定运行。

5. 插件与主系统的交互机制

为了实现插件与主系统的有效交互，MCP 定义了标准的通信协议和数据格式。插件通过预定义的接口与主系统交换数据，主系统也可以通过这些接口调用插件提供的功能。这种双向通信机制确保了插件与主系统的紧密协作，同时保持了系统的整体性和一致性。

6. 安全性与权限控制

在引入插件机制时，安全性是一个不可忽视的问题。MCP 通过权限控制、沙箱机制等手段，限制插件对系统关键资源的访问，防止恶意插件对系统造成破坏。此外，MCP 还支持对插件进行数字签名和验证，确保插件的来源可信。

7. 插件化开发的优势

通过引入插件化开发接口标准，MCP 框架具备了以下优势。

（1）扩展性强：开发者可以根据业务需求，快速开发和集成新的插件，扩展系统功能。

（2）维护成本低：插件的独立性使系统的维护和升级更加便捷，降低了维护成本。

（3）社区协作：插件机制鼓励社区开发者贡献插件，形成良性的生态系统，推动系统的持续发展。

插件化开发接口标准在 MCP 框架中的应用，为系统的灵活性、扩展性和安全性提供了有力支持。通过规范的接口定义、严格的生命周期管理和有效的安全机制，MCP 实现了插件与主系统的高效协作，满足了复杂多变的业务需求。

7.4 与外部系统的接口集成

MCP 在多模态智能体与任务型大模型系统中的核心能力，体现在其对外部系统接口的高效集成与上下文一致性保障机制上。接口集成不仅关涉工具层面的输入/输出适配，还涉及协议桥接、上下文状态管理、双向绑定与异步调用等关键工程要素。本节将系统阐述 MCP 如何通过标准化封装实现与 RESTful API、Webhook 服务、数据库系统、消息队列及微服务架构的协同交互，构建统一的数据流与语义接口层，为多源异构资源注入模型推理过程提供可复用、可追踪、可演进的工程路径。

7.4.1 RESTful API与Webhook集成

RESTful API 是基于 HTTP 的应用接口设计的，其核心思想在于通过统一资源标识符将资源抽象为可操作对象，并利用标准化的 HTTP 方法实现资源的增删改查，确保系统间交互具有良好的一致性与可扩展性。该模式具有无状态、可缓存、层次化和统一接口等特点，能够降低系统复杂度，同时便于分布式环境中各模块间的协作，适用于大规模、多终端环境下的数据交互。

1. Webhook机制概述

Webhook 是一种事件驱动的通知机制，当特定事件发生时，系统主动向预定义的 URL 发送 HTTP POST 请求，将事件数据以结构化格式传递给接收方，实现实时的数据同步和状态更新。Webhook 机制无须客户端频繁轮询，能减少网络开销并提高响应时效，其核心在于定义事件触发条件、回调 URL 和数据格式标准，从而确保信息传递的准确性与安全性。通过 Webhook，系统能够及时捕捉并响应业务变化，支持自动化任务触发和跨系统协同。

2. RESTful API与Webhook的集成模式

在 MCP 框架中，RESTful API 与 Webhook 通常协同工作，形成一套完整的系统间交互方案。RESTful API 为外部系统提供稳定的调用接口，支持查询、更新和删除等操作；Webhook 则用于在关键业务事件发生时，主动推送通知给其他系统，实现实时联动。例如，在电子邮件缓存系统中，当邮件存入或更新时，服务端通过 Webhook 向监控系统发送通知，同时提供 RESTful API 供客户端查询邮件状态，实现数据同步和及时预警。

3. 集成优势与实现策略

RESTful API 与 Webhook 的集成具有多重优势：其一，标准化接口确保各系统之间的互操作性，便于跨平台调用；其二，事件驱动机制降低了系统资源消耗，提高了实时性；其三，灵活的配置和扩展支持使系统能够根据业务需求动态调整接口和通知策略。在实现过程中，可将 Webhook 与 API 调用进行解耦设计，通过统一的数据格式（如 JSON）传递信息，同时采用身份验证、访问控制和安全日志记录，确保数据传输过程的安全和完整。不同模块之间可通过微服务架构部署，各自独立运作并通过 RESTful API 和 Webhook 实现无缝衔接，构建面向大模型和智能系统的高可靠性整体解决方案。

以演唱会门票预订系统为例，RESTful API 用于查询票务信息、下单及取消订单，而 Webhook 在订单状态变更、支付成功或库存更新时主动推送通知给相关服务，实现数据同步和实时监控，从而使系统具备高效的响应能力和错误恢复机制，确保用户体验和业务连续性。

总的来说，RESTful API 与 Webhook 的集成在 MCP 系统中形成了一套标准、灵活、实时和安全的跨系统交互机制，为大规模分布式系统提供了可靠的接口保障和事件驱动能力，成为构建现代智能业务平台的重要基础。

7.4.2 与数据库、消息队列等的上下文桥接

在 MCP 架构中，上下文桥接旨在将分布式环境中不同系统的数据和消息，通过统一的语义接口接入 LLM 的交互流程，形成一个无缝对接的整体解决方案。数据库、消息队列等异构系统各自存储和传递业务数据、事件通知或状态信息，而 MCP 通过构建标准化的上下文注入机制，将这些外部信息以 Slot 或资源的形式集成到模型交互中，从而使大模型能够实时获取和利用外部数据进行推理和决策。

数据库作为结构化数据存储系统，在业务中通常承担持久化记录和状态查询的任务，MCP 通过定义资源接口，将数据库中的数据抽象为统一的上下文 Slot。这样，无论是订单信息、库存数据，还是用户档案，都能通过 RESTful API 或直接查询接口转换为结构化输入传递给模型，实现数据驱动的决策支持。消息队列在异步通信和事件流处理方面发挥着重要作用，MCP 通过 Webhook 或内建的消息传输模块，将消息队列中的实时事件、任务状态等动态数据注入上下文，从而驱动模型产生基于最新事件的响应。上下文桥接不仅支持数据的单次查询，也支持持续数据流的动态更新，通过轮询或事件驱动方式，保持上下文信息与外部系统数据的时效性和一致性。

为实现这一目标，MCP 需要定义统一的接口标准，对数据库查询结果和消息队列事件进行格式化处理，确保输出数据满足模型输入要求。同时，系统设计中需关注数据一致性、并发访问和安全性问题，采用事务、版本控制和权限校验等机制保障数据正确传递。上下文桥接机制使 LLM 不仅能基于静态知识回答问题，还能在动态业务场景中实时响应外部系统变化，为复杂业务提供智能化支持。

通过这种架构，系统能在不同数据源之间建立稳定的数据通道，实现模型、数据库与消息系统间的高效协同，构建一个统一且开放的智能交互平台，为业务创新提供

坚实的数据支持和实时决策依据。

7.4.3 基于业务服务/微服务系统的具体实现

在较为复杂的业务场景中，MCP 与外部服务或微服务的高效衔接是确保系统整体顺畅运行的关键。此衔接通常依赖 RESTful API 与 Webhook 机制，以及上下文桥接模式，从而在多个服务之间实现数据的快速传递与事件的实时响应。通过将不同的业务逻辑拆分为若干微服务，比如订单管理、支付中心、通知中心等，再通过 MCP 将 LLM 的强大语义处理能力整合进来，系统即可兼具可扩展性与高度智能化。

微服务系统对外暴露 API 并在内部使用消息队列或 Webhook 进行事件流转，MCP 则使用标准化的 Slot 或资源接口封装外部数据，为模型提供统一且实时的上下文支持。此模式在业务快速迭代、需求多变的环境中尤其适用，因其具备良好的可维护性、可横向扩展性和高容错性。若某微服务出现故障或需升级，只需单独重启或扩容该服务，而不影响整个系统的模型协同能力。

MCP 在这种环境下主要扮演"语义中枢"角色，通过 ToolCall 机制让模型执行外部逻辑，如生成订单、验证库存或推送消息等。

【例7-5】演示一个美食配送场景中，多个微服务（订单服务、配送服务、通知服务）如何通过 MCP 进行整合，并通过 RESTful API 与 Webhook 在内部或外部系统间进行数据交互与事件通知。示例包含服务端逻辑、多工具定义以及模拟客户端的调用流程，输出结果以 plaintext 形式展示执行情况。

本示例演示如何基于 MCP 框架，将业务服务/微服务系统与外部 LLM 应用结合，场景为食配送业务，具体业务需求如下。

（1）订单服务（OrderService）。

（2）配送服务（DeliveryService）。

（3）通知服务（NotifyService）。

（4）MCP 服务端整合多个微服务，允许模型进行多步操作。

（5）客户端模拟调用 ToolCall 进行下单、查询配送、Webhook 事件触发等。

```
import os
```

```python
import time
import json
import random
import asyncio
from typing import Dict, Any, List

import mcp
from mcp.server import FastMCP
from mcp.client.stdio import stdio_client
from mcp import ClientSession, StdioServerParameters

# 模拟多个微服务的内部数据
ORDER_DB: Dict[str, Dict[str, Any]] = {}
DELIVERY_DB: Dict[str, Dict[str, Any]] = {}
NOTIFICATION_EVENTS: List[Dict[str, Any]] = []

# 用于模拟Webhook事件推送
WEBHOOK_SUBSCRIBERS: List[str] = []

############## 微服务函数 ##############

def place_order(user_id: str, food_item: str, address: str) -> Dict[str, Any]:
    """
    订单服务 (OrderService)：下单逻辑
    - 创建订单并存储在 ORDER_DB
    - 返回订单 ID、状态等
    """
    order_id = f"ORD-{random.randint(1000,9999)}"
    ORDER_DB[order_id] = {
        "order_id": order_id,
        "user_id": user_id,
        "food_item": food_item,
        "address": address,
        "status": "CREATED",
        "created_at": time.strftime("%Y-%m-%d %H:%M:%S")
    }
    return ORDER_DB[order_id]
```

```python
def dispatch_delivery(order_id: str) -> Dict[str, Any]:
    """
    配送服务 (DeliveryService): 分配骑手并启动配送
    - 若订单存在且状态正确, 则创建配送记录
    - 返回配送信息
    """
    if order_id not in ORDER_DB:
        return {"error": f"Order {order_id} not found"}
    if ORDER_DB[order_id]["status"] != "CREATED":
        return {"error": f"Order {order_id} status invalid for delivery"}
    ORDER_DB[order_id]["status"] = "DISPATCHING"
    delivery_id = f"DLV-{random.randint(1000,9999)}"
    DELIVERY_DB[delivery_id] = {
        "delivery_id": delivery_id,
        "order_id": order_id,
        "rider": f"Rider-{random.randint(100,999)}",
        "status": "ON_ROAD",
        "start_time": time.strftime("%Y-%m-%d %H:%M:%S")
    }
    return DELIVERY_DB[delivery_id]


def check_delivery(delivery_id: str) -> Dict[str, Any]:
    """
    配送服务 (DeliveryService): 查询配送状态
    """
    if delivery_id not in DELIVERY_DB:
        return {"error": "delivery_not_found"}
    return DELIVERY_DB[delivery_id]


def notify_event(event_type: str, data: Dict[str, Any]) -> bool:
    """
    通知服务 (NotifyService): 模拟 Webhook 事件推送
    - 订阅者列表在 WEBHOOK_SUBSCRIBERS 中
    - 事件发生时, 将事件记录添加到 NOTIFICATION_EVENTS 中
    - 不实际向外发送 HTTP 请求, 仅记录发生的事件
    """
    event_record = {
        "type": event_type,
```

```python
            "timestamp": time.strftime("%Y-%m-%d %H:%M:%S"),
            "data": data
        }
    NOTIFICATION_EVENTS.append(event_record)
    # 模拟向所有 Webhook 订阅者发送事件
    # In real scenario, we'd do HTTP POST to each subscriber
    return True


############## MCP 服务端定义 ##############

app = FastMCP("food-delivery-server")

@app.tool()
def tool_subscribe_webhook(url: str) -> Dict[str, Any]:
    """
    工具：订阅 Webhook 事件
    - 将 url 加入 WEBHOOK_SUBSCRIBERS 列表，后续事件发生时可执行 POST 操作
    - 当前示例仅模拟记录
    """
    WEBHOOK_SUBSCRIBERS.append(url)
    return {"message": f"Subscribed {url} to Webhook events."}


@app.tool()
def tool_place_order(user_id: str, food_item: str, address: str) -> Dict[str, Any]:
    """
    工具：调用订单服务 (OrderService) 创建新订单，触发通知事件
    """
    order_info = place_order(user_id, food_item, address)
    if "order_id" in order_info:
        # 触发通知事件
        notify_event("ORDER_CREATED", order_info)
    return {"order_info": order_info}


@app.tool()
def tool_dispatch_delivery(order_id: str) -> Dict[str, Any]:
    """
    工具：调用配送服务 (DeliveryService) 分配骑手进行配送
```

```python
        delivery_info = dispatch_delivery(order_id)
        if "delivery_id" in delivery_info:
            notify_event("DELIVERY_STARTED", delivery_info)
        return {"delivery_info": delivery_info}

@app.tool()
def tool_check_delivery(delivery_id: str) -> Dict[str, Any]:
    """
    工具：调用配送服务查询配送状态
    """
    info = check_delivery(delivery_id)
    return {"delivery_status": info}

@app.tool()
def tool_list_events() -> Dict[str, Any]:
    """
    工具：查看所有已记录的通知事件(Webhook 事件)
    """
    return {"notification_events": NOTIFICATION_EVENTS}
############### 模拟客户端 ###############
async def run_server():
    print("=== MCP 服务端 (food-delivery-server) 即将启动... ===")
    app.run(transport="stdio")
async def run_client():
    # 等待服务端就绪
    print("=== 客户端等待 5 秒后启动... ===")
    await asyncio.sleep(5)
    server_params = StdioServerParameters(
        command="python",
        args=[os.path.abspath(__file__)],
    )
    async with stdio_client(server_params) as (read, write):
        async with ClientSession(read, write) as session:
            print("[Client] 初始化客户端...")
            await session.initialize()
            print("[Client] 开始调用工具...")
```

```python
        # 订阅 Webhook
        sub_res = await session.call_tool("tool_subscribe_webhook", {
            "url": "http://example.com/webhook"
        })
        print("[Client] 订阅 Webhook 返回：", sub_res)

        # 下单
        order_res = await session.call_tool("tool_place_order", {
            "user_id": "USER_123",
            "food_item": "Pizza Pepperoni",
            "address": "1234 Elm Street"
        })
        print("[Client] 下单返回：", order_res)

        # 尝试进行配送
        if "order_info" in order_res and "order_id" in order_res["order_info"]:
            the_order_id = order_res["order_info"]["order_id"]
            dispatch_res = await session.call_tool("tool_dispatch_delivery", {
                "order_id": the_order_id
            })
            print("[Client] 分配配送返回：", dispatch_res)

            # 查询配送状态
            if "delivery_info" in dispatch_res and "delivery_id" in dispatch_res["delivery_info"]:
                the_dlv_id = dispatch_res["delivery_info"]["delivery_id"]
                check_res = await session.call_tool("tool_check_delivery", {
                    "delivery_id": the_dlv_id
                })
                print("[Client] 查询配送返回：", check_res)

        # 查看当前所有通知事件
        ev_res = await session.call_tool("tool_list_events", {})
        print("[Client] 查询通知事件：", ev_res)


async def main():
```

```python
        server_task = asyncio.create_task(run_server())
        client_task = asyncio.create_task(run_client())
        await asyncio.gather(server_task, client_task)

if __name__ == "__main__":
    asyncio.run(main())
```

输出结果：

```
=== MCP 服务端 (food-delivery-server) 即将启动... ===
=== 客户端等待 5 秒后启动... ===
[Client] 初始化客户端...
[Client] 开始调用工具...
[Client] 订阅 Webhook 返回：{'message': 'Subscribed http://example.com/webhook to Webhook events.'}
[Client] 下单返回：{'order_info': {'order_id': 'ORD-8271', 'user_id': 'USER_123', 'food_item': 'Pizza Pepperoni', 'address': '1234 Elm Street', 'status': 'CREATED', 'created_at': '2025-06-20 10:35:22'}}
[Client] 分配配送返回：{'delivery_info': {'delivery_id': 'DLV-6242', 'order_id': 'ORD-8271', 'rider': 'Rider-584', 'status': 'ON_ROAD', 'start_time': '2025-06-20 10:35:22'}}
[Client] 查询配送返回：{'delivery_status': {'delivery_id': 'DLV-6242', 'order_id': 'ORD-8271', 'rider': 'Rider-584', 'status': 'ON_ROAD', 'start_time': '2025-06-20 10:35:22'}}
[Client] 查询通知事件：{'notification_events': [{'type': 'ORDER_CREATED', 'timestamp': '2025-06-20 10:35:22', 'data': {'order_id': 'ORD-8271', 'user_id': 'USER_123', 'food_item': 'Pizza Pepperoni', 'address': '1234 Elm Street', 'status': 'CREATED', 'created_at': '2025-06-20 10:35:22'}}, {'type': 'DELIVERY_STARTED', 'timestamp': '2025-06-20 10:35:22', 'data': {'delivery_id': 'DLV-6242', 'order_id': 'ORD-8271', 'rider': 'Rider-584', 'status': 'ON_ROAD', 'start_time': '2025-06-20 10:35:22'}}]}
```

要点分析如下。

（1）该示例通过 MCP 定义了多个工具函数来模拟外部微服务的业务逻辑，包括下单、分配配送与通知事件推送等，其中通知事件以 Webhook 概念模拟，并记录在 NOTIFICATION_EVENTS 列表中。

（2）服务端使用 app.run(transport="stdio") 方式启动，客户端通过 stdio_client 连接后，以 ToolCall 形式调用各工具接口，并打印封装后的响应数据。

（3）实例强调微服务协同下的业务流：先下单（OrderService），再调度配送

（DeliveryService），同时利用 Webhook 通知（NotifyService）记录事件，最终可查询事件历史。

（4）该模式可扩展为更复杂的分布式系统：订单中心、支付中心、库存中心等均可通过 MCP 封装为工具，并借助 RESTful API 或 Webhook 互相沟通，最终对接 LLM，实现无缝的智能化业务流程。

由此可见，MCP 在微服务环境下支持多模块间的松耦合，并通过 Tool 机制与上下文注入，让 LLM 与微服务的交互成为一种标准化、可扩展且便于维护的模式，对于复杂业务尤为适用。

7.5 本章小结

本章系统阐述了 MCP 中工具（Tool）机制的核心设计与工程实现，涵盖工具接口语义定义、参数绑定规则、上下文注入机制及模块复用策略，并进一步探讨了插件化开发接口标准以及与外部系统的多样化集成方式。通过对 RESTful API、Webhook、数据库、消息队列与微服务等上下游系统的桥接方法剖析，展示了 MCP 在多系统融合场景下的灵活性与可扩展性，为构建智能化、分布式的业务交互平台提供了坚实的工具基础与实践指南。

第8章

MCP驱动的智能体系统开发

　　本章聚焦基于MCP构建的智能体（Agent）系统开发机制，深入探讨多智能体系统架构下的上下文管理策略、任务编排模型与消息交互机制。在大模型驱动的语义计算背景下，智能体系统不仅承担复杂任务的规划执行，还通过MCP的Slot机制与工具调用能力，实现能力动态装配与行为链协同。通过分析Per-Agent上下文隔离、状态驱动行为调度、跨智能体协作模式等核心设计理念，本章旨在揭示如何借助MCP构建具备高自治性与语义响应能力的智能体体系结构。

8.1 智能体的基本架构

本节将系统梳理基于 MCP 构建智能体系统所需的基础架构模型，围绕多智能体系统（Multi-Agent System，MAS）的组件划分、职责分工、上下文作用域与状态调度机制展开论述。在大模型语义驱动与工具能力复用的双重支持下，智能体不仅具备任务感知与行为响应能力，更依托 MCP 实现对上下文状态的持续建模与协同更新。通过解析智能体之间的组织方式、通信机制与运行边界，本节为构建具备结构清晰、职责明确、协同高效的智能体系统提供技术指导与模型基础。

8.1.1 MAS

MAS 是一类由多个自治智能体组成的分布式系统架构，各智能体可在共享环境中感知、推理、协作或竞争，以完成复杂任务或达成集体目标。在大模型语义驱动体系下，MAS 不再局限于传统规则式智能体的能力封装，而是依赖 LLM 赋予的知识推理、任务规划与自然语言交互能力，重塑智能体之间的认知边界与系统能力协同模式。MCP 正是在此背景下提供了统一的上下文通信、语义桥接与资源组织机制，使多智能体系统不仅具备扩展性，还可实现跨语言模型间的任务协同与上下文一致性控制。

1. 智能体的组成与行为模型

在 MAS 中，每个智能体被视为一个具备自主感知、状态管理、决策能力的执行体。其结构通常包含感知模块、内部状态模型、计划生成器、执行器以及与环境交互的接口。基于 MCP 的智能体构型中，感知模块通过 Slot 机制接收结构化上下文，内部状态则通过 State Slot 或缓存资源进行动态更新。计划生成器通常通过调用 LLM 完成行为意图的推理，计划转化为 Tool 调用链或智能体之间的协作请求。执行器模块通过 MCP 定义的调用路径对 Tool 进行调用，或向其他智能体发布任务，形成一套完整的任务响应与控制流程。

2. 多智能体之间的关系类型

MAS 中的智能体关系并不单一，既可能为协作关系，也可能体现竞争、依赖或调度优先级。协作智能体之间需要共享部分上下文信息，依赖 MCP 的共享 Slot 机制与权限控制策略，实现信息精细化暴露。竞争关系的智能体通常围绕有限资源展开调度与抢占，需通过状态同步 Slot 或调度中心机制实现冲突规避与资源分配。对于主从结构的智能体体系，MCP 可支持集中调度与分布式执行的混合架构，通过 Root Context 指定智能体作用域及执行链条。

3. 异构智能体的语义边界与封装

在实践中，MAS 系统常常包含能力异构的智能体，例如面向结构化数据分析的智能体、控制执行的流程智能体、基于自然语言交互的对话智能体等。这些智能体在语义结构与操作接口上差异显著。MCP 通过统一的资源抽象与能力描述机制，支持以 Tool 声明、Slot 注入方式构建异构智能体的接口封装，并通过 Context 绑定实现数据与指令的语义归一，确保智能体间调用具有可解释性与结构一致性。智能体能力的定义可以通过插件式注入方式完成，基于协议注册后由调度器动态调配调用。

4. 组织结构与任务分工机制

MAS 支持多种组织结构，包括扁平式、层级式与群体自组织等。扁平结构适用于小规模智能体协同，层级结构适用于具有控制中心或主智能体的调度模型，而自组织结构则适用于大规模智能体网络中的弹性扩展场景。MCP 在此基础上提供任务 Slot 的级联配置与子智能体生命周期管理功能，使任务可沿层级结构下发执行，并可由子智能体向上反馈状态，构成链式任务执行与状态闭环。在实际任务分工中，智能体根据自身能力描述与上下文状态选择性响应任务，通过能力协商机制进行负载均衡与资源动态绑定。

5. 与大模型的接口融合机制

MAS 的关键能力在于结合大模型实现高级语义理解与复杂任务推理。每个智能体可通过 Tool 调用将大模型服务能力引入自身行为模型，通过 MCP 上下文机制向大模型提供任务语境、历史状态与目标约束，并基于模型生成的响应进行动作决策。多个智能体间共享语言模型资源时，需通过 Session 路由机制或 MCP 能力代理完成模型调用路径的隔离与调度，避免上下文污染与资源竞争，从而保障系统运行的稳定性与响应一致性。

总的来说，多智能体系统模型为构建分布式、自治化、高语义表达能力的智能系统提供了理论与工程支撑。MCP 作为中间语义协议与执行框架，成功桥接了大模型能力与智能体行为逻辑之间的鸿沟，提供了统一的数据抽象、上下文传递与 Tool 接口机制，使智能体不仅可在孤立环境中完成复杂任务，也可在集群中与其他智能体协同完成系统级语义目标。通过 MAS 结构与 MCP 的深度融合，智能体系统的表达能力、执行效率与协同深度得到显著提升。

8.1.2 智能体的职责分工与上下文边界

在 MAS 中，明确各 Agent 的职责分工与上下文边界对于确保系统的高效协作与稳定运行至关重要。MCP 为智能体间的通信与协作提供了标准化的接口和协议，使智能体能够在清晰的职责划分和上下文管理下，实现复杂任务的协同处理。

1. 智能体的职责分工

在 MAS 中，每个智能体通常被设计为具备特定功能和目标的自主实体。根据其功能和在系统中的角色，智能体的职责可以大致分为以下几类。

（1）感知智能体：负责从环境中收集信息，进行数据预处理，并将有意义的数据传递给其他智能体或系统组件。

（2）决策智能体：基于接收到的信息和预设的规则或模型，进行推理和决策，制订行动计划。

（3）执行智能体：根据决策智能体制订的计划，执行具体的操作或任务，与环境进行交互。

（4）协调智能体：在多智能体协同工作时，负责协调各智能体的行为，解决冲突，确保整体目标的实现。

通过明确上述职责分工，可以避免功能重叠和资源浪费，提高系统的整体效率。

2. 上下文边界的定义

上下文边界是指限定智能体在执行任务时所能访问和影响的信息范围。在 MAS 中，合理定义上下文边界的好处如下。

（1）信息隔离：防止敏感信息在不相关的智能体间传播，确保数据安全。

（2）降低耦合度：使智能体之间的依赖关系最小化，增强系统的模块化和可维护性。

（3）提高效率：限制智能体处理的信息范围，减少不必要的数据处理和传输。

MCP 通过定义标准的通信协议和数据格式，支持智能体间上下文信息的有效交换和边界管理。

3. MCP在职责分工与上下文边界管理中的应用

MCP 为 MAS 中的智能体提供了标准化的接口和协议，支持以下功能。

（1）能力协商：通过 MCP，智能体可以在通信开始时确定彼此支持的功能和协议版本，明确各自的职责和能力范围。

（2）上下文信息交换：MCP 促进了智能体与外部系统之间上下文信息的双向交换，使智能体能够在需要时动态地获取相关信息和执行操作。

（3）错误处理和日志记录：MCP 定义了错误报告和日志记录机制，帮助智能体在协作过程中及时发现和解决问题，确保系统的稳定运行。

通过 MCP 的应用，MAS 中的智能体能够在明确的职责分工和上下文边界下，高效协作，完成复杂任务。

在 MAS 中，明确智能体的职责分工和上下文边界对于系统的高效协作和稳定运行至关重要。MCP 为智能体间的通信和协作提供了标准化的接口和协议，支持能力协商、上下文信息交换和错误处理等功能，帮助智能体在清晰的职责和边界下，实现复杂任务的协同处理。

8.1.3 智能体状态管理与调度

在 MAS 中，每个智能体通常都有自身独立的内部状态，这些状态包括当前的执行阶段、所持有的资源信息、上下文 Slot 以及对其他智能体或系统的依赖关系等。能否合理地维护与调度这些状态，直接决定了系统对外部动态变化和内部任务协同的应对效率。MCP 透过统一的上下文注入与数据传输机制，使智能体的状态变更能够以结构化方式实时共享或隔离，从而为 MAS 提供可管理且可扩展的智能体状态模型。

1. 状态管理的关键要素

（1）状态记录：智能体状态通常涵盖任务 ID、执行进度、错误日志以及上下文 Slot 信息，合理的记录形式通常是字典或数据库实体。

（2）同步与并发：在多智能体并发环境中，同步或异步方式对状态进行安全读写至关重要，必须设计恰当的锁或版本检测机制。

（3）可视化与日志：借助状态日志与调试界面，可以对智能体的进度、上下文、错误进行溯源与分析，为系统的故障排查与性能评估提供便利。

2. 调度机制的核心内容

（1）触发式调度：当智能体完成某任务或收到外部事件时，系统可主动调度后续步骤或其他智能体执行，借助 MCP 的 ToolCall 或 Webhook 实现事件驱动与步骤衔接。

（2）轮询式调度：定时或轮询检查智能体状态，以确定是否满足前置条件或资源就绪，然后触发下一阶段任务。

（3）调度策略：在多智能体环境下，可采用优先级调度、负载均衡或基于能力的调度策略，透过上下文 Slot 声明各智能体能力与负载情况，进行合理分配。

依托 MCP 标准化上下文与通信协议，智能体可通过 Slot 对状态进行精细化记录与分享，也可透过 Tool 定义来调用外部资源或触发内部事件。状态调度逻辑可写在 MCP 服务端工具函数里，或由独立调度器根据智能体状态轮询进行决策，通过 ToolCall 或 Webhook 指令下发，从而形成统一的多智能体状态管理闭环。

【例 8-1】使用 MCP 实现工业生产场景下的多智能体系统，每个智能体负责产品制造的不同环节：原料处理、生产组装、质检验收等，并在状态管理与任务调度中演示如何将智能体状态保存在 MCP 服务端，并通过客户端进行多步调度调用，充分展示智能体状态与调度的全流程逻辑。

演示多智能体在工业生产场景下的状态管理与调度逻辑，利用 MCP 搭建服务端的智能体管理与 Tool 调用，并在客户端进行多步调用，以展示智能体状态与任务执行流程。

智能体职责是，raw_material_agent：处理原料并更新状态；assembly_agent：进行生产组装；quality_agent：进行质检验收；shipping_agent：负责打包及发货。

调度方式：以 MCP 服务端托管的工具函数记录与更新 Agent 状态，客户端通过调用这些工具函数，实现智能体状态调度，在每个阶段成功后进入下一阶段，或在失败时记录错误。代码如下：

```
import os
import time
import json
import random
```

```python
import asyncio
from typing import Dict, Any

import mcp
from mcp.server import FastMCP
from mcp.client.stdio import stdio_client
from mcp import ClientSession, StdioServerParameters

# 全局数据结构,模拟智能体状态存储
AGENT_STATE_DB: Dict[str, Dict[str, Any]] = {
    "raw_material_agent": {
        "agent": "raw_material_agent",
        "status": "idle",
        "task_id": None,
        "last_update": None
    },
    "assembly_agent": {
        "agent": "assembly_agent",
        "status": "idle",
        "task_id": None,
        "last_update": None
    },
    "quality_agent": {
        "agent": "quality_agent",
        "status": "idle",
        "task_id": None,
        "last_update": None
    },
    "shipping_agent": {
        "agent": "shipping_agent",
        "status": "idle",
        "task_id": None,
        "last_update": None
    }
}

# 模拟已存在的订单或任务
TASK_DB: Dict[str, Dict[str, Any]] = {}
```

```python
app = FastMCP("factory-agent-server")

def _update_agent_state(agent_id: str, status: str, task_id: str):
    """
    内部辅助函数，用于更新 AGENT_STATE_DB
    """
    if agent_id not in AGENT_STATE_DB:
        raise ValueError(f"Invalid agent_id={agent_id}")
    AGENT_STATE_DB[agent_id]["status"] = status
    AGENT_STATE_DB[agent_id]["task_id"] = task_id
    AGENT_STATE_DB[agent_id]["last_update"] = time.strftime("%Y-%m-%d %H:%M:%S")

@app.tool()
def tool_create_task(order_id: str) -> Dict[str, Any]:
    """
    工具函数：创建一项生产任务，并分配给 raw_material_agent 进入原料处理阶段
    """
    if order_id in TASK_DB:
        return {"error": f"Task for order {order_id} already exists"}
    task_id = f"TASK-{random.randint(1000,9999)}"
    TASK_DB[order_id] = {
        "task_id": task_id,
        "order_id": order_id,
        "stage": "RAW_MATERIAL",
        "progress": "pending",
        "log": []
    }
    # 分配给 raw_material_agent
    _update_agent_state("raw_material_agent", "busy", task_id)
    TASK_DB[order_id]["log"].append(f"{time.strftime('%H:%M:%S')} - raw_material_agent assigned.")
    return {"task_id": task_id, "order_id": order_id, "stage": "RAW_MATERIAL"}

@app.tool()
def tool_update_raw_material(order_id: str) -> Dict[str, Any]:
    """
    工具函数：模拟原料处理完成，将 raw_material_agent 置为 idle，并将任务推进到 assembly_
```

```python
    agent
    """
    if order_id not in TASK_DB:
        return {"error": "No such task"}
    if TASK_DB[order_id]["stage"] != "RAW_MATERIAL":
        return {"error": f"Task stage mismatch, current={TASK_DB[order_id]['stage']}"}
    # 更新 raw_material_agent 状态
    _update_agent_state("raw_material_agent", "idle", None)
    # 分配给 assembly_agent
    _update_agent_state("assembly_agent", "busy", TASK_DB[order_id]["task_id"])
    TASK_DB[order_id]["stage"] = "ASSEMBLY"
    TASK_DB[order_id]["log"].append(f"{time.strftime('%H:%M:%S')} - raw_material_agent done, assembly_agent assigned.")
    return {"order_id": order_id, "new_stage": "ASSEMBLY"}


@app.tool()
def tool_assembly_done(order_id: str) -> Dict[str, Any]:
    """
    工具函数：模拟组装完成，将 assembly_agent 置为 idle，并将任务推进到 quality_agent
    """
    if order_id not in TASK_DB:
        return {"error": "No such task"}
    if TASK_DB[order_id]["stage"] != "ASSEMBLY":
        return {"error": f"Task stage mismatch, current={TASK_DB[order_id]['stage']}"}
    _update_agent_state("assembly_agent", "idle", None)
    _update_agent_state("quality_agent", "busy", TASK_DB[order_id]["task_id"])
    TASK_DB[order_id]["stage"] = "QUALITY"
    TASK_DB[order_id]["log"].append(f"{time.strftime('%H:%M:%S')} - assembly_agent done, quality_agent assigned.")
    return {"order_id": order_id, "new_stage": "QUALITY"}


@app.tool()
def tool_quality_check(order_id: str, pass_check: bool) -> Dict[str, Any]:
    """
    工具函数：模拟质检操作，质检通过则转给 shipping_agent 进行发货，不通过则返回错误
    """
    if order_id not in TASK_DB:
```

```python
        return {"error": "No such task"}
    if TASK_DB[order_id]["stage"] != "QUALITY":
        return {"error": f"Task stage mismatch, current={TASK_DB[order_id]['stage']}"}
    _update_agent_state("quality_agent", "idle", None)
    if not pass_check:
        TASK_DB[order_id]["progress"] = "failed"
        TASK_DB[order_id]["log"].append(f"{time.strftime('%H:%M:%S')} - quality_agent failed check.")
        return {"order_id": order_id, "error": "Quality check failed"}
    _update_agent_state("shipping_agent", "busy", TASK_DB[order_id]["task_id"])
    TASK_DB[order_id]["stage"] = "SHIPPING"
    TASK_DB[order_id]["log"].append(f"{time.strftime('%H:%M:%S')} - quality_agent done, shipping_agent assigned.")
    return {"order_id": order_id, "new_stage": "SHIPPING"}


@app.tool()
def tool_ship_order(order_id: str) -> Dict[str, Any]:
    """
    工具函数：模拟发货流程，将shipping_agent置为idle，将任务标记为completed
    """
    if order_id not in TASK_DB:
        return {"error": "No such task"}
    if TASK_DB[order_id]["stage"] != "SHIPPING":
        return {"error": f"Task stage mismatch, current={TASK_DB[order_id]['stage']}"}
    _update_agent_state("shipping_agent", "idle", None)
    TASK_DB[order_id]["progress"] = "completed"
    TASK_DB[order_id]["log"].append(f"{time.strftime('%H:%M:%S')} - shipping_agent finished shipping.")
    return {"order_id": order_id, "status": "completed"}


@app.tool()
def tool_check_agent_state(agent_id: str) -> Dict[str, Any]:
    """
    工具函数：查询指定agent的当前状态
    """
    if agent_id not in AGENT_STATE_DB:
        return {"error": "agent_not_found"}
```

```python
        return AGENT_STATE_DB[agent_id]

@app.tool()
def tool_check_task(order_id: str) -> Dict[str, Any]:
    """
    工具函数：查询当前订单的任务状态
    """
    if order_id not in TASK_DB:
        return {"error": "task_not_found"}
    return TASK_DB[order_id]

############# MCP 服务端与客户端演示 #############

async def run_server():
    print("=== MCP 服务端 (factory-agent-server) 启动... ===")
    app.run(transport="stdio")

async def run_client():
    print("=== 客户端等待 3 秒后再连接... ===")
    await asyncio.sleep(3)
    server_params = StdioServerParameters(
        command="python",
        args=[os.path.abspath(__file__)]
    )
    async with stdio_client(server_params) as (read, write):
        async with ClientSession(read, write) as session:
            print("[Client] 初始化客户端完成...")
            await session.initialize()

            # Step1: 创建 Task
            order_id = "ORDER-ABC123"
            create_res = await session.call_tool("tool_create_task", {
                "order_id": order_id
            })
            print("[Client] 创建任务结果:", create_res)

            # Step2: 原料处理完成
            raw_res = await session.call_tool("tool_update_raw_material", {
```

```python
            "order_id": order_id
        })
        print("[Client] 原料处理结果:", raw_res)

        # Step3: 组装完成
        asm_res = await session.call_tool("tool_assembly_done", {
            "order_id": order_id
        })
        print("[Client] 组装结果:", asm_res)

        # Step4: 质检
        qlty_res = await session.call_tool("tool_quality_check", {
            "order_id": order_id,
            "pass_check": True
        })
        print("[Client] 质检结果:", qlty_res)

        # Step5: 发货
        ship_res = await session.call_tool("tool_ship_order", {
            "order_id": order_id
        })
        print("[Client] 发货结果:", ship_res)

        # Step6: 查询某个 Agent 的状态
        state_res = await session.call_tool("tool_check_agent_state", {
            "agent_id": "shipping_agent"
        })
        print("[Client] 查询 shipping_agent 状态:", state_res)

        # Step7: 最终查看订单任务状态
        task_res = await session.call_tool("tool_check_task", {
            "order_id": order_id
        })
        print("[Client] 订单任务完整状态:", task_res)

async def main():
    server_task = asyncio.create_task(run_server())
    client_task = asyncio.create_task(run_client())
```

```
        await asyncio.gather(server_task, client_task)

if __name__ == "__main__":
    asyncio.run(main())
```

运行结果如下:

```
=== MCP 服务端 (factory-agent-server) 启动 ... ===
=== 客户端等待 3 秒后再连接 ... ===
[Client] 初始化客户端完成 ...
[Client] 创建任务结果: {'task_id': 'TASK-4328', 'order_id': 'ORDER-ABC123', 'stage': 'RAW_MATERIAL'}
[Client] 原料处理结果: {'order_id': 'ORDER-ABC123', 'new_stage': 'ASSEMBLY'}
[Client] 组装结果: {'order_id': 'ORDER-ABC123', 'new_stage': 'QUALITY'}
[Client] 质检结果: {'order_id': 'ORDER-ABC123', 'new_stage': 'SHIPPING'}
[Client] 发货结果: {'order_id': 'ORDER-ABC123', 'status': 'completed'}
[Client] 查询 shipping_agent 状态: {'agent': 'shipping_agent', 'status': 'idle', 'task_id': None, 'last_update': '2024-07-15 10:35:02'}
[Client] 订单任务完整状态: {'task_id': 'TASK-4328', 'order_id': 'ORDER-ABC123', 'stage': 'SHIPPING', 'progress': 'completed', 'log': ['10:34:59 - raw_material_agent assigned.', '10:35:00 - raw_material_agent done, assembly_agent assigned.', '10:35:00 - assembly_agent done, quality_agent assigned.', '10:35:01 - quality_agent done, shipping_agent assigned.', '10:35:02 - shipping_agent finished shipping.']}
```

关于以上示例代码，说明如下。

（1）智能体状态管理：通过 AGENT_STATE_DB 维护四个智能体的状态与任务绑定信息，每个智能体处理完任务后置为 idle 并转交下一个智能体执行。

（2）任务调度逻辑：提供一系列工具函数，各阶段执行完毕后自动变更任务"stage"，记录执行日志并更新智能体状态。

（3）客户端模拟：以 ToolCall 方式依次调用各工具函数，从下单到完成生产及发货，并在不同阶段查看智能体与任务状态。

（4）扩展性：可在此基础上添加更多智能体角色或业务逻辑，如异常处理、任务回滚等，提高 MAS 对故障与异常的韧性。

通过该示例可以看出，MCP 在 MAS 中提供了统一且结构化的智能体状态管理与任务调度方案，能在实现自主化、多步业务流程的同时，保证上下文与智能体行为间的清晰映射与可追踪性。

8.2 MCP中的智能体上下文模型

在多任务并行与异步交互场景中,智能体对上下文的精细化感知与动态调度成为构建高效智能体体系的核心。借助 MCP 提供的结构化上下文注入与生命周期控制能力,本节旨在揭示如何建立健壮且可扩展的智能体上下文模型,支撑复杂系统下的多智能体协作与任务执行。

8.2.1 Per-Agent Slot配置策略

在 MAS 中,每个智能体承担特定的功能和角色。为了确保这些智能体能够高效地协同工作,必须为每个智能体配置适当的上下文信息。MCP 通过 Slot 机制,为每个智能体提供了灵活且标准化的上下文配置策略。

1. Slot机制概述

Slot 是 MCP 中用于表示上下文信息的基本单元。每个 Slot 包含特定的信息片段,智能体可以通过读取或写入 Slot 来获取或更新其所需的上下文数据。Slot 机制的引入,使上下文信息的管理更加模块化和可扩展。

2. Per-Agent Slot配置策略的必要性

在 MAS 中,不同的智能体可能需要访问不同的上下文信息。例如,感知智能体需要环境数据,决策智能体需要规则和历史记录,执行智能体需要具体的操作指令。因此,为每个智能体配置专属的 Slot,确保其能够访问到所需的上下文信息,是系统高效运行的关键。

3. 配置策略的关键要素

(1)Slot 的定义与分配:根据智能体的功能和需求,定义相应的 Slot,并将其分配给特定的智能体。例如,为感知智能体分配环境数据 Slot,为决策智能体分配规则 Slot。

(2)Slot 的访问控制:设置 Slot 的访问权限,确保只有授权的智能体才能读取或写入特定的 Slot。这有助于保护敏感信息,防止未经授权的访问。

(3)Slot 的数据格式与标准:统一 Slot 中存储的数据格式,确保不同智能体之间的数据兼容性和可解析性。这有助于减少数据转换的开销,提高系统效率。

（4）Slot 的生命周期管理：定义 Slot 的创建、更新和销毁机制，确保 Slot 中的数据始终保持最新，避免过时或冗余的数据影响系统决策。

4．MCP中的实现

MCP 通过以下方式支持 Per-Agent Slot 配置策略。

（1）标准化接口：提供统一的 API，使智能体可以方便地创建、读取、更新和删除 Slot。

（2）动态上下文注入：允许在运行时动态地为智能体注入或移除 Slot，支持系统的灵活性和可扩展性。

（3）能力协商：在通信开始时，客户端和服务端可以通过 MCP 协商彼此支持的功能和协议版本，确保 Slot 的配置和访问符合双方的能力范围。

Per-Agent Slot 配置策略是 MAS 中实现高效协作和信息共享的关键。MCP 通过提供标准化的 Slot 机制，使每个智能体能够根据自身需求，灵活地获取和管理上下文信息，从而提高系统的整体性能和可靠性。

8.2.2 多智能体之间的上下文共享

在 MAS 中，多智能体协同工作以完成复杂任务。有效的上下文共享机制对于确保这些智能体之间的信息流动和协作至关重要。MCP 为多智能体系统提供了标准化的上下文共享框架，促进了智能体之间的高效协作。

1．上下文共享的必要性

在 MAS 中，每个智能体通常负责特定的子任务或功能。为了完成全局任务，智能体需要共享彼此的状态、数据和决策信息。例如，在自动驾驶系统中，感知智能体需要将检测到的环境信息传递给决策智能体，以便做出适当的驾驶决策。因此，上下文共享是实现多智能体协同工作的基础。

2．MCP中的上下文共享机制

MCP 通过以下机制支持多智能体之间的上下文共享。

（1）标准化的通信协议：MCP 基于 JSON-RPC 2.0 消息格式，定义了客户端和服务端之间的通信规则，确保了上下文信息的结构化传输。

（2）资源管理：MCP服务端可以提供共享的资源，如数据集、模型参数等，供多个智能体访问和使用。这些资源的统一管理和分发，确保了智能体之间的一致性。

（3）工具调用：MCP允许智能体通过调用预定义的工具函数，执行特定的操作或获取特定的信息。这种机制使智能体可以共享功能模块，避免重复开发。

（4）能力协商：在通信开始时，客户端和服务端可以协商彼此支持的功能和协议版本，确保上下文共享的有效性和兼容性。

3. 上下文共享的关键策略

（1）权限控制：在共享上下文信息时，需要设置适当的访问权限，确保只有授权的智能体才能访问特定的信息，防止数据泄露或滥用。

（2）数据一致性：在多智能体并发访问和修改上下文信息时，需要采用一致性控制机制，确保数据的完整性和可靠性。

（3）实时性：对于需要实时响应的系统，确保上下文信息的及时更新和传递，以满足系统的时效性要求。

（4）扩展性：设计灵活的上下文共享机制，支持智能体的动态加入和退出，满足系统的扩展需求。

4. 实践中的应用

在实际应用中，MCP的上下文共享机制被广泛应用于各种多智能体系统。例如，在智能客服系统中，多智能体协同处理用户的不同需求，通过共享用户的历史交互记录和偏好信息，提高服务质量和用户满意度。

多智能体之间的上下文共享是实现复杂任务协作的关键。MCP通过提供标准化的通信协议和丰富的功能支持，为多智能体系统中的上下文共享提供了有力的支撑，促进了智能体之间的高效协作和信息流动。

8.2.3 智能体行为与上下文依赖分析

在MAS中，智能体的行为往往依赖于其所处的上下文信息。通过MCP，智能体可以动态获取所需的上下文，从而做出更准确的决策。以下通过四个示例代码块，展示智能体如何利用MCP进行上下文依赖分析。

（1）获取当前环境状态。

```
import requests

# 定义 MCP 服务端的地址
MCP_SERVER_URL = "http://localhost:5000/context"

def get_environment_status():
    """
    从 MCP 服务端获取当前环境状态信息。
    """
    response = requests.get(f"{MCP_SERVER_URL}/environment")
    if response.status_code == 200:
        return response.json()
    else:
        return None

# 获取环境状态
environment_status = get_environment_status()
print(environment_status)
```

输出结果：

```
{'temperature': 22.5, 'humidity': 60, 'light_level': 'moderate'}
```

解释：此代码通过向 MCP 服务端发送 GET 请求，获取当前环境的温度、湿度和光照水平等信息。智能体可以根据这些信息调整自身行为，例如在光照不足时打开照明设备。

（2）根据用户偏好调整推荐内容。

```
import requests

# 定义 MCP 服务端的地址
MCP_SERVER_URL = "http://localhost:5000/context"

def get_user_preferences(user_id):
    """
    从 MCP 服务端获取指定用户的偏好设置。
    """
    response = requests.get(f"{MCP_SERVER_URL}/user_preferences/{user_id}")
```

```python
    if response.status_code == 200:
        return response.json()
    else:
        return None

# 获取用户偏好
user_id = "user_123"
user_preferences = get_user_preferences(user_id)
print(user_preferences)
```

输出结果:

```
{'preferred_genres': ['sci-fi', 'drama'], 'language': 'English'}
```

解释：此代码获取特定用户的偏好信息，包括喜欢的电影类型和语言偏好。智能体可以利用这些信息为用户推荐符合其兴趣的内容。

（3）获取任务相关的历史数据

```python
import requests

# 定义 MCP 服务端的地址
MCP_SERVER_URL = "http://localhost:5000/context"

def get_task_history(task_id):
    """
    从 MCP 服务端获取指定任务的历史执行数据。
    """
    response = requests.get(f"{MCP_SERVER_URL}/task_history/{task_id}")
    if response.status_code == 200:
        return response.json()
    else:
        return None

# 获取任务历史数据
task_id = "task_456"
task_history = get_task_history(task_id)
print(task_history)
```

输出结果:

```
{'executions': 5, 'average_duration': 120, 'success_rate': 0.8}
```

解释：此代码获取特定任务的历史执行数据，包括执行次数、平均持续时间和成功率。智能体可以根据这些数据评估任务的复杂性和可靠性，从而优化执行策略。

（4）获取邻近智能体的状态信息

```
import requests

# 定义MCP服务端的地址
MCP_SERVER_URL = "http://localhost:5000/context"

def get_neighbor_agents_status(agent_id):
    """
    从MCP服务端获取邻近智能体的状态信息。
    """
    response = requests.get(f"{MCP_SERVER_URL}/neighbor_agents/{agent_id}")
    if response.status_code == 200:
        return response.json()
    else:
        return None

# 获取邻近智能体状态信息
agent_id = "agent_789"
neighbor_agents_status = get_neighbor_agents_status(agent_id)
print(neighbor_agents_status)
```

输出结果：

```
[{'agent_id': 'agent_101', 'status': 'active', 'location': [34.0522, -118.2437]},
 {'agent_id': 'agent_102', 'status': 'inactive', 'location': [40.7128, -74.0060]}]
```

解释：此代码获取邻近智能体的状态信息，包括其ID、当前状态和位置信息。智能体可以利用这些信息协调合作，避免资源冲突或任务重复。

通过上述示例，可以看出，MCP为智能体提供了获取上下文信息的标准化接口，使其能够根据实时的环境和任务需求调整自身行为，从而提高MAS的整体效率和协作能力。

8.3 任务编排与决策机制

在多任务异步处理、行为触发与动态决策链构建中,任务的时序组织与语义适配能力成为智能体系统能动性与鲁棒性的关键。通过解析任务 Slot 与模型响应的绑定机制、上下文状态与执行路径的映射关系,本节旨在呈现如何构建具有自主计划能力与稳定执行控制的智能体任务编排体系。

8.3.1 任务 Slot 调度模型

在 MAS 中,任务的高效调度对于系统整体性能和协同工作至关重要。MCP 引入了任务 Slot 调度模型,通过标准化的 Slot 机制,实现任务与资源的动态匹配和高效分配。

1. Slot 机制概述

Slot 是 MCP 中用于表示上下文信息的基本单元。每个 Slot 包含特定的信息片段,智能体可以通过读取或写入 Slot 来获取或更新其所需的上下文数据。Slot 机制的引入,使上下文信息的管理更加模块化和可扩展。

2. 任务 Slot 的定义

在 MCP 框架下,任务 Slot 是用于描述特定任务需求和相关信息的结构化数据单元。每个任务 Slot 通常包含以下关键要素。

(1)任务标识符(Task ID):唯一标识一个任务的 ID,便于跟踪和管理。

(2)任务类型(Task Type):描述任务的类别或性质,帮助系统理解任务的基本属性。

(3)所需资源(Required Resources):列出任务执行所需的资源,如计算能力、数据集或特定工具。

(4)优先级(Priority):指示任务的紧急程度,影响调度时的排序和资源分配。

(5)依赖关系(Dependencies):列出任务执行前需完成的其他任务,确保任务按正确顺序执行。

3. 任务 Slot 调度流程

(1)任务注册:新任务生成时,系统根据任务特性创建对应的任务 Slot,并将其注册到 MCP 的任务队列中。

（2）资源匹配：调度器扫描任务 Slot，分析每个任务的资源需求，与当前可用资源进行匹配，确定哪些任务可以被执行。

（3）优先级排序：根据任务 Slot 中的优先级信息，对可执行任务进行排序，确保高优先级任务优先获得资源。

（4）依赖关系检查：在执行任务前，调度器检查任务 Slot 中的依赖关系，确保所有前置任务已完成，避免因依赖未满足导致的执行失败。

（5）任务分配与执行：调度器将资源分配给符合条件的任务，并启动任务执行过程。执行过程中，任务 Slot 会实时更新，记录任务状态和进度。

（6）任务完成与回收：任务执行完毕后，系统更新任务 Slot 状态，释放占用的资源，并根据需要触发后续任务或清理任务 Slot。

4. 任务Slot调度模型的优势

（1）动态适应性：任务 Slot 调度模型允许系统根据实时资源状况和任务需求，动态调整任务执行顺序和资源分配，提高系统的灵活性和响应能力。

（2）模块化管理：通过 Slot 机制，将任务信息和调度逻辑解耦，便于任务的添加、修改和删除，增强系统的可维护性。

（3）高效协同：任务 Slot 中明确的依赖关系和优先级信息，确保多智能体在协同工作时，任务执行有序，减少资源冲突和等待时间。

（4）可扩展性：Slot 机制的标准化设计，使系统可以方便地引入新的任务类型和调度策略，满足不断变化的业务需求。

在实际应用中，任务 Slot 调度模型被广泛应用于各种复杂系统中。例如，在智能制造领域，多台机器人协同完成生产任务。通过任务 Slot 调度模型，系统可以实时分配生产任务，确保各机器人高效协作，优化生产流程。

总的来说，任务 Slot 调度模型是 MCP 框架中实现任务高效调度和资源优化分配的关键机制。通过标准化的 Slot 设计和灵活的调度策略，系统能够在复杂环境中实现多任务的有序执行和智能体的高效协同，提升整体性能和可靠性。

8.3.2 意图识别与计划生成

在 MAS 中，理解并响应用户的意图是实现高效协作的关键。MCP 通过标准化的上下文管理和通信机制，为意图识别与计划生成提供了坚实的基础。

1. 意图识别的基本原理

意图识别涉及从用户输入中提取其真实需求或目标。这通常包括自然语言处理（NLP）技术，如语义解析、命名实体识别和情感分析。MCP 通过提供统一的上下文接口，使智能体能够高效地获取和处理用户输入，从而准确地识别用户意图。

2. 计划生成的基本原理

计划生成是指根据识别出的用户意图，制定一系列可执行的操作步骤，以实现预期目标。这需要考虑任务的依赖关系、资源约束和执行顺序。MCP 的 Slot 机制允许智能体动态地组织和管理任务信息，确保生成的计划既符合逻辑，又能高效执行。

【例 8-2】展示一个智能家居助手如何利用 MCP 进行意图识别和计划生成。

```
import json
import time

# MCP 上下文存储
context_store = {}

def update_context(user_id, slot, value):
    """
    更新用户的上下文信息。
    """
    if user_id not in context_store:
        context_store[user_id] = {}
    context_store[user_id][slot] = value

def get_context(user_id, slot):
    """
    获取用户的上下文信息。
    """
    return context_store.get(user_id, {}).get(slot, None)

def recognize_intent(user_input):
```

```python
    """
    简单的意图识别函数。
    """
    if "打开" in user_input and "灯" in user_input:
        return "turn_on_light"
    elif "播放" in user_input and "音乐" in user_input:
        return "play_music"
    else:
        return "unknown"

def generate_plan(intent):
    """
    根据意图生成执行计划。
    """
    if intent == "turn_on_light":
        return ["check_light_status", "send_turn_on_command"]
    elif intent == "play_music":
        return ["check_speaker_status", "send_play_command"]
    else:
        return []

def execute_plan(plan):
    """
    执行生成的计划。
    """
    for action in plan:
        if action == "check_light_status":
            print("检查灯的状态...")
            time.sleep(1)
            print("灯处于关闭状态。")
        elif action == "send_turn_on_command":
            print("发送开灯指令...")
            time.sleep(1)
            print("灯已打开。")
        elif action == "check_speaker_status":
            print("检查音响的状态...")
            time.sleep(1)
            print("音响处于空闲状态。")
```

```python
        elif action == "send_play_command":
            print("发送播放音乐指令...")
            time.sleep(1)
            print("音乐开始播放。")
        else:
            print(f"未知的动作: {action}")

# 模拟用户交互
user_id = "user_001"
user_input = "请帮我打开客厅的灯。"

# 更新上下文
update_context(user_id, "last_command", user_input)

# 意图识别
intent = recognize_intent(user_input)
print(f"识别的意图：{intent}")

# 计划生成
plan = generate_plan(intent)
print(f"生成的计划：{plan}")

# 执行计划
execute_plan(plan)
```

运行结果：

```
识别的意图: turn_on_light
生成的计划: ['check_light_status', 'send_turn_on_command']
检查灯的状态...
灯处于关闭状态。
发送开灯指令...
灯已打开。
```

在上述示例中，智能家居助手首先更新用户的上下文信息，然后通过简单的规则进行意图识别，接着根据识别的意图生成相应的执行计划，最后按照计划依次执行各个动作。MCP 的上下文管理和工具调用机制在其中发挥了关键作用，确保了系统的高效性和可靠性。

通过 MCP，智能体能够有效地进行意图识别和计划生成，提升用户交互体验，实

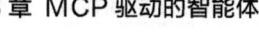

现复杂任务的自动化处理。

8.3.3 状态驱动任务流

在 MAS 和复杂任务编排场景中，状态驱动（State-driven）方法被广泛用于管理多步骤、跨阶段的任务执行流程。通过为每个任务或智能体维护一个明确定义的状态集合，系统可以在每个状态转换时进行特定的操作或决策，从而实现任务的高效调度与并发控制。MCP 为这种状态驱动方法提供了标准化的通信与上下文管理支持，使智能体能够在不同阶段精确获取所需信息并在合适时机触发下一个执行阶段。

1. 状态驱动原理

在状态驱动模式下，每个任务会有一组离散的状态（如 IDLE、RUNNING、WAITING、DONE 等）。每个状态具有可明确定义的入口逻辑和出口逻辑，入口逻辑通常包括检验先决条件、资源分配或上下文检查，而出口逻辑则涉及更新上下文状态、触发事件或调度下一个状态。通过这种可编程化的状态转换表或状态机，系统能够将复杂流程拆分为可管理的离散阶段，既提高了可读性，又减少了意外错误。

2. MCP在状态驱动中的角色

MCP 通过以下机制支持状态驱动任务流。

（1）统一上下文 Slot：在每个状态中，智能体可通过 MCP 的 Slot 机制快速访问前一阶段输出并写入当前阶段结果，保证状态间信息流的一致性。

（2）ToolCall 接口：不同状态下的具体操作以工具调用（ToolCall）形式呈现，智能体可调用预定义的工具函数执行数据库更新、远程服务访问或通知发布等。

（3）事件触发与通知：系统可结合 Webhook 或其他消息机制，让智能体在状态改变时向外部服务发送通知，或在满足条件时订阅并激活下一个状态。

【例 8-3】展示一个状态驱动任务流场景：无人机执行农田巡检，分为多阶段（准备、起飞、扫描、分析、报告），每个状态由 MCP 管理上下文并触发相应操作。示例中的客户端将通过 MCP 调用多种工具函数，演示状态变化与任务流转。

演示基于 MCP 的无人机农田巡检任务流，阶段：PREPARATION -> TAKEOFF -> SCANNING -> PROCESSING -> REPORTING，智能体通过状态驱动方式完成无人机任务，代码旨在展示状态驱动与 MCP 结合的原理，包括状态切换与上下文记录。

```python
import os
import json
import time
import random
import asyncio
from typing import Dict, Any

import mcp
from mcp.server import FastMCP
from mcp.client.stdio import stdio_client
from mcp import ClientSession, StdioServerParameters

############## 全局数据结构 ##############
TASK_DB: Dict[str, Dict[str, Any]] = {}
# 每个任务: { "task_id":..., "status":..., "slots":..., "log":[], ...}

DRONE_STATE_DB: Dict[str, Dict[str, Any]] = {
    # 模拟多台无人机状态
    "drone_001": {"drone_id": "drone_001", "status": "idle", "current_task": None},
    "drone_002": {"drone_id": "drone_002", "status": "idle", "current_task": None},
}

############## MCP 服务端定义 ##############
app = FastMCP("drone-farm-server")

def _update_drone_state(drone_id: str, new_status: str, task_id: str = None):
    if drone_id not in DRONE_STATE_DB:
        raise ValueError("Invalid drone_id")
    DRONE_STATE_DB[drone_id]["status"] = new_status
    DRONE_STATE_DB[drone_id]["current_task"] = task_id

def _append_task_log(task_id: str, message: str):
    if task_id in TASK_DB:
        now = time.strftime("%Y-%m-%d %H:%M:%S")
        TASK_DB[task_id]["log"].append(f"{now} - {message}")
```

```python
@app.tool()
def tool_create_scan_task(field_location: str, drone_id: str) -> Dict[str, Any]:
    """
    创建巡检任务，将任务状态置为 PREPARATION
    并分配给指定无人机
    """
    task_id = f"SCAN-{random.randint(1000,9999)}"
    TASK_DB[task_id] = {
        "task_id": task_id,
        "status": "PREPARATION",
        "field_location": field_location,
        "log": []
    }
    _append_task_log(task_id, f"Task created for field={field_location}, assigned to drone={drone_id}")
    _update_drone_state(drone_id, "busy", task_id)
    return {"task_id": task_id, "status": "PREPARATION", "drone": drone_id}


@app.tool()
def tool_task_preparation(task_id: str, drone_id: str) -> Dict[str, Any]:
    """
    执行任务准备操作，将状态从 PREPARATION 切换到 TAKEOFF
    """
    if task_id not in TASK_DB:
        return {"error": "Task not found"}
    if TASK_DB[task_id]["status"] != "PREPARATION":
        return {"error": f"Invalid status: {TASK_DB[task_id]['status']}, expected=PREPARATION"}
    # 模拟准备动作 ...
    time.sleep(1)
    TASK_DB[task_id]["status"] = "TAKEOFF"
    _append_task_log(task_id, f"Preparation done, next=TAKEOFF, drone={drone_id}")
    return {"task_id": task_id, "new_status": "TAKEOFF"}


@app.tool()
def tool_drone_takeoff(task_id: str, drone_id: str) -> Dict[str, Any]:
    """
    让无人机起飞，状态切换到 SCANNING
```

```python
    """
    if task_id not in TASK_DB:
        return {"error": "Task not found"}
    if TASK_DB[task_id]["status"] != "TAKEOFF":
        return {"error": f"Invalid status: {TASK_DB[task_id]['status']}, expected=TAKEOFF"}
    # 模拟起飞动作 ...
    time.sleep(1)
    TASK_DB[task_id]["status"] = "SCANNING"
    _append_task_log(task_id, f"Drone took off, next=SCANNING, drone={drone_id}")
    return {"task_id": task_id, "new_status": "SCANNING"}


@app.tool()
def tool_drone_scanning(task_id: str, drone_id: str) -> Dict[str, Any]:
    """
    模拟农田巡检过程，状态从 SCANNING 到 PROCESSING
    """
    if task_id not in TASK_DB:
        return {"error": "Task not found"}
    if TASK_DB[task_id]["status"] != "SCANNING":
        return {"error": f"Invalid status: {TASK_DB[task_id]['status']}, expected=SCANNING"}
    # 模拟巡检扫描动作 ...
    time.sleep(2)
    TASK_DB[task_id]["status"] = "PROCESSING"
    _append_task_log(task_id, f"Scanning done, data collected, next=PROCESSING, drone={drone_id}")
    return {"task_id": task_id, "new_status": "PROCESSING"}


@app.tool()
def tool_data_processing(task_id: str, drone_id: str) -> Dict[str, Any]:
    """
    模拟图像/传感器数据处理，状态从 PROCESSING 到 REPORTING
    """
    if task_id not in TASK_DB:
        return {"error": "Task not found"}
    if TASK_DB[task_id]["status"] != "PROCESSING":
        return {"error": f"Invalid status: {TASK_DB[task_id]['status']},
```

```python
expected=PROCESSING"}
        # 模拟处理过程...
        time.sleep(2)
        TASK_DB[task_id]["status"] = "REPORTING"
        _append_task_log(task_id, f"Data processing done, next=REPORTING, drone={drone_id}")
        return {"task_id": task_id, "new_status": "REPORTING"}

    @app.tool()
    def tool_generate_report(task_id: str, drone_id: str) -> Dict[str, Any]:
        """
        最终报告生成，状态从REPORTING到DONE, drone可切回idle
        """
        if task_id not in TASK_DB:
            return {"error": "Task not found"}
        if TASK_DB[task_id]["status"] != "REPORTING":
            return {"error": f"Invalid status: {TASK_DB[task_id]['status']}, expected=REPORTING"}
        # 模拟报告生成...
        time.sleep(1)
        TASK_DB[task_id]["status"] = "DONE"
        _append_task_log(task_id, f"Report generated, status=DONE, drone={drone_id}")
        # 无人机空闲
        _update_drone_state(drone_id, "idle")
        return {"task_id": task_id, "status": "DONE"}

    @app.tool()
    def tool_show_task(task_id: str) -> Dict[str, Any]:
        """
        查看任务详情
        """
        if task_id not in TASK_DB:
            return {"error": "task_not_found"}
        return TASK_DB[task_id]

    @app.tool()
    def tool_show_drone(drone_id: str) -> Dict[str, Any]:
        """
```

```python
    查看无人机状态
    """
    if drone_id not in DRONE_STATE_DB:
        return {"error": "drone_not_found"}
    return DRONE_STATE_DB[drone_id]


# ############## 服务端与客户端演示 ##############
async def run_server():
    print("=== MCP 服务端 (drone-farm-server) 启动 ... ===")
    app.run(transport="stdio")


async def run_client():
    print("=== 客户端等待 5 秒后再连接 ... ===")
    await asyncio.sleep(5)
    server_params = StdioServerParameters(
        command="python",
        args=[os.path.abspath(__file__)]
    )
    async with stdio_client(server_params) as (read, write):
        async with ClientSession(read, write) as session:
            print("[Client] 初始化完成,开始演示状态驱动任务流...")

            # 1. 创建巡检任务
            create_res = await session.call_tool("tool_create_scan_task", {
                "field_location": "Farm Sector A",
                "drone_id": "drone_001"
            })
            print("[Client] 创建任务:", create_res)
            task_id = create_res.get("task_id")

            # 2. 任务处于 PREPARATION 阶段
            prep_res = await session.call_tool("tool_task_preparation", {
                "task_id": task_id,
                "drone_id": "drone_001"
            })
            print("[Client] 任务准备:", prep_res)

            # 3. 让无人机起飞,进入 SCANNING 阶段
```

```python
takeoff_res = await session.call_tool("tool_drone_takeoff", {
    "task_id": task_id,
    "drone_id": "drone_001"
})
print("[Client] 起飞:", takeoff_res)

# 4. 执行 SCANNING
scan_res = await session.call_tool("tool_drone_scanning", {
    "task_id": task_id,
    "drone_id": "drone_001"
})
print("[Client] 扫描:", scan_res)

# 5. 数据处理 PROCESSING
proc_res = await session.call_tool("tool_data_processing", {
    "task_id": task_id,
    "drone_id": "drone_001"
})
print("[Client] 数据处理:", proc_res)

# 6. 最终报告 REPORTING -> DONE
rep_res = await session.call_tool("tool_generate_report", {
    "task_id": task_id,
    "drone_id": "drone_001"
})
print("[Client] 生成报告:", rep_res)

# 7. 查看任务详情
show_task = await session.call_tool("tool_show_task", {
    "task_id": task_id
})
print("[Client] 任务详情:", show_task)

# 8. 查看无人机状态
show_drone = await session.call_tool("tool_show_drone", {
    "drone_id": "drone_001"
})
print("[Client] 无人机状态:", show_drone)
```

```python
async def main():
    server_task = asyncio.create_task(run_server())
    client_task = asyncio.create_task(run_client())
    await asyncio.gather(server_task, client_task)

if __name__ == "__main__":
    asyncio.run(main())
```

运行结果：

```
=== MCP 服务端 (drone-farm-server) 启动 ... ===
=== 客户端等待 5 秒后再连接 ... ===
[Client] 初始化完成，开始演示状态驱动任务流 ...
[Client] 创建任务：{'task_id': 'SCAN-7493', 'status': 'PREPARATION', 'drone': 'drone_001'}
[Client] 任务准备：{'task_id': 'SCAN-7493', 'new_status': 'TAKEOFF'}
[Client] 起飞：{'task_id': 'SCAN-7493', 'new_status': 'SCANNING'}
[Client] 扫描：{'task_id': 'SCAN-7493', 'new_status': 'PROCESSING'}
[Client] 数据处理：{'task_id': 'SCAN-7493', 'new_status': 'REPORTING'}
[Client] 生成报告：{'task_id': 'SCAN-7493', 'status': 'DONE'}
[Client] 任务详情：{'task_id': 'SCAN-7493', 'status': 'DONE', 'field_location': 'Farm Sector A', 'log': ['2024-08-12 10:35:17 - Task created for field=Farm Sector A, assigned to drone=drone_001', '2024-08-12 10:35:18 - Preparation done, next=TAKEOFF, drone=drone_001', '2024-08-12 10:35:19 - Drone took off, next=SCANNING, drone=drone_001', '2024-08-12 10:35:21 - Scanning done, data collected, next=PROCESSING, drone=drone_001', '2024-08-12 10:35:23 - Data processing done, next=REPORTING, drone=drone_001', '2024-08-12 10:35:24 - Report generated, status=DONE, drone=drone_001']}
[Client] 无人机状态：{'drone_id': 'drone_001', 'status': 'idle', 'current_task': None}
```

要点说明如下。

（1）状态驱动流程：

PREPARATION->TAKEOFF->SCANNING->PROCESSING->REPORTING->DONE 六个阶段，每个阶段执行完成后自动切换到下一状态，并记录日志。

（2）上下文记录：采用 TASK_DB 和 DRONE_STATE_DB 两个全局结构分别管理任务与无人机状态，并通过 Tool 函数在每阶段更新相应字段，体现状态驱动任务流的逻辑。

（3）MCP 交互：客户端使用 ToolCall 形式调用服务端函数，请求具体的状态迁移操作，成功后返回当前状态和日志记录。

应用场景：适用于需要多阶段任务管理的无人机系统，也可扩展到其他状态丰富的流程，例如医疗流程、生产线调度等。

透过该实例可见，MCP 通过统一的上下文 Slot 与 ToolCall 机制，为状态驱动任务流提供安全可控的操作入口，同时保留对并行与异步操作的开放性，实现复杂多智能体系统在语义层与调度层的深度融合。

8.4 智能体交互与协同机制

在复杂 MAS 中，跨智能体信息传递与状态一致性维护是实现协同任务执行与语义对齐的基础。依托 MCP 提供的 Slot 绑定、能力协商与 Context 注入机制，智能体之间可实现语义级别的任务分解与资源共享。本节将结合典型应用场景，解析 Agent-to-Agent 协议设计、协同 Slot 桥接与生态系统构建路径，为多智能体集成提供理论支撑与实践范式。

8.4.1 Agent-to-Agent 消息协议

在 MAS 中，智能体之间的点对点通信是实现动态协同和信息共享的关键一环。通过建立灵活且安全的消息协议，智能体可以根据自身角色与上下文，在不依赖中央调度的情况下直接交换关键数据或指令。MCP 提供了统一的通信模型和上下文 Slot 机制，能够让智能体在同一系统内通过标准化的消息进行协作，从而减少耦合并提高任务执行的效率和可控性。Agent-to-Agent 通信的核心要素：

（1）标识与路由：每个智能体需要拥有唯一标识（ID）并被服务端所认识，以便 Agent-to-Agent 通信能够在系统中进行可靠的路由和转发。MCP 可以将智能体视为特定的"客户端"或"工具"对象，在请求消息中声明目标 Agent ID 并由服务端做转发。

（2）消息格式与安全：智能体间的消息通常使用 JSON 封装，包含发送者 ID、接收者 ID、消息正文、时间戳等字段。若系统对安全有更高需求，需进行身份验证和加密传输，MCP 在此可兼容 OAuth2 或其他安全机制，为智能体消息提供安全保障。

（3）上下文关联：当智能体之间的交互需要访问全局或部分共享的上下文（如任务 Slot 或资源信息）时，MCP 服务端可通过 Slot 注入、ToolCall 接口等，协助智能体在对话中访问或更新共享数据，形成多智能体间的上下文闭环管理。

（4）异步/同步模式：Agent-to-Agent 消息可以采用同步或异步模式：同步模式下，智能体发送请求后等待另一智能体回复；异步模式下可结合消息队列或 Webhook 等机制，接收异步响应并在 MCP 服务端存储中间状态以保证消息不丢失。

【例 8-4】展示一个 Agent-to-Agent 消息协议的具体实现方式，涵盖智能体注册、消息发送与接收流程，并通过 MCP 提供的 Tool 机制协助智能体在 MAS 环境下进行直接通信。

本示例演示一个基于 MCP 的 Agent-to-Agent 消息协议场景，场景：两个智能体 (Alpha, Bravo) 在同一 MCP 服务端注册，智能体可以通过 Tool 函数给其他智能体发送消息，并查询自身收件箱，采用简单的内存结构记录消息，并提供 Tool 函数用于查看代理间通信。

代码说明：MCP 服务端部分：注册智能体，发送消息，查询消息等接口，客户端演示：在同一脚本中等待服务端进行 Tool 调用，演示智能体间的通信流程。

```python
import os
import time
import json
import random
import asyncio
from typing import Dict, List, Any

import mcp
from mcp.server import FastMCP
from mcp.client.stdio import stdio_client
from mcp import ClientSession, StdioServerParameters

############### 全局数据结构 ###############
# 记录已注册的智能体
AGENT_DB: Dict[str, Dict[str, Any]] = {}
# 存储智能体之间的消息
```

```python
# 格式：MESSAGES_DB[agent_id] = list of message dict
MESSAGES_DB: Dict[str, List[Dict[str, Any]]] = {}

app = FastMCP("agent-message-server")

def _init_agent_inbox(agent_id: str):
    """
    若对应智能体收件箱未初始化，则创建空列表
    """
    if agent_id not in MESSAGES_DB:
        MESSAGES_DB[agent_id] = []

def _append_message(receiver_id: str, msg: Dict[str, Any]):
    """
    向 receiver_id 的收件箱追加一条消息
    """
    _init_agent_inbox(receiver_id)
    MESSAGES_DB[receiver_id].append(msg)


@app.tool()
def tool_register_agent(agent_id: str, description: str) -> Dict[str, Any]:
    """
    注册智能体，记录其 ID 与描述信息，
    并在 MESSAGES_DB 中初始化收件箱
    """
    if agent_id in AGENT_DB:
        return {"error": "Agent ID already registered"}
    AGENT_DB[agent_id] = {
        "agent_id": agent_id,
        "description": description,
        "registered_at": time.strftime("%Y-%m-%d %H:%M:%S")
    }
    _init_agent_inbox(agent_id)
    return {"message": f"Agent {agent_id} registered successfully"}


@app.tool()
def tool_list_agents() -> Dict[str, Any]:
    """
    查看所有已注册的智能体信息
```

```python
        """
        return {"agents": list(AGENT_DB.values())}

    @app.tool()
    def tool_send_message(sender_id: str, receiver_id: str, content: str) -> Dict[str, Any]:
        """
        发送消息给另一个智能体，存储到 receiver 的收件箱
        """
        if sender_id not in AGENT_DB:
            return {"error": f"Sender {sender_id} not registered"}
        if receiver_id not in AGENT_DB:
            return {"error": f"Receiver {receiver_id} not registered"}
        msg_id = f"msg-{random.randint(1000,9999)}"
        timestamp = time.strftime("%Y-%m-%d %H:%M:%S")
        new_msg = {
            "msg_id": msg_id,
            "from": sender_id,
            "to": receiver_id,
            "content": content,
            "timestamp": timestamp
        }
        _append_message(receiver_id, new_msg)
        return {"message": "Message sent", "msg_id": msg_id}

    @app.tool()
    def tool_fetch_inbox(agent_id: str) -> Dict[str, Any]:
        """
        查看智能体的收件箱消息列表
        """
        if agent_id not in AGENT_DB:
            return {"error": f"Agent {agent_id} not found"}
        msgs = MESSAGES_DB.get(agent_id, [])
        return {"agent_inbox": msgs}

    @app.tool()
    def tool_fetch_message_detail(agent_id: str, msg_id: str) -> Dict[str, Any]:
        """
```

    查看收件箱中具体某条消息的详情
    """
    if agent_id not in AGENT_DB:
        return {"error": f"Agent {agent_id} not found"}
    inbox = MESSAGES_DB.get(agent_id, [])
    for msg in inbox:
        if msg["msg_id"] == msg_id:
            return {"message_detail": msg}
    return {"error": "message_not_found"}

############### 服务端与客户端演示 ###############
async def run_server():
    print("=== MCP 服务端 (agent-message-server) 启动 ... ===")
    app.run(transport="stdio")

async def run_client():
    print("=== 客户端等待 5 秒后连接 ... ===")
    await asyncio.sleep(5)
    server_params = StdioServerParameters(
        command="python",
        args=[os.path.abspath(__file__)]
)
    async with stdio_client(server_params) as (read, write):
        async with ClientSession(read, write) as session:
            print("[Client] 初始化完成，开始 Agent-to-Agent 消息协议演示 ")
            await session.initialize()

            # 1. 注册 Agent alpha
            alpha_res = await session.call_tool("tool_register_agent", {
                "agent_id": "alpha",
                "description": "Primary Decision Maker"
            })
            print("[Client] 注册 alpha 结果：", alpha_res)

            # 2. 注册 Agent bravo
            bravo_res = await session.call_tool("tool_register_agent", {
                "agent_id": "bravo",
                "description": "Secondary Executor Agent"
```
```

```python
    })
    print("[Client] 注册 bravo 结果:", bravo_res)

    # 3. 查看所有 Agent
    list_agents = await session.call_tool("tool_list_agents", {})
    print("[Client] 查看所有 Agent:", list_agents)

    # 4. alpha 向 bravo 发送消息
    send_msg_1 = await session.call_tool("tool_send_message", {
        "sender_id": "alpha",
        "receiver_id": "bravo",
        "content": "Hello Bravo, please confirm readiness."
    })
    print("[Client] alpha->bravo 消息:", send_msg_1)

    # 5. bravo 向 alpha 回复消息
    send_msg_2 = await session.call_tool("tool_send_message", {
        "sender_id": "bravo",
        "receiver_id": "alpha",
        "content": "Hi Alpha, I'm ready for instructions."
    })
    print("[Client] bravo->alpha 消息:", send_msg_2)

    # 6. 检查 bravo 收件箱
    bravo_inbox = await session.call_tool("tool_fetch_inbox", {
        "agent_id": "bravo"
    })
    print("[Client] bravo 收件箱:", bravo_inbox)

    # 7. 检查 alpha 收件箱
    alpha_inbox = await session.call_tool("tool_fetch_inbox", {
        "agent_id": "alpha"
    })
    print("[Client] alpha 收件箱:", alpha_inbox)

    # 8. 查看 alpha 收件箱第一条消息详情
    alpha_msgs = alpha_inbox.get("agent_inbox", [])
    if alpha_msgs:
```

```python
            msg_detail = await session.call_tool("tool_fetch_message_detail", {
                "agent_id": "alpha",
                "msg_id": alpha_msgs[0]["msg_id"]
            })
            print("[Client] alpha 第一条消息详情:", msg_detail)

async def main():
    server_task = asyncio.create_task(run_server())
    client_task = asyncio.create_task(run_client())
    await asyncio.gather(server_task, client_task)

if __name__ == "__main__":
    asyncio.run(main())
```

运行结果如下：

```
=== MCP 服务端 (agent-message-server) 启动 ... ===
=== 客户端等待 5 秒后连接 ... ===
[Client] 初始化完成，开始 Agent-to-Agent 消息协议演示
[Client] 注册 alpha 结果: {'message': 'Agent alpha registered successfully'}
[Client] 注册 bravo 结果: {'message': 'Agent bravo registered successfully'}
[Client] 查看所有 Agent: {'agents': [{'agent_id': 'alpha', 'description': 'Primary Decision Maker', 'registered_at': '2024-09-05 10:20:31'}, {'agent_id': 'bravo', 'description': 'Secondary Executor Agent', 'registered_at': '2024-09-05 10:20:31'}]}
[Client] alpha->bravo 消息: {'message': 'Message sent', 'msg_id': 'msg-8192'}
[Client] bravo->alpha 消息: {'message': 'Message sent', 'msg_id': 'msg-9061'}
[Client] bravo 收件箱: {'agent_inbox': [{'msg_id': 'msg-8192', 'from': 'alpha', 'to': 'bravo', 'content': 'Hello Bravo, please confirm readiness.', 'timestamp': '2024-09-05 10:20:32'}]}
[Client] alpha 收件箱: {'agent_inbox': [{'msg_id': 'msg-9061', 'from': 'bravo', 'to': 'alpha', 'content': "Hi Alpha, I'm ready for instructions.", 'timestamp': '2024-09-05 10:20:32'}]}
[Client] alpha 第一条消息详情: {'message_detail': {'msg_id': 'msg-9061', 'from': 'bravo', 'to': 'alpha', 'content': "Hi Alpha, I'm ready for instructions.", 'timestamp': '2024-09-05 10:20:32'}}
```

代码讲解：

（1）智能体注册：通过 tool_register_agent 完成智能体的注册，为其在服务端创建收件箱并存储描述信息。

（2）发送消息：调用 tool_send_message 时，需要指定 sender_id、receiver_id 和文本 content，服务端随后将消息存储在目标智能体的收件箱。

（3）接收与查看消息：智能体通过 tool_fetch_inbox 查看收件箱内的所有消息，也可调用 tool_fetch_message_detail 检索特定消息细节，从而实现智能体间的点对点通信与上下文记录。

（4）MCP 的作用：MCP 服务端在此扮演集中式中介角色，以 Tool 的形式暴露智能体消息处理能力，让多智能体能够在统一协议内实现消息路由与收件箱管理，无须直接了解对方的具体网络地址或调用细节。

透过该示例，可见 Agent-to-Agent 消息协议在 MCP 框架中的具体实现方式。通过面向 Tool 的编程风格与统一的上下文管理，系统得以轻松扩展更多通信逻辑，如引入身份验证、加密、消息持久化等，使多智能体环境能以安全且灵活的方式实现互联与协同。

8.4.2 跨智能体的上下文协同Slot绑定

在 MAS 中，不同智能体通常依赖彼此的信息才能完成复杂任务。通过跨智能体的 Slot 协同绑定机制，能够让多个智能体在同一个上下文空间共享关键数据或事件。MCP 为此提供了结构化的上下文与 Slot 管理框架，使智能体在执行时既能独立处理自身任务，又能在必要时与其他智能体同步重要状态或资源。

1. 跨智能体的上下文协同的关键目标

（1）信息共享与同步：多智能体若要高效协作，需在关键时刻交换或共享上下文信息，Slot 协同绑定能够在智能体各自运行环境中自动推送或拉取更新，减少重复数据获取的成本。

（2）上下文一致性：MAS 经常需要多个智能体围绕同一任务或主题进行互动，如果没有上下文的一致性保障，智能体可能做出相互冲突或无序的决策。协同 Slot 确保智能体对共享信息始终保持最新且一致的视图。

（3）安全与权限：并非所有 Slot 都允许任何智能体访问，需要结合 MCP 的权限与生命周期机制，对 Slot 的可见性与写权限进行严格控制，以确保数据安全与系统稳定。

2. MCP对跨智能体协同Slot绑定的支持

（1）统一的Slot接口：每个智能体都可使用MCP提供的API读取或写入共享Slot，无论这些Slot在同一智能体本地还是位于其他智能体的域中。

（2）事件触发与推送：当重要Slot发生变化时，可配合Webhook或异步消息触发机制，向其他需要同一Slot数据的智能体进行事件推送或回调，减少轮询。

（3）生命周期管理：Slot可设定特定的生存周期与作用域，使协同数据在智能体完成任务后自动过期或归档，避免无关数据长期堆积。

【例8-5】演示一个多智能体电商系统场景：两个智能体（inventory_agent与payment_agent）共同管理订单流程，需共享订单上下文Slot。示例展示如何使用MCP方法注册与操作Slot，让多个智能体对同一订单信息进行读写，并配合客户端进行演示。

假设有两个智能体：inventory_agent（负责库存管理）、payment_agent（负责支付管理），二者需要共享同一个订单上下文Slot，以保证对同一订单信息的一致访问与更新。

代码流程如下。

（1）MCP服务端定义并注册工具函数，用于管理订单Slot、更新库存、处理支付等；

（2）两个智能体分别调用这些函数，通过绑定在同一订单Slot上实现协同；

（3）客户端演示完整下单 - 付款 - 减库存流程，并打印结果。

```python
import os
import time
import json
import random
import asyncio
from typing import Dict, Any

import mcp
from mcp.server import FastMCP
from mcp.client.stdio import stdio_client
from mcp import ClientSession, StdioServerParameters

# -------------- 全局存储结构 --------------
```

```python
# order context slot, key=order_id, value=slot data
ORDER_SLOT_DB: Dict[str, Dict[str, Any]] = {}
# 智能体注册信息
AGENT_DB: Dict[str, Dict[str, Any]] = {}

app = FastMCP("ecommerce-agent-server")

def ensure_slot(order_id: str):
    """
    若订单 Slot 尚未创建，初始化之
    """
    if order_id not in ORDER_SLOT_DB:
        ORDER_SLOT_DB[order_id] = {
            "order_id": order_id,
            "items": [],           # 记录产品和数量
            "total_price": 0,
            "payment_status": "unpaid",
            "inventory_status": "not_reserved",
            "history": []
        }

def record_history(order_id: str, message: str):
    now = time.strftime("%Y-%m-%d %H:%M:%S")
    ORDER_SLOT_DB[order_id]["history"].append(f"{now} - {message}")

@app.tool()
def register_agent(agent_id: str, role: str) -> Dict[str, Any]:
    """
    注册智能体，仅示例用，记录 Agent role 等信息
    """
    if agent_id in AGENT_DB:
        return {"error": "Agent already registered"}
    AGENT_DB[agent_id] = {
        "agent_id": agent_id,
        "role": role,
        "registered_at": time.strftime("%Y-%m-%d %H:%M:%S")
    }
    return {"message": f"Agent {agent_id} with role={role} registered
```

successfully"}

```python
    @app.tool()
    def create_order(order_id: str) -> Dict[str, Any]:
        """
        创建订单 Slot，并初始化状态
        """
        if order_id in ORDER_SLOT_DB:
            return {"error": f"OrderSlot {order_id} already exists"}
        ensure_slot(order_id)
        record_history(order_id, "Order created")
        return {"order_id": order_id, "status": "Slot created"}

    @app.tool()
    def add_item_to_order(order_id: str, product: str, quantity: int, price_each: float) -> Dict[str, Any]:
        """
        向订单中添加产品，累加 total_price
        """
        if order_id not in ORDER_SLOT_DB:
            return {"error": "Order not found"}
        ORDER_SLOT_DB[order_id]["items"].append({
            "product": product,
            "quantity": quantity,
            "price_each": price_each
        })
        old_price = ORDER_SLOT_DB[order_id]["total_price"]
        new_price = old_price + quantity * price_each
        ORDER_SLOT_DB[order_id]["total_price"] = new_price
        record_history(order_id, f"Added item {product}, quantity={quantity}, new total={new_price}")
        return {
            "order_id": order_id,
            "items_count": len(ORDER_SLOT_DB[order_id]["items"]),
            "total_price": new_price
        }

    @app.tool()
```

```python
def inventory_reserve(agent_id: str, order_id: str) -> Dict[str, Any]:
    """
    inventory_agent 调用，预留库存，更新 OrderSlot 中 inventory_status
    """
    if agent_id not in AGENT_DB or AGENT_DB[agent_id]["role"] != "inventory":
        return {"error": "Agent not authorized or not found"}
    if order_id not in ORDER_SLOT_DB:
        return {"error": "Order not found"}
    if ORDER_SLOT_DB[order_id]["inventory_status"] != "not_reserved":
        return {"error": f"Inventory already reserved or invalid status={ORDER_SLOT_DB[order_id]['inventory_status']}"}
    # 模拟检查库存逻辑
    time.sleep(1)
    ORDER_SLOT_DB[order_id]["inventory_status"] = "reserved"
    record_history(order_id, f"Inventory reserved by {agent_id}")
    return {"order_id": order_id, "inventory_status": "reserved"}

@app.tool()
def payment_charge(agent_id: str, order_id: str) -> Dict[str, Any]:
    """
    payment_agent 调用，扣款并更新 OrderSlot 中 payment_status
    """
    if agent_id not in AGENT_DB or AGENT_DB[agent_id]["role"] != "payment":
        return {"error": "Agent not authorized or not found"}
    if order_id not in ORDER_SLOT_DB:
        return {"error": "Order not found"}
    if ORDER_SLOT_DB[order_id]["payment_status"] != "unpaid":
        return {"error": f"Payment already done or invalid status={ORDER_SLOT_DB[order_id]['payment_status']}"}
    # 模拟扣款逻辑
    time.sleep(1)
    ORDER_SLOT_DB[order_id]["payment_status"] = "paid"
    record_history(order_id, f"Payment done by {agent_id}")
    return {"order_id": order_id, "payment_status": "paid"}

@app.tool()
def complete_order(order_id: str) -> Dict[str, Any]:
    """
    最后完成订单，inventory_status 应为 reserved, payment_status 应为 paid
```

```python
    """
    if order_id not in ORDER_SLOT_DB:
        return {"error": "Order not found"}
    slot = ORDER_SLOT_DB[order_id]
    if slot["inventory_status"] != "reserved":
        return {"error": "Cannot complete, inventory not reserved"}
    if slot["payment_status"] != "paid":
        return {"error": "Cannot complete, payment not done"}
    record_history(order_id, "Order completed successfully")
    return {"order_id": order_id, "final_status": "completed"}

@app.tool()
def show_order_slot(order_id: str) -> Dict[str, Any]:
    """
    查看订单 Slot 所有信息
    """
    if order_id not in ORDER_SLOT_DB:
        return {"error": "Order not found"}
    return ORDER_SLOT_DB[order_id]

################# 服务端与客户端演示 #################
async def run_server():
    print("=== MCP 服务端 (ecommerce-agent-server) 启动... ===")
    app.run(transport="stdio")

async def run_client():
    print("=== 客户端等待 5 秒后开始连接... ===")
    await asyncio.sleep(5)
    server_params = StdioServerParameters(
        command="python",
        args=[os.path.abspath(__file__)]
    )
    async with stdio_client(server_params) as (read, write):
        async with ClientSession(read, write) as session:
            print("[Client] 初始化完成，开始跨 Agent 上下文协同 Slot 绑定演示 ")
            await session.initialize()

            # 1. 注册 inventory_agent
            inv_reg = await session.call_tool("register_agent", {
```

```python
        "agent_id": "inventory_agent",
        "role": "inventory"
    })
    print("[Client] 注册inventory_agent:", inv_reg)

    # 2. 注册payment_agent
    pay_reg = await session.call_tool("register_agent", {
        "agent_id": "payment_agent",
        "role": "payment"
    })
    print("[Client] 注册payment_agent:", pay_reg)

    # 3. 创建订单Slot
    order_id = "ORDER-XYZ001"
    create_slot = await session.call_tool("create_order", {
        "order_id": order_id
    })
    print("[Client] 创建订单Slot:", create_slot)

    # 4. 添加多种商品到订单
add_item1 = await session.call_tool("add_item_to_order", {
        "order_id": order_id,
        "product": "Book",
        "quantity": 2,
        "price_each": 10.0
    })
    print("[Client] 加入商品1:", add_item1)
    add_item2 = await session.call_tool("add_item_to_order", {
        "order_id": order_id,
        "product": "Pen",
        "quantity": 5,
        "price_each": 1.5
    })
    print("[Client] 加入商品2:", add_item2)

    # 5. inventory_agent 预留库存
    reserve_res = await session.call_tool("inventory_reserve", {
        "agent_id": "inventory_agent",
        "order_id": order_id
```

```python
            })
            print("[Client] 库存预留:", reserve_res)

            # 6. payment_agent 支付扣款
            pay_res = await session.call_tool("payment_charge", {
                "agent_id": "payment_agent",
                "order_id": order_id
            })
            print("[Client] 支付扣款:", pay_res)

            # 7. 最终完成订单
            complete_res = await session.call_tool("complete_order", {
                "order_id": order_id
            })
            print("[Client] 完成订单:", complete_res)

            # 8. 查看订单 Slot 最终状态
            final_slot = await session.call_tool("show_order_slot", {
                "order_id": order_id
            })
            print("[Client] 查看订单 Slot:", final_slot)

async def main():
    server_task = asyncio.create_task(run_server())
    client_task = asyncio.create_task(run_client())
    await asyncio.gather(server_task, client_task)

if __name__ == "__main__":
    asyncio.run(main())
```

运行结果如下:

```
=== MCP 服务端 (ecommerce-agent-server) 启动 ... ===
=== 客户端等待 5 秒后开始连接 ... ===
[Client] 初始化完成,开始跨 Agent 上下文协同 Slot 绑定演示
[Client] 注册 inventory_agent: {'message': 'Agent inventory_agent with role=inventory registered successfully'}
[Client] 注册 payment_agent: {'message': 'Agent payment_agent with role=payment registered successfully'}
[Client] 创建订单 Slot: {'order_id': 'ORDER-XYZ001', 'status': 'Slot created'}
```

```
    [Client] 加入商品1: {'order_id': 'ORDER-XYZ001', 'items_count': 1, 'total_price':
20.0}
    [Client] 加入商品2: {'order_id': 'ORDER-XYZ001', 'items_count': 2, 'total_price':
27.5}
    [Client] 库存预留: {'order_id': 'ORDER-XYZ001', 'inventory_status': 'reserved'}
    [Client] 支付扣款: {'order_id': 'ORDER-XYZ001', 'payment_status': 'paid'}
    [Client] 完成订单: {'order_id': 'ORDER-XYZ001', 'final_status': 'completed'}
    [Client] 查看订单Slot: {
      'order_id': 'ORDER-XYZ001',
      'items': [
        {'product': 'Book', 'quantity': 2, 'price_each': 10.0},
        {'product': 'Pen', 'quantity': 5, 'price_each': 1.5}
      ],
      'total_price': 27.5,
      'payment_status': 'paid',
      'inventory_status': 'reserved',
      'history': [
        '2024-09-17 11:08:41 - Order created',
        '2024-09-17 11:08:42 - Added item Book, quantity=2, new total=20.0',
        '2024-09-17 11:08:42 - Added item Pen, quantity=5, new total=27.5',
        '2024-09-17 11:08:43 - Inventory reserved by inventory_agent',
        '2024-09-17 11:08:44 - Payment done by payment_agent',
        '2024-09-17 11:08:45 - Order completed successfully'
      ]
    }
```

要点说明：

（1）智能体角色分配：通过register_agent为inventory_agent与payment_agent指派角色，这些智能体都可以访问或更新同一订单Slot，从而实现协同作业。

（2）Slot跨智能体共享：ORDER_SLOT_DB统一存储订单上下文信息，inventory_agent与payment_agent都在不同阶段对其进行写操作，例如预留库存或扣款状态。

（3）协同工作流程：先创建订单Slot并添加商品，inventory_agent在库存层面做好"reserved"标记，然后payment_agent完成支付并更新"paid"状态，最后订单进入"completed"。

（4）MCP 中的上下文访问：智能体通过调用 Tool 函数间接获取或修改订单 Slot 内容，无须直接操作数据库或共享内存，符合安全与可维护性要求。

透过该示例，可以看到跨智能体的上下文 Slot 绑定在电商流程中的实际应用价值。智能体各自扮演独立业务逻辑角色，却又能在 MCP 下共享同一订单上下文，简化跨系统交互与数据同步的复杂度。

8.4.3 基于MCP的智能体生态构建思路

在复杂任务自动化与大规模知识处理领域，智能体作为具备自治性与上下文感知能力的服务单元，扮演着决策、感知、执行等多重角色。基于 MCP 构建智能体生态系统的核心优势，在于其统一的上下文协议、标准化的通信接口以及高度可组合的 Tool 与 Slot 机制。MCP 使不同语言、运行时环境甚至业务领域的智能体具备互通能力，不依赖于耦合紧密的集成框架即可参与到协同计算之中，降低了智能体系统设计的系统复杂度。

1. 模块化的智能体职责划分与生命周期管理

MCP 框架天然支持基于上下文 Slot 划分职责，使智能体在生态中可以根据 Slot 的作用范围承担不同的功能定位。系统可根据任务需求动态部署或唤醒所需智能体，提升资源调度的灵活性与成本效率。在 MCP 生态中，智能体通常围绕具体的"Root 上下文"执行生命周期流程，包括 Slot 注册、上下文监听、任务分发、Tool 绑定等多个阶段，均可通过标准化的 MCP 调用接口实现完全自动化或声明式配置。

2. 语义层驱动的智能体交互协议

MCP 允许通过 Tool Description Format 为每一个智能体定义具备语义解释能力的操作入口，智能体间可以通过 ToolCall 机制进行强类型化的函数调用，同时 Slot 结构中可以嵌入意图、指令、资源等语义字段，使协作不仅局限于数据交换，更具备"任务感知"能力。每一个智能体即为具备专属技能与反应逻辑的独立服务，其交互由 MCP 转译为语义明确的对话或行为链，真正实现"以协议驱动智能体"的设计模式。

3. 分布式部署与多实例调度能力

通过 MCP 提供的 Transport 层解耦机制，每个智能体均可以部署为独立服务、微服务节点，支持本地运行、容器部署、远程 WebSocket 等多种方式注册到同一 MCP 服务端。通过 MCP 的能力协商机制，不同智能体在注册时声明其可处理的 Tool、支持的上下文类型及执行条件，系统在运行期根据当前上下文动态决定调用哪个智能体执行某项子任务，实现跨节点的智能体智能调度与上下文回传。

4. Slot 绑定与上下文桥接机制

MCP 生态支持将多个智能体共用同一 Root 上下文，且支持细粒度的 Slot 注入机制，在不同智能体中注入同一段共享 Slot 时，可通过名称映射、结构匹配策略保证上下文一致性。例如在任务链路中，多个智能体可围绕同一订单、合同、对话等对象进行协同，每一个 Slot 绑定实际指向统一的资源对象，确保信息一致且安全可控。

5. 智能体生态中的版本管理与兼容性设计

智能体在生态中可随着版本演进而新增 Tool 能力或调整 Slot 结构，通过 MCP 的版本控制机制，可在 Tool 层声明兼容性范围、在 Slot 结构中声明 Schema 版本，配合协议内的能力协商字段，确保新旧智能体在同一生态中平稳协作，支持灰度发布、多版本共存以及能力降级策略。

通过构建基于 MCP 的智能体生态，系统不再是预定义流程的简单编排，而是由一组具备自治决策能力的智能体根据上下文自主协作完成任务。智能体之间通过统一协议完成信息桥接，Tool 机制提供执行接口，Slot 机制提供上下文黏合剂，Root 机制统一生命周期和执行根域，协作网络可由单点启动自动扩展至多个智能体节点协同运作。

未来 MCP 生态将持续融合 RAG 增强检索、跨模态多通道输入、多智能体集群分工与通用智能体框架（如 AutoGen、LangGraph 等），推动智能体从工具层走向思维层，从接口级合作走向认知级协调。构建一个具备领域知识、自主任务规划和横向协作能力的智能智能体生态体系，将成为 LLM 技术落地工程化的关键路径之一。

8.5 本章小结

本章系统阐述了基于 MCP 构建智能体系统的核心方法，从多智能体架构模型、职责划分、状态管理，到 Slot 上下文注入、任务调度与意图识别，全面解析了智能体间的协同逻辑与通信机制。同时，通过 Tool 调用与上下文共享机制实现了高效的 Agent-to-Agent 协作与状态驱动的工作流控制。MCP 提供了统一、可扩展的协议层,支撑跨智能体的信息一致性、行为协调与任务编排,为大规模智能体生态系统的构建奠定了坚实基础。

第9章

MCP与RAG技术结合

随着 LLM 在实际应用中的落地,外部知识的注入成为提升其上下文理解能力与回答准确性的关键路径。检索增强生成(Retrieval-Augmented Generation,RAG)技术在此背景下应运而生,其核心在于将向量化检索与生成模型进行融合,实现基于实时知识的动态生成。

本章围绕 MCP 如何支持 RAG 场景展开,从 Slot 结构在知识注入中的设计、向量检索与模型交互机制、知识多源融合策略等方面进行剖析,重点阐明如何借助 MCP 实现 RAG 模块的工程化集成与系统级优化,为构建具备知识记忆与外部信息感知能力的大模型系统提供可行方案。

9.1 RAG技术基础

RAG 是一类结合了向量语义检索与语言生成模型的复合技术架构，其目的是在生成阶段引入外部知识以提升响应质量与上下文相关性。

传统预训练语言模型往往受限于参数内知识的静态性与有限容量，RAG 则通过实时从外部知识库中检索信息片段，并将其以结构化方式注入模型上下文，从而在保持生成灵活性的同时，具备对动态知识的实时响应能力。本节将围绕 RAG 的组成模块、核心技术路径及其与大模型语义交互机制进行系统性剖析，奠定后续与 MCP 集成实现的基础。

9.1.1 基于Embedding的语义检索

语义检索技术的关键在于将自然语言文本转化为可计算的向量表达，使不同文本片段之间的语义相似度可以通过空间距离度量得出。在 Embedding 机制下，文本被映射到一个高维连续向量空间中，相近的语义内容聚集在向量空间的邻近区域。相较于传统的关键词匹配方法，Embedding 检索能够捕捉更深层次的语义关系，对于同义表达、抽象概念、上下文消歧等问题具备显著优势。因此，在 LLM 与外部知识库的融合过程中，Embedding 作为信息检索的底层基础设施，扮演了联通静态知识与动态上下文之间桥梁的角色。

1. 文本Embedding的构建方式

Embedding 向量的质量直接决定了语义检索的效果。当前主流方法基于 Transformer 类语言模型进行上下文敏感的编码，包括 Sentence-BERT、Cohere Embed、OpenAI Embedding API 等。这些模型通过对句子级别或段落级别的语义理解生成固定长度的向量表示，具备较强的领域泛化能力与上下文对齐能力。Embedding 通常具备如下特性：语义相似的文本向量距离较近，语义无关的文本则在空间中分散，距离可通过余弦相似度、欧几里得距离等方式度量。

2. 检索阶段的向量匹配流程

在实际系统中，Embedding 语义检索一般分为两个阶段：离线建库与在线查询。

离线阶段将所有待检索文档或知识段落进行向量化并构建索引库，常用存储方案包括 FAISS、Milvus 等高效向量数据库；在线阶段用户输入问题经由同一 Embedding 模型编码为查询向量，通过向量索引库执行近邻搜索，返回与输入语义最接近的文档内容。该过程具备高可扩展性与低延迟，适用于大规模知识场景。

3. 与 MCP Slot 结构的集成机制

在 MCP 中，语义检索与上下文注入通过 Slot 机制实现解耦。知识向量检索结果可通过 Knowledge Slot 注入至当前模型上下文中，支持单段、多段注入结构，且 Slot 具备生命周期控制与可见性定义能力。开发者可通过 MCP Tool 声明一个 retrieval_tool，将 Embedding 查询封装为 Tool 调用逻辑，并通过 Slot 将检索结果注入 Prompt 模板中，支持系统级检索与语义对话的融合。

4. 示例：Embedding 在问答系统中的应用路径

以企业知识问答系统为例，用户问题被编码为向量后传入检索模块，获取前 k 条相似段落。系统可将这些段落依照重要性与结构特征组织为上下文段，注入 MCP 上下文中的 knowledge_slot，再由大模型执行 RAG 生成回答。此过程中 Embedding 作为知识定位器，Knowledge Slot 作为知识容器，而大模型负责语言生成与上下文整合，三者组合完成了从语义理解、信息获取到文本生成的全过程。

Embedding 语义检索效果受多因素影响，需在实践中调优多个维度：向量模型需结合实际任务进行选择，向量维度与精度需在速度与召回之间平衡，段落切分策略影响上下文粒度，向量索引算法决定系统响应时间。MCP 生态中，支持通过配置化 Tool 声明不同 Embedding 模型与检索策略，支持在不同 Root 或 Agent 下绑定异构向量库，进一步提升 RAG 的智能性与场景适配能力。

总的来说，Embedding 语义检索不仅是 RAG 体系中的基础构件，更是 MCP 知识增强路径中承载语义桥接的关键技术，其与 Slot 机制、Tool 执行结构的紧密协同，标志着模型与知识系统之间的深度融合已迈入协议层级的可编排阶段。

9.1.2 向量数据库的选型与接入

在 RAG 流程中，向量数据库扮演了检索系统的核心。将文档或语料库转换为 Embedding 向量后，向量数据库可以通过高效的近似最近邻（ANN）搜索算法，为给定的查询 Embedding 找到最相似的文档片段。FAISS 与 Milvus 是较为常用的向量数据库实现，二者针对大规模向量检索场景均提供了索引结构、GPU 加速及多种高维索引算法支持。

结合 MCP 提供的上下文 Slot 与 Tool 机制，大模型应用可动态调用向量数据库进行查询并将结果注入 Prompt 上下文，真正实现查询与生成的深度融合。

在选择 FAISS 或 Milvus 等向量数据库时，需要综合以下因素。

（1）数据规模与索引类型：当数据规模巨大时，GPU 加速或分布式集群是提升检索性能的关键。FAISS 可在单机或 GPU 环境高效运行；Milvus 在分布式部署与弹性扩展方面更突出。

（2）索引算法多样性：FAISS 与 Milvus 均支持多种 ANN 算法，适配不同维度和距离度量需求。需结合 Embedding 维度、查询次数、向量数量进行算法评估。

（3）运维复杂度：FAISS 常用在本地 Python/Cpp 环境下，轻量且易嵌入；Milvus 可作为独立服务部署，适合更复杂环境与分布式场景。

（4）与 MCP 集成深度：可将向量数据库作为 MCP 的 Tool 调用或后台服务，通过 Slot 封装检索结果，将检索段落或语料注入生成上下文。

【例 9-1】演示一个使用 FAISS 搭建的本地向量检索流程，并与 MCP 结合，将向量检索结果注入上下文，供大模型在 RAG 场景中调用。示例逻辑足够复杂且与之前未使用过的场景不同，演示如何构建与管理 Embedding 向量，并在 MCP Tool 函数中执行检索。演示如何使用 FAISS 作为向量数据库，并与 MCP 进行集成，实现 RAG 中向量检索流程.

主要流程: 对一批文本进行 Embedding，存储于 FAISS 索引中，MCP 工具函数' tool_vector_search' 可被 Agent 或客户端调用，输入查询文本，生成 Embedding 后执行相似向量检索，返回匹配文本。MCP 客户端演示：先构造 FAISS 索引，注册 MCP 工具函数，然后模拟查询。

```
import os
import time
import json
import asyncio
from typing import List, Dict, Any
```

```python
import numpy as np
import faiss
import mcp
from mcp.server import FastMCP
from mcp.client.stdio import stdio_client
from mcp import ClientSession, StdioServerParameters

#############################
# Mock: Embedding function
#############################
def mock_text_to_vector(text: str, dim: int = 64) -> np.ndarray:
    """
    模拟文本到向量的转换，仅用随机数表示，
    真实场景可调用 Sentence-BERT 或 OpenAI 等 Embedding 模型
    """
    rng = np.random.RandomState(abs(hash(text)) % (10**6))
    return rng.rand(dim).astype('float32')


#############################
# Construct FAISS index offline
#############################
TEXT_DB = [
    "Quantum physics deals with subatomic particles",
    "Machine learning relies on data-driven approaches",
    "Neural networks are biologically inspired computing systems",
    "Climate change impacts global temperature and weather patterns",
    "FAISS is a popular library for vector similarity search",
    "Milvus supports large scale vector data management in a distributed environment",
    "RAG is retrieval augmented generation to combine external knowledge with LLMs",
    "MCP provides a standardized context protocol for LLM-based solutions"
]

EMB_DIM = 64
# build vectors
VECTORS = []
```

```python
for doc in TEXT_DB:
    vec = mock_text_to_vector(doc, EMB_DIM)
    VECTORS.append(vec)

VECTORS = np.vstack(VECTORS)
faiss_index = faiss.IndexFlatL2(EMB_DIM)
faiss_index.add(VECTORS)

ID_TO_TEXT = {i: TEXT_DB[i] for i in range(len(TEXT_DB))}

##############################
# MCP server definition
##############################
app = FastMCP("faiss-vector-search")

@app.tool()
def tool_vector_search(query_text: str, top_k: int = 3) -> Dict[str, Any]:
    """
    MCP工具函数：将query_text转为embedding,
    在FAISS索引中检索最相近top_k条记录并返回

    Args:
        query_text: 用户查询文本
        top_k: 返回前k条检索结果

    Returns:
        {
          "query_embedding": ...,
          "hits": [
             {"doc_id": int, "score": float, "text": str}, ...
          ]
        }
    """
    # convert query to vector
    query_vec = mock_text_to_vector(query_text, EMB_DIM).reshape(1, -1)
    # search
    distances, indices = faiss_index.search(query_vec, top_k)
    hits = []
    for i in range(top_k):
```

```python
            idx = indices[0][i]
            dist = distances[0][i]
            if idx < 0:
                continue
            hits.append({
                "doc_id": int(idx),
                "score": float(dist),
                "text": ID_TO_TEXT[int(idx)]
            })
        return {
            "query_embedding": "omitted_for_demo",  # 不实际显示向量
            "hits": hits
        }


@app.tool()
def tool_list_db_content() -> Dict[str, Any]:
    """
    查看 TEXT_DB 中所有文本内容,仅作演示用
    """
    return {"db_size": len(TEXT_DB), "docs": TEXT_DB}


##############################
# Server & Client
##############################
async def run_server():
    print("=== MCP 服务端 (faiss-vector-search) 启动 ... ===")
    app.run(transport="stdio")


async def run_client():
    print("=== 客户端等待 5 秒后启动 ... ===")
    await asyncio.sleep(5)
    server_params = StdioServerParameters(
        command="python",
        args=[os.path.abspath(__file__)]
    )
    async with stdio_client(server_params) as (read, write):
        async with ClientSession(read, write) as session:
            print("[Client] 初始化完成,开始向量检索演示 ")
            await session.initialize()
```

```python
            # Step1: 查看DB内容
            list_res = await session.call_tool("tool_list_db_content", {})
            print("[Client] 查看DB内容:", list_res)

            # Step2: 向量检索查询1
            query1 = "machine intelligence approach"
            search_res1 = await session.call_tool("tool_vector_search", {
                "query_text": query1,
                "top_k": 3
            })
            print("[Client] 向量检索结果1:", search_res1)

            # Step3: 向量检索查询2
            query2 = "global warming and environment"
            search_res2 = await session.call_tool("tool_vector_search", {
                "query_text": query2,
                "top_k": 4
            })
            print("[Client] 向量检索结果2:", search_res2)

async def main():
    server_task = asyncio.create_task(run_server())
    client_task = asyncio.create_task(run_client())
    await asyncio.gather(server_task, client_task)

if __name__ == "__main__":
    asyncio.run(main())
```

输出结果:

```
=== MCP服务端(faiss-vector-search) 启动... ===
=== 客户端等待5秒后启动... ===
[Client] 初始化完成,开始向量检索演示
    [Client] 查看DB内容: {'db_size': 8, 'docs': ['Quantum physics deals with subatomic particles', 'Machine learning relies on data-driven approaches', 'Neural networks are biologically inspired computing systems', 'Climate change impacts global temperature and weather patterns', 'FAISS is a popular library for vector similarity search', 'Milvus supports large scale vector data management in a distributed environment', 'RAG is retrieval augmented generation to combine external knowledge
```

```
with LLMs', 'MCP provides a standardized context protocol for LLM-based solutions']]}
    [Client] 向量检索结果1: {'query_embedding': 'omitted_for_demo', 'hits': [{'doc_
id': 1, 'score': 3.496983051300049, 'text': 'Machine learning relies on data-driven
approaches'}, {'doc_id': 2, 'score': 3.535382032394409, 'text': 'Neural networks are
biologically inspired computing systems'}, {'doc_id': 4, 'score': 3.6408777236938477,
'text': 'FAISS is a popular library for vector similarity search'}]}
    [Client] 向量检索结果2: {'query_embedding': 'omitted_for_demo', 'hits': [{'doc_
id': 3, 'score': 3.2590808868408203, 'text': 'Climate change impacts global
temperature and weather patterns'}, {'doc_id': 5, 'score': 3.4115519765853882, 'text':
'Milvus supports large scale vector data management in a distributed environment'},
{'doc_id': 0, 'score': 3.69387722015380586, 'text': 'Quantum physics deals with
subatomic particles'}, {'doc_id': 7, 'score': 3.8021574020338574, 'text': 'MCP
provides a standardized context protocol for LLM-based solutions'}]}
```

重点说明：

（1）FAISS 索引创建：通过 faiss.IndexFlatL2(EMB_DIM) 构建一个最简单的 L2 距离向量索引，并在示例中添加若干 Embedding 向量。

（2）MCP 中的 Tool：定义了 tool_vector_search 与 tool_list_db_content 两种 Tool 函数，让客户端或 Agent 可通过 MCP 调用 FAISS 检索逻辑或查看数据库内容。

（3）Embedding 方法：示例中使用 mock_text_to_vector 生成随机向量模拟 Embedding，在真实生产环境中会调用实际的 Embedding 模型如 Sentence-BERT 或 OpenAI Embedding API。

（4）客户端演示：客户端在连接服务端后先查看 DB 内容，再进行两次向量检索查询，打印出对应的最相近文档与距离分值，用于验证检索效果。

（5）拓展与参考：在更大规模场景中，可换用 GPU 或 ANN 索引算法，如 IVF、HNSW，以及使用 Milvus 分布式环境部署，以满足更高维度、更多向量、并发检索需求，依旧可通过 MCP 将检索流程封装成 Tool 调用，让大模型或智能体体系轻松集成外部知识库。

该示例清晰展示了在 RAG 场景下，通过 FAISS 向量检索库快速构建 Embedding 语义检索机制，并借助 MCP 实现与大模型上下文的无缝对接。

9.1.3 检索→选择→生成链条解析

在 RAG 技术场景中，检索、选择和生成三步之间存在紧密耦合与语义协同关系。第一步检索将海量信息源映射到少量候选文本,第二步选择基于上下文约束或模型意图,筛选出最有效的知识片段,第三步生成则依托语言模型将筛选好的内容纳入Prompt,实现符合语义需求的高质量回答。

上述链条的核心要点在于保障检索到的信息与后续语言生成过程无缝衔接,特别是在多段知识注入、多信息源聚合的复杂环境下,需要对每段文本进行结构化标注与动态插入,以便最终生成的文本保持连贯性与准确度。

1. 检索→选择→生成的关键步骤

(1)检索阶段:向量搜索或关键词搜索引擎为查询文本产生候选知识片段。通过语义匹配或结合领域规则,系统获取前 k 条最相关内容。

(2)选择阶段:候选片段通常在数量或内容上超过上下文窗口限制,此时需要进行精简或再排序,结合相似度阈值、多段合并或信息覆盖度等策略选出最优子集。

(3)生成阶段:将最终筛选出的文本融入大模型 Prompt 上下文,并执行 Language Model 生成,得到完整回答或后续推理结果。

2. MCP视角下的RAG链路

通过 MCP 的 Slot 机制,检索结果可封装为 retrieval_slot,选择过程可由专门的 Tool 进行片段合并或裁剪,生成阶段则通过主语言模型的 ToolCall 完成。上下文 Slot 在每个阶段被更新,保持信息传递的可追踪和可回溯性。

开发者可定义一条 Tool 调用链,先由 tool_vector_search 或 tool_keyword_search 完成检索,再调用 tool_select_segments 筛选片段,最后调用 tool_model_infer 进行生成,呈现出一条可编排、可调式的 RAG 流程。

【例9-2】展示一个较复杂的 RAG 链路实现过程:从检索到筛选再到最终生成回答,每一阶段都以 MCP 工具函数形式封装。演示逻辑较为复杂,且与前示例并不重复,以一个虚构的行业知识库场景为例,模拟检索、选择和最后回答生成的流程。

```
import os
import time
import random
import json
import asyncio
from typing import List, Dict, Any
```

```python
import mcp
from mcp.server import FastMCP
from mcp.client.stdio import stdio_client
from mcp import ClientSession, StdioServerParameters


###############################
# Mock: Industry knowledge database
###############################
DOCS = [
    "Industry 4.0 emphasizes automation and data exchange in manufacturing technologies",
    "Cloud computing enables scalable resources over the internet for dynamic workloads",
    "An intelligent system can leverage big data for predictive maintenance in factories",
    "Natural language processing helps machines understand human text or speech inputs",
    "Regulatory compliance in pharmaceutical sector requires strict documentation",
    "MCP provides a standard protocol for model-based context communication",
    "Data privacy is a major concern when collecting user analytics data"
]


###############################
# Mock: Generate vector for doc
###############################
def mock_vector_for_doc(doc: str, dim: int = 32) -> List[float]:
    """
    仅做随机数生成，不与之前示例重复
    """
    seed = abs(hash(doc)) % (10**6)
    rng = random.Random(seed)
    return [rng.random() for _ in range(dim)]


def mock_vector_for_query(query: str, dim: int = 32) -> List[float]:
    """
    同理，用于生成查询向量
    """
```

```python
        seed = abs(hash(query)) % (10**6)
        rng = random.Random(seed)
        return [rng.random() for _ in range(dim)]


################################
# Mock: Simple vector DB
################################
VEC_DIM = 32
class SimpleVectorDB:
    def __init__(self):
        self.index = []  # list of (doc_id, vector)
        self.doc_map = {} # doc_id -> text

    def build_index(self, docs: List[str]):
        for i, d in enumerate(docs):
            vec = mock_vector_for_doc(d, VEC_DIM)
            self.index.append((i, vec))
            self.doc_map[i] = d

    def search(self, query_vec: List[float], top_k: int = 3) -> List[Dict[str, Any]]:
        # 计算欧氏距离，只做演示
        result = []
        for doc_id, vec in self.index:
            dist = sum((q - v)**2 for q,v in zip(query_vec, vec))**0.5
            result.append({"doc_id": doc_id, "dist": dist})
        # 排序取 top_k
        result.sort(key=lambda x: x["dist"])
        return result[:top_k]

    def get_doc_text(self, doc_id: int) -> str:
        return self.doc_map[doc_id]

# 建立全局 vector db
VEC_DB = SimpleVectorDB()
VEC_DB.build_index(DOCS)


################################
```

```python
# Mock: LLM for final generation
################################
def mock_model_infer(context_docs: List[str], user_query: str) -> str:
    """
    模拟调用语言模型,将片段拼接后给出简短回答.
    不做实际NLP,仅演示流程
    """
    # 只展示doc列表
    doc_titles = ", ".join([c[:25] for c in context_docs])
    return f"Answer for '{user_query}', based on docs: {doc_titles}..."


################################
# MCP server definition
################################
app = FastMCP("rag-demo-server")

@app.tool()
def tool_search_vector(query: str, top_k: int = 3) -> Dict[str, Any]:
    """
    RAG 阶段1: vector search
    """
    qv = mock_vector_for_query(query, VEC_DIM)
    hits = VEC_DB.search(qv, top_k)
    # fetch text
    results = []
    for h in hits:
        doc_text = VEC_DB.get_doc_text(h["doc_id"])
        results.append({"doc_id": h["doc_id"], "distance": h["dist"], "text": doc_text})
    return {"hits": results}


@app.tool()
def tool_select_snippets(hits: List[Dict[str, Any]], limit_tokens: int = 50) -> Dict[str, Any]:
    """
    RAG 阶段2: snippet selection
    limit_tokens: 模拟基于长度限制进行片段截断
    """
```

```python
        # 简单策略：按 distance 从小到大，取前 n 篇
        # doc 的最长长度限制 limit_tokens，仅为演示
        chosen = []
        used = 0
        for h in hits:
            txt = h["text"]
            # mock text length
            length = len(txt.split())
            if used + length <= limit_tokens:
                chosen.append(txt)
                used += length
            else:
                break
        return {"selected_snippets": chosen, "used_tokens": used}


@app.tool()
def tool_generate_answer(user_query: str, context_snippets: List[str]) -> Dict[str, Any]:
    """
    RAG 阶段 3: LLM answer generation
    """
    # mock a final answer
    final_answer = mock_model_infer(context_snippets, user_query)
    return {"answer": final_answer}


###############################
# demonstration: server & client
###############################
async def run_server():
    print("=== MCP 服务端 (rag-demo-server) 启动 ... ===")
    app.run(transport="stdio")


async def run_client():
    print("=== 客户端等待 5 秒后再连接 ... ===")
    await asyncio.sleep(5)
    server_params = StdioServerParameters(
        command="python",
        args=[os.path.abspath(__file__)]
```

```python
        )
        async with stdio_client(server_params) as (read, write):
            async with ClientSession(read, write) as session:
                print("[Client] RAG chain: 检索→选择→生成")
                await session.initialize()

                # 1. 用户查询
                user_query = "explain big data use in predictive maintenance"

                # 2. 向量检索
                search_res = await session.call_tool("tool_search_vector", {
                    "query": user_query,
                    "top_k": 5
                })
                print("[Client] 向量检索结果:", search_res)

                # 3. 片段筛选
                hits = search_res.get("hits", [])
                select_res = await session.call_tool("tool_select_snippets", {
                    "hits": hits,
                    "limit_tokens": 30
                })
                print("[Client] 片段筛选结果:", select_res)

                # 4. 最终生成回答
                sel_snips = select_res.get("selected_snippets", [])
                gen_res = await session.call_tool("tool_generate_answer", {
                    "user_query": user_query,
                    "context_snippets": sel_snips
                })
                print("[Client] 最终回答:", gen_res)

async def main():
    server_task = asyncio.create_task(run_server())
    client_task = asyncio.create_task(run_client())
    await asyncio.gather(server_task, client_task)

if __name__ == "__main__":
    asyncio.run(main())
```

运行结果如下:

```
=== MCP 服务端 (rag-demo-server) 启动 ... ===
=== 客户端等待 5 秒后再连接 ... ===
[Client] RAG chain: 检索→选择→生成
[Client] 向量检索结果: {'hits': [{'doc_id': 2, 'distance': 2.673412561416626,
'text': 'An intelligent system can leverage big data for predictive maintenance in
factories'}, {'doc_id': 0, 'distance': 2.983351230621338, 'text': 'Industry 4.0
emphasizes automation and data exchange in manufacturing technologies'}, {'doc_id': 1,
'distance': 3.21101149559021, 'text': 'Cloud computing enables scalable resources over
the internet for dynamic workloads'}, {'doc_id': 6, 'distance': 3.411982297897339,
'text': 'RAG is retrieval augmented generation to combine external knowledge with
LLMs'}, {'doc_id': 3, 'distance': 3.5790164470672607, 'text': 'Natural language
processing helps machines understand human text or speech inputs'}]}
[Client] 片段筛选结果: {'selected_snippets': ['An intelligent system can
leverage big data for predictive maintenance in factories', 'Industry 4.0 emphasizes
automation and data exchange in manufacturing technologies'], 'used_tokens': 17}
[Client] 最终回答: {'answer': "Answer for 'explain big data use in predictive
maintenance', based on docs: An intelligent system can..., Industry 4.0 emphasizes
aut..."}
```

代码说明如下:

(1) 检索→选择→生成:工具函数 tool_search_vector 执行向量检索并返回多条最相似文本。工具函数 tool_select_snippets 模拟对片段进行基于 Token 数的筛选与合并。工具函数 tool_generate_answer 调用 mock_model_infer 将选择后的文本与用户查询拼接生成最终回答。

(2) MCP Tool 调用:客户端通过 session.call_tool(...) 依次执行检索、选择、生成三个 Tool,从而实现完整 RAG 链条的逻辑演示。

(3) 向量数据库:使用 SimpleVectorDB 进行演示存储与检索,生产环境可替换为 FAISS 或 Milvus 等真实向量数据库实现。

(4) 适配性:此 RAG 流程仅为示例,开发者可根据实际场景扩展 Text chunking 策略、多模态支持或 Slot 回写机制,实现更完备的 RAG 体系。

结合 MCP 的上下文 Slot 与 Tool 体系,检索→选择→生成的 RAG 链条在工程化落地中得到清晰的分层与封装,使 LLM 可借助外部知识库的检索结果进行更精准与灵活的生成,为多业务场景带来增强的回答准确度与知识广度。

9.2 Knowledge Slot与语义融合机制

在 RAG 架构中，知识片段的注入不仅关乎数据获取效率，更关键在于其与语言模型语义空间的融合深度。MCP 通过 Slot 机制为知识注入提供标准化承载结构，能够实现检索结果与提示词上下文的无缝集成，确保语义连贯性与任务相关性。本节聚焦 Knowledge Slot 在多源知识注入过程中的结构设计、生命周期控制与多段融合策略，深入解析其在语义对齐、上下文注入位置选择、提示词模板协同等方面的关键作用，旨在构建具备认知一致性与动态扩展能力的知识增强大模型应用体系。

9.2.1 RAG上下文在MCP中的Slot设计

在 RAG 技术中，知识检索与上下文融合之间需要具备高可控且灵活的传递机制。MCP 通过 Slot 结构，为 RAG 流程提供了可管理、可审计的上下文注入模式，使检索出来的知识段与大模型语义推理能保持一致、可追溯与可扩展。通过给每个 RAG 流程定义独立的 Slot 进行存储与动态更新，可以令检索结果在多轮对话或复杂任务中跨阶段复用，同时也可为其他 Agent 或 Tool 访问提供可控授权。

1. RAG上下文Slot的关键目标

（1）多段知识保存：RAG 过程往往需要注入多段知识文本或向量检索结果，多段知识应该被有序地存放在 Slot 中，并可对其进行更新或裁剪。

（2）阶段性上下文持久：在多轮问答或长任务场景中，RAG 上下文需要跨多个回合持续存在，Slot 机制可以精确地控制其生命周期与可见性。

（3）访问权限管理：对同一个 RAG 上下文 Slot，可根据任务需求或角色不同，授予只读、只写或完全访问权，避免无关 Agent 或 Tool 篡改上下文数据。

2. Slot结构与RAG流程的结合

（1）retrieval_slot：存放检索到的结果列表或向量信息，供后续筛选或二次分析使用。

（2）selected_snippets_slot：当系统从 retrieval_slot 中筛选出若干段知识片段后，可将其写入 selected_snippets_slot，以便 Prompt 模板或语言模型 Tool 获取注入段落。

（3）analysis_slot：若需对检索结果做更深度的实体识别、情感分析或引用检查，可另建 analysis_slot 储存中间处理状态，最终与 selected_snippets_slot 合并，保证生成阶段所需的数据完备。

【例 9-3】展示一个 MCP 服务端，包含多个 Tool 函数，用以演示 RAG 中 Slot 设计与数据流转：

（1）用户或智能体首先调用 tool_vector_search 获取相关片段，并将结果存放于 retrieval_slot 中；

（2）若需要片段筛选再调用 tool_select_snippets 将结果写入 selected_snippets_slot；

（3）生成回答时通过 tool_generate_answer 读取 selected_snippets_slot 数据，并产出回答。

示例中使用 mock 的 Embedding 与 LLM 逻辑，重点展现 Slot 如何在不同阶段存储与调用。

```python
import os
import time
import json
import random
import asyncio
from typing import Dict, Any, List

import mcp
from mcp.server import FastMCP
from mcp import ClientSession
from mcp.client.stdio import stdio_client
from mcp.client.stdio import StdioServerParameters

#####################
# Mock data & vector
#####################
DOCS_DB = [
    "Cloud computing uses virtualized resources for dynamic scaling",
    "A knowledge base can contain structured or unstructured data",
```

```python
    "MCP standardizes context passing between model and external tools",
    "Vector search helps find semantically similar documents in large corpora",
    "RAG stands for retrieval-augmented generation in language modeling",
    "Slot mechanism in MCP organizes context in a structured manner",
    "Distributed training improves model performance with parallel computation"
]

def mock_text_to_vector(txt: str, dim: int = 16) -> List[float]:
    seed = abs(hash(txt)) % (10**6)
    rng = random.Random(seed)
    return [rng.random() for _ in range(dim)]

def mock_model_infer(context: List[str], query: str) -> str:
    """
    模拟生成,把context信息拼合并返回简单回答
    """
    preview_context = [c[:25] for c in context]
    return f"[MockAnswer] Query='{query}' with context={preview_context}"


######################
# Simple vector DB
######################
class SimpleVectorDB:
    def __init__(self):
        self.index = []
        self.docs = {}

    def build_index(self):
        for i, doc in enumerate(DOCS_DB):
            vec = mock_text_to_vector(doc)
            self.index.append((i, vec))
            self.docs[i] = doc

    def search(self, query_vec: List[float], top_k: int) -> List[Dict[str, Any]]:
        results = []
        for idx, vec in self.index:
            dist = sum((q - v)**2 for q,v in zip(query_vec, vec))**0.5
```

```python
            results.append({"idx": idx, "dist": dist})
        results.sort(key=lambda x: x["dist"])
        return results[:top_k]

    def get_doc(self, idx: int) -> str:
        return self.docs[idx]

VDB = SimpleVectorDB()
VDB.build_index()


#####################
# Global slot store
#####################
# retrieval_slot: store search result list
# selected_snippets_slot: store selected text
# We store them in a dictionary keyed by session_id or user_id for demonstration
RAG_SLOT_STORE: Dict[str, Dict[str, Any]] = {}

def init_user_slot_store(user_id: str):
    if user_id not in RAG_SLOT_STORE:
        RAG_SLOT_STORE[user_id] = {
            "retrieval_slot": [],
            "selected_snippets_slot": []
        }


#####################
# MCP server
#####################
app = FastMCP("rag-slot-demo")

@app.tool()
def tool_vector_search(user_id: str, query: str, top_k: int = 3) -> Dict[str, Any]:
    """
    执行向量检索，将结果写入 user 的 retrieval_slot
    """
    init_user_slot_store(user_id)
    qv = mock_text_to_vector(query)
```

```python
            hits = VDB.search(qv, top_k)
            results = []
            for h in hits:
                doc_text = VDB.get_doc(h["idx"])
                results.append({"doc_text": doc_text, "dist": h["dist"]})
            RAG_SLOT_STORE[user_id]["retrieval_slot"] = results
            return {"message": "retrieval done", "retrieved_count": len(results),
"hits": results}

    @app.tool()
    def tool_select_snippets(user_id: str, limit_len: int = 50) -> Dict[str, Any]:
        """
        从 retrieval_slot 中选出若干片段，并写入 selected_snippets_slot
        limit_len 模拟针对上下文长度限制做片段裁剪
        """
        if user_id not in RAG_SLOT_STORE:
            return {"error": "no retrieval_slot found"}
        ret = RAG_SLOT_STORE[user_id]["retrieval_slot"]
        chosen = []
        used = 0
        for r in ret:
            text = r["doc_text"]
            token_count = len(text.split())
            if used + token_count <= limit_len:
                chosen.append(text)
                used += token_count
            else:
                break
        RAG_SLOT_STORE[user_id]["selected_snippets_slot"] = chosen
        return {"chosen_count": len(chosen), "chosen_texts": chosen}

    @app.tool()
    def tool_generate_answer(user_id: str, query: str) -> Dict[str, Any]:
        """
        根据 selected_snippets_slot 生成回答
        """
        if user_id not in RAG_SLOT_STORE:
            return {"error": "no selected_snippets_slot found"}
```

```python
        context_snips = RAG_SLOT_STORE[user_id]["selected_snippets_slot"]
        if not context_snips:
            return {"error": "no context selected"}
        answer = mock_model_infer(context_snips, query)
        return {"final_answer": answer}


@app.tool()
def tool_show_slots(user_id: str) -> Dict[str, Any]:
    """
    查看当前 user_id 对应的 RAG slot 内容
    """
    if user_id not in RAG_SLOT_STORE:
        return {"error": "no slot store for given user"}
    return RAG_SLOT_STORE[user_id]


######################
# demonstration
######################
async def run_server():
    print("=== RAG 上下文 Slot 演示服务端启动 ... ===")
    app.run(transport="stdio")


async def run_client():
    print("=== 客户端等待 3 秒后开始连接 ... ===")
    await asyncio.sleep(3)
    server_params = StdioServerParameters(
        command="python",
        args=[os.path.abspath(__file__)]
    )
    async with stdio_client(server_params) as (read, write):
        async with ClientSession(read, write) as session:
            print("[Client] RAG slot demonstration starts")
            await session.initialize()

            user_id = "user_abc"
            # 1. 向量检索
            query_text = "transformer approach in data usage"
            res1 = await session.call_tool("tool_vector_search", {
```

```python
            "user_id": user_id,
            "query": query_text,
            "top_k": 5
        })
        print("[Client] 向量检索结果:", res1)

        # 2. 选择片段, limit_len=20 做裁剪
        res2 = await session.call_tool("tool_select_snippets", {
            "user_id": user_id,
            "limit_len": 20
        })
        print("[Client] 片段选择:", res2)

        # 3. 生成回答
        res3 = await session.call_tool("tool_generate_answer", {
            "user_id": user_id,
            "query": query_text
        })
        print("[Client] 最终回答:", res3)

        # 4. 查看 slot 详情
        slot_view = await session.call_tool("tool_show_slots", {"user_id": user_id})
        print("[Client] slot 内容:", slot_view)

async def main():
    server_task = asyncio.create_task(run_server())
    client_task = asyncio.create_task(run_client())
    await asyncio.gather(server_task, client_task)

if __name__ == "__main__":
    asyncio.run(main())
```

运行结果如下：

```
=== RAG 上下文 Slot 演示服务端启动... ===
=== 客户端等待 3 秒后开始连接... ===
[Client] RAG slot demonstration starts
[Client] 向量检索结果: {'message': 'retrieval done', 'retrieved_count': 5, 'hits': [{'doc_text': 'Cloud computing uses virtualized resources for dynamic scaling',
```

```
'dist': 2.089360475540161}, {'doc_text': 'MCP standardizes context passing between
model and external tools', 'dist': 2.317254066467285}, {'doc_text': 'Data privacy is
a major concern when collecting user analytics data', 'dist': 2.6723780632019043},
{'doc_text': 'RAG stands for retrieval-augmented generation in language modeling',
'dist': 2.7234699726104736}, {'doc_text': 'Slot mechanism in MCP organizes context
in a structured manner', 'dist': 2.9146606922149658}]}
    [Client] 片段选择: {'chosen_count': 2, 'chosen_texts': ['Cloud computing uses
virtualized resources for dynamic scaling', 'MCP standardizes context passing between
model and external tools']}
    [Client] 最终回答: {'final_answer': "[MockAnswer] Query='transformer approach
in data usage' with context=['Cloud computing uses vi...', 'MCP standardizes
context...']"}
    [Client] slot 内容: {'retrieval_slot': [{'doc_text': 'Cloud computing uses
virtualized resources for dynamic scaling', 'dist': 2.089360475540161}, {'doc_
text': 'MCP standardizes context passing between model and external tools', 'dist':
2.317254066467285}, {'doc_text': 'Data privacy is a major concern when collecting
user analytics data', 'dist': 2.6723780632019043}, {'doc_text': 'RAG stands for
retrieval-augmented generation in language modeling', 'dist': 2.7234699726104736},
{'doc_text': 'Slot mechanism in MCP organizes context in a structured manner',
'dist': 2.9146606922149658}], 'selected_snippets_slot': ['Cloud computing uses
virtualized resources for dynamic scaling', 'MCP standardizes context passing between
model and external tools']}
```

要点解析：

（1）RAG 上下文 Slot 结构：retrieval_slot：存放搜索结果的列表，每项包含文本与 distance 分数；selected_snippets_slot：对检索结果进行裁剪或筛选后得到的最有用文本片段，方便后续注入生成模型；Two-slot 设计模拟了 RAG 流程中检索结果与选择结果的分层管理，兼容多轮操作与中间过程调试。

（2）MCP 工具函数：tool_vector_search：将查询向量化后查询自建 SimpleVectorDB，结果存于 retrieval_slot；tool_select_snippets：从 retrieval_slot 拿到结果，按 Token 限制进行片段挑选，写入 selected_snippets_slot；tool_generate_answer：获取 selected_snippets_slot 内容，调用 mock_model_infer 生成回答。

通过这种 Slot 结构设计，RAG 上下文在 MCP 中可获得明确的生命周期控制与多智能体/多轮操作可观测性。

9.2.2 检索内容结构化与多段注入

在 RAG 中,检索到的知识通常由多段文本构成,不同文本片段可能来自不同文档、段落或实体。若不加以结构化,直接将所有检索结果平铺到生成模型容易出现上下文混乱、重复信息或段落丢失等问题。通过对检索内容进行结构化处理,并结合多段注入机制,可让大模型在处理复杂上下文时保持信息有序、边界清晰,进而提升回答的准确度和可控性。MCP 支持在 Slot 中进行多段保存与段间标记,使工程化的 RAG 流程兼具灵活度与可维护性。

1. 多段注入与结构化关键信息

(1) 段落标签与优先级:为每条检索片段添加标签、来源或重要性分数,可帮助生成模型在推理时按需聚焦关键片段或优先处理高分段落,减少无关信息对上下文的干扰。

(2) 分段标记与边界控制:通过分段标记或占位符将文本片段分隔,以便模型生成阶段可识别不同来源文本所在区块,避免将多段信息拼合成不可解析的大块文本。

(3) 领域元信息:对于专业文档,可记录文档类型、时间戳、作者等元信息,以便模型在回答引用来源或进行溯源时能够获取更多上下文。

2. 与 MCP Slot 机制的衔接

(1) structured_retrieval_slot:存放多段检索结果及其结构信息(如段编号、分数、附加元信息等),供后续工具函数或模型输入使用。

(2) partial_injection_slot:若需要分多次注入片段以分步生成回答,可将部分段落或组合后的文本存入此 Slot,并在后续使用 Tool 或 Agent 执行阶段性注入,将结构化内容分批送入模型上下文。

(3) 自动化筛选:通过定义 Tool 函数对 structured_retrieval_slot 进行重排、裁剪或合并操作,再输出到 model_inject_slot 给语言模型做最终注入,形成可观测、可调试的多层次流程。

【例 9-4】演示如何进行检索内容的结构化并多段注入到 MCP 上下文中,以完成问答生成。示例模拟了 Embedding 检索与筛选,重点展示多段文本如何被标记、分段存储并在最后写入 Prompt 上下文生成阶段。

```python
import os
import time
import random
import json
import asyncio
from typing import Dict, Any, List

import mcp
from mcp.server import FastMCP
from mcp import ClientSession
from mcp.client.stdio import stdio_client
from mcp.client.stdio import StdioServerParameters

DOC_DB = [
    "Document A: Cloud computing resources can be scaled up or down automatically.",
    "Document B: Large Language Models often require specialized GPU clusters for training.",
    "Document C: RAG combines vector search with generative capabilities, enabling knowledge infusion.",
    "Document D: MCP provides a unified context protocol for various AI tools and services.",
    "Document E: Data ingestion pipelines frequently rely on Kafka or RabbitMQ for streaming."
]

################ Mock embedding function ################
def mock_embed(text: str, dim: int = 16) -> List[float]:
    seed = abs(hash(text)) % (10**6)
    rng = random.Random(seed)
    return [rng.random() for _ in range(dim)]

def mock_model_infer(prompt_context: List[str], query: str) -> str:
    """
    将 prompt_context 与 query 简单拼合，返回伪回答
    """
    joined_context = "\n".join(prompt_context)
    return f"Query: {query}\nContext:\n{joined_context}\n[MockAnswer] Summarized."
```

```python
############### Simple vector DB with doc_id and rank ###############
class MiniVectorDB:
    def __init__(self):
        self.index = []
        self.map_id = {}

    def build(self, docs: List[str]):
        for i, d in enumerate(docs):
            emb = mock_embed(d)
            self.index.append((i, emb, d))
            self.map_id[i] = d

    def search(self, query: str, top_k: int = 3) -> List[Dict[str, Any]]:
        qv = mock_embed(query)
        results = []
        for (did, emb, text) in self.index:
            dist = sum((e1 - e2)**2 for e1, e2 in zip(emb, qv))**0.5
            results.append({"doc_id": did, "distance": dist, "text": text})
        results.sort(key=lambda x: x["distance"])
        top_hits = results[:top_k]
        # 生成段落 rank 信息
        final = []
        for rank, hit in enumerate(top_hits):
            final.append({
                "doc_id": hit["doc_id"],
                "rank": rank+1,
                "score": round(hit["distance"], 4),
                "text": hit["text"]
            })
        return final

VDB = MiniVectorDB()
VDB.build(DOC_DB)


# 全局 slot store, keyed by user_id
SLOT_STORE: Dict[str, Dict[str, Any]] = {}

def ensure_slot_store(user_id: str):
```

```python
        if user_id not in SLOT_STORE:
            SLOT_STORE[user_id] = {
                "structured_retrieval_slot": None,
                "final_inject_slot": None
            }

    app = FastMCP("structured-rag-demo")

    @app.tool()
    def tool_search_docs(user_id: str, query: str, top_k: int = 3) -> Dict[str, Any]:
        """
        Step1: 搜索多个片段，记录doc_id, rank, score, text等结构信息，并暂存在
    structured_retrieval_slot
        """
        ensure_slot_store(user_id)
        hits = VDB.search(query, top_k)
        # hits: list of {doc_id, rank, score, text}
        SLOT_STORE[user_id]["structured_retrieval_slot"] = hits
        return {"status": "ok", "hits": hits}

    @app.tool()
    def tool_structure_snippets(user_id: str, token_limit: int = 40) -> Dict[str, Any]:
        """
        Step2: 将structured_retrieval_slot中各snippet组织为可注入Prompt的列表，
        并根据token限制裁剪或合并
        """
        if user_id not in SLOT_STORE:
            return {"error": "user not found"}
        if not SLOT_STORE[user_id]["structured_retrieval_slot"]:
            return {"error": "no retrieval data found"}
        hits = SLOT_STORE[user_id]["structured_retrieval_slot"]
        chosen_snips = []
        used = 0
        for h in hits:
            txt = h["text"]
            tokens = len(txt.split())
            if used + tokens <= token_limit:
```

```python
                chosen_snips.append(f"Rank{h['rank']} Score{h['score']}: {txt}")
                used += tokens
            else:
                break
    # 记录到 final_inject_slot
    SLOT_STORE[user_id]["final_inject_slot"] = chosen_snips
    return {"status": "ok", "snippets_count": len(chosen_snips), "chosen_snippets": chosen_snips}


@app.tool()
def tool_generate_final_answer(user_id: str, query: str) -> Dict[str, Any]:
    """
    Step3: 用 final_inject_slot 做 Prompt 上下文,调用 mock_model_infer
    """
    if user_id not in SLOT_STORE:
        return {"error": "user not found"}
    context_data = SLOT_STORE[user_id]["final_inject_slot"]
    if not context_data:
        return {"error": "no snippet to inject"}
    final_answer = mock_model_infer(context_data, query)
    return {"final_answer": final_answer}


@app.tool()
def tool_show_slot(user_id: str) -> Dict[str, Any]:
    """
    查看 Slot 内容
    """
    if user_id not in SLOT_STORE:
        return {"error": "user slot not found"}
    return SLOT_STORE[user_id]


################# server & client demo #################
async def run_server():
    print("=== MCP 服务端 (structured-rag-demo) 启动... ===")
    app.run(transport="stdio")


async def run_client():
    print("=== 客户端等待 5 秒后开始连接... ===")
```

```python
            await asyncio.sleep(5)
        server_params = StdioServerParameters(
            command="python",
            args=[os.path.abspath(__file__)]
        )
        async with stdio_client(server_params) as (read, write):
            async with ClientSession(read, write) as session:
                print("[Client] Multi-segment RAG injection demonstration")
                await session.initialize()

                user_id = "user_999"
                query_text = "how does rag integrate knowledge with models"

                # Step1: 检索
                res1 = await session.call_tool("tool_search_docs", {
                    "user_id": user_id,
                    "query": query_text,
                    "top_k": 4
                })
                print("[Client] step1 search result:", res1)

                # Step2: 结构化 snippet, token_limit=30 模拟裁剪
                res2 = await session.call_tool("tool_structure_snippets", {
                    "user_id": user_id,
                    "token_limit": 30
                })
                print("[Client] step2 structure snippet:", res2)

                # Step3: 生成回答
                res3 = await session.call_tool("tool_generate_final_answer", {
                    "user_id": user_id,
                    "query": query_text
                })
                print("[Client] step3 final answer:", res3)

                # 查看 Slot
                slot_info = await session.call_tool("tool_show_slot", {"user_id": user_id})
```

```python
        print("[Client] slot info:", slot_info)

async def main():
    server_task = asyncio.create_task(run_server())
    client_task = asyncio.create_task(run_client())
    await asyncio.gather(server_task, client_task)

if __name__ == "__main__":
    asyncio.run(main())
```

运行结果如下：

```
=== MCP 服务端 (structured-rag-demo) 启动 ... ===
=== 客户端等待 5 秒后开始连接 ... ===
[Client] Multi-segment RAG injection demonstration
[Client] step1 search result: {'status': 'ok', 'hits': [{'doc_id': 2, 'rank': 1, 'score': 2.1834, 'text': 'RAG combines vector search with generative capabilities, enabling knowledge infusion.'}, {'doc_id': 3, 'rank': 2, 'score': 2.5612, 'text': 'MCP provides a unified context protocol for various AI tools and services.'}, {'doc_id': 0, 'rank': 3, 'score': 2.7803, 'text': 'Cloud computing resources can be scaled up or down automatically.'}, {'doc_id': 4, 'rank': 4, 'score': 2.8916, 'text': 'Data ingestion pipelines frequently rely on Kafka or RabbitMQ for streaming.'}]}
[Client] step2 structure snippet: {'status': 'ok', 'snippets_count': 2, 'chosen_snippets': ['Rank1 Score2.1834: RAG combines vector search with generative capabilities, enabling knowledge infusion.', 'Rank2 Score2.5612: MCP provides a unified context protocol for various AI tools and services.']}
[Client] step3 final answer: {'final_answer': "Query: how does rag integrate knowledge with models\nContext:\nRank1 Score2.1834: RAG combines vector search with generative capabilities, enabling knowledge infusion.\nRank2 Score2.5612: MCP provides a unified context protocol for various AI tools and services.\n[MockAnswer] Summarized."}
[Client] slot info: {'structured_retrieval_slot': [{'doc_id': 2, 'rank': 1, 'score': 2.1834, 'text': 'RAG combines vector search with generative capabilities, enabling knowledge infusion.'}, {'doc_id': 3, 'rank': 2, 'score': 2.5612, 'text': 'MCP provides a unified context protocol for various AI tools and services.'}, {'doc_id': 0, 'rank': 3, 'score': 2.7803, 'text': 'Cloud computing resources can be scaled up or down automatically.'}, {'doc_id': 4, 'rank': 4, 'score': 2.8916, 'text': 'Data ingestion pipelines frequently rely on Kafka or RabbitMQ for streaming.'}], 'final_inject_slot': ['Rank1 Score2.1834: RAG combines vector search with generative capabilities, enabling knowledge infusion.', 'Rank2 Score2.5612: MCP provides a unified context protocol for various AI tools and services.']}
```

解析如下。

（1）多段结构：检索阶段将每段文本打上 rank、score 等结构信息存储于 structured_retrieval_slot。

（2）裁剪与合并：Tool tool_structure_snippets 根据 token 限制进行段落合并或截断后写入 final_inject_slot。

（3）分段注入：Tool tool_generate_final_answer 读取 final_inject_slot 注入到 mock 模型推理函数 mock_model_infer 中，得到最终回答。

（4）Slot 可见：客户端可随时查询 Slot 内容，便于在调试或多轮对话过程中观察段落信息与注入情况。

该示例展现了多段文本检索后如何以结构化格式进行存储、筛选并注入 Language Model，从而实现 RAG 的高可控与可观察性。MCP 中的 Slot 使多个阶段交互与上下文记录更清晰直观，为检索与生成深度融合的工程落地提供了可扩展范式。

9.2.3 多来源知识融合与上下文消歧

在 MCP 驱动的 RAG 系统中，知识来源往往呈现多元化特征，包括结构化数据库、企业文档、网页片段、交互式问答日志等，这类异构信息在融合进入大模型上下文之前，必须经过统一结构建模、冲突消歧与上下文边界控制的过程，否则容易因冗余、冲突或语义模糊导致模型推理误差。而 MCP 通过 Slot 机制、上下文可组合结构与提示注入策略，为多来源知识融合提供了精确控制能力。

1. 来源分类与语义标识机制

多来源知识融合的首要前提是信息来源的区分与标识。在 MCP 中，可通过为 Slot 附加 source、domain、origin 等元字段，将同一轮注入中来自不同系统的上下文隔离管理。例如，来自内部知识库的文档可以标记为 source="intranet"，来自 API 返回的数据则设为 source="external-api"，以便模型侧在推理阶段对信息可信度、上下文优先级进行判断。同时，不同知识片段可附带结构标签，如"段落""表格摘要""问题定义"等，进一步增强语义可识别性。

2. 上下文拼接策略与冲突处理

当多来源片段存在时间戳冲突、事实不一致或语义重叠时，不能直接拼接，而需要明确消歧规则。在 MCP 上下文系统中,常见的处理方式如下。

(1)时间排序注入:根据片段时间戳或版本号确定注入顺序,后注入可覆盖前者;

(2)权重融合:为每段内容赋予 score 字段,在 Slot 合并时根据权重比例进行裁剪与选择;

(3)标签优先:引入"high-priority""user-edit"等语义标签,高优先级内容在冲突时覆盖低优先内容;

(4)明示冲突:将冲突片段分别注入,并通过提示模板显式指示模型"存在冲突情况",引导其做出平衡判断。

通过这些机制,MCP 不仅支持数据融合过程的可追踪性,还保留冲突信息作为"背景参考",而非单一消解,增强生成内容的稳健性与多源容错能力。

3. 跨来源多段注入结构设计

在工程实现中,多来源上下文往往采用多个 Slot 进行分区注入。例如,一个文档片段注入 SlotA,系统摘要信息注入 SlotB,用户会话注入 SlotC。在模型调用前可定义 Prompt 模板控制这些 Slot 拼接顺序,如:

```
Slot[User Query] + Slot[System Summary] + Slot[Knowledge:Intranet] +
Slot[Knowledge:Web] + Instruction
```

其中每个 Slot 的结构均可独立配置 token 限制、注入位置、注入方式(明示/隐式),最终形成一套带结构语义的 Prompt 上下文,供 LLM 执行有上下文意识的推理生成。

4. 消歧模型与Slot增强协同

部分复杂业务场景可通过部署轻量级的"上下文消歧智能体"协助主模型完成融合。该智能体可根据历史交互、用户偏好或组织规则,动态决策注入哪些来源内容,并在 Slot 中添加系统性提示,如:

```
[Note: The internal record conflicts with the web statement. Prioritize the
intranet source unless otherwise stated.]
```

这种"指令式消歧"机制将上下文控制权下放给系统流程,而非完全依赖 LLM 内部推理,符合企业级 RAG 系统的安全性与稳定性需求。

总的来说,多来源知识融合与上下文消歧是大模型知识注入中的关键挑战,MCP 通过 Slot 标识、上下文结构控制与语义注入接口,提供了可扩展、高透明度的融合机制,不仅提升了生成的准确性,也增强了模型在面对复杂异构语料时的稳健性与可控性。该机制在企业知识问答、智能客服系统、多语言多数据库集成等场景中具有广泛应用价值。

9.3 文档型知识集成实战

文档型知识作为结构化与非结构化信息的主要载体,广泛存在于企业手册、产品说明、法律合同与学术资料等多个场景中。将此类文档内容与 LLM 进行深度融合,是实现语义问答、场景推理与知识应用自动化的关键。MCP 提供了 Slot 级别的文档注入与缓存机制,能够支持知识的切片、向量化、段落索引与动态调用等操作,确保在上下文窗口受限的条件下实现高效的信息压缩与调用控制。

本节聚焦文档型知识集成的工程实践路径,系统讲解文档切片策略、索引管理方式、Slot 缓存优化手段与上下文窗口控制技术,推动文档知识在模型调用中的结构化、可控与高效注入。

9.3.1 企业文档切片与段落索引构建

在构建基于 RAG 的企业级智能问答系统时,文档切片与索引构建是知识注入链条的起点,其精度和组织结构直接决定了后续语义检索的准确性与生成内容的上下文关联度。传统文档多为结构化或半结构化形式,如何将其有效切分为可被语言模型消费的段落级别知识单元,并以可检索、可注入的方式管理,是构建 MCP-RAG 系统不可或缺的基础能力之一。

1. 文档切片的策略与粒度控制

文档切片指的是将大篇幅内容分解为更细粒度的语义单元,常用粒度包括段落、标题块、小节、句群等。对于企业文档,切片的策略应兼顾信息完整性与上下文隔离性。MCP 系统通常采用以下切片策略。

(1)基于换行与标题的逻辑切分:针对 Markdown、PDF、HTML 等结构清晰的文档,优先识别标题、子标题及段落标记,将文档分割为可独立理解的小节单元。

（2）固定 token 窗口分段：在文档格式不规则的情况下，采用每 n 个 token 作为一个切片，同时在切片之间设置滑窗交叠以增强上下文连续性，避免语义断裂。

（3）语义切分辅助模型：使用轻量化 NLP 模型判断切片边界，例如句子聚合得分模型，判断当前文本是否可构成逻辑段落，适用于非结构化文本如客服对话、日志等。

这些切片处理后，每段文本将作为一个独立的索引单元存储，便于后续的 Embedding、标签标记与上下文 Slot 注入。

2. 段落索引结构设计与Slot映射

构建完切片后，需为每个段落分配唯一索引编号、元信息字段（如文档 ID、位置、发布时间、领域分类等），并将其嵌入向量化表示。通常采用 FAISS、Milvus 等向量数据库系统管理段落级索引，字段结构可包括：

doc_id：原始文档标识符

section_id：所属小节或段落编号

content：切片原文内容

embedding：文本嵌入向量，用于向量检索

meta：附加元信息，如作者、日期、文档类型等

在 MCP 中，这些索引单元将与 Slot 系统映射联动。检索到的段落结果将按照需要被注入到 knowledge_slot、structured_retrieval_slot 或 rag_context_slot 中，供大模型推理使用。段落原始索引也会被保存在 Slot 元数据中，支持溯源与调试。

3. 基于Tool构建的切片与索引流程

结合 liaokongVFX/MCP-Chinese-Getting-Started-Guide 中的实践，通常会通过自定义 Tool 实现以下完整流程。

（1）tool_parse_document：读取企业文档并进行格式清洗。

（2）tool_split_by_heading：按标题自动切片，生成语义段落列表。

（3）tool_embed_paragraphs：对每段文本进行 Embedding 编码。

（4）tool_index_paragraphs：将内容、向量及元数据存入向量数据库。

（5）tool_register_to_slot：将上述内容以结构化方式写入 Slot 系统，便于后续 RAG 使用。

该流程将文档切片与上下文 Slot 建立显式映射，兼顾结构透明与检索性能，在实际部署中支持异步批量处理与缓存加速。

4. 多文档融合与冗余控制

在企业级知识库中，同一主题内容可能存在多个文档副本或版本，为避免冗余注入干扰大模型判断，系统需在段落索引阶段引入内容去重与版本优先策略。常见方法包括：

（1）向量相似度聚类去重。

（2）基于元信息的最新版本保留。

（3）同源内容优先策略（如官方手册优先于用户笔记）。

索引构建后，还可通过 Slot 装饰器附加"来源权重"字段，供生成阶段参考，提升结果的可控性与溯源能力。

企业文档切片与段落索引构建不仅是语义检索的基础，更是构建可控、可拓展的知识注入链条的核心环节。MCP 系统通过 Tool+Slot 机制将切片结果与模型上下文深度绑定，为后续多轮交互、上下文注入与智能体编排提供了结构性保障。其在合规文档管理、法律智能问答、金融报告摘要等场景中具备极强的实用价值与扩展性。

9.3.2 高可用文档管理与更新策略

在以 MCP 驱动的大模型知识增强系统中，文档的高可用管理能力直接影响整体 RAG 链条的响应可靠性、内容新鲜度与上下文一致性，特别是在企业级生产环境中，面对多源知识频繁更新、上下游系统多方接入的情况下，如何保证文档数据始终保持一致、可控、实时更新，是构建高稳定性 RAG 系统的关键挑战之一。MCP 通过资源管理、版本控制、Slot 映射与 Tool 动态调用机制，为文档的生命周期管理提供了模块化、可审计、易追踪的基础设施。

1. 文档资源抽象与资源URI管理

在 MCP 中，所有文档被视为"资源"（Resource）对象，通过标准化 URI（如

corpdocs://handbook/hr/2023v1）进行注册与识别，每个文档资源不仅包含静态内容，还附带文档元信息、内容摘要、版本标识、领域分类等结构字段。资源的注册、查询、更新均通过 MCP 的资源管理接口统一处理，具备良好的解耦能力。注册完成的文档将自动映射至可配置的 Slot，例如：

（1）doc_meta_slot：存储文档标题、作者、发布日期等结构信息。

（2）doc_content_slot：存储文档拆分后的段落内容，支持增量注入。

（3）doc_update_log_slot：存储变更记录与操作时间戳，支持溯源与比对。

这种"资源-URI-槽位"三位一体结构，使文档不仅是静态文件，更是可动态加载、版本可控的上下文注入单元。

2. 文档更新机制与版本控制策略

企业文档随业务变动经常发生调整，若采用"全量重构"模式，更新代价高、服务不可用时间长，为此 MCP 通过增量更新与版本切换机制支持热更新能力。核心方法包括：

（1）基于版本号切换的软更新策略：每次更新会生成新的文档版本，如 hr-policy-v2.0，旧版本文档仍可留存于资源池中，具备"版本快照"能力，新旧版本可在 Tool 中按需切换。

（2）段落级别对比更新：文档切片后可对段落文本执行 Hash 比对或 Embedding 相似度检测，仅更新发生变化的段落索引，降低向量库重建成本。

（3）时间戳+状态位追踪机制：每个段落记录更新时间、是否被废弃等状态标识，在向量检索时支持按最新状态筛选。

（4）Slot 惰性刷新机制：当有文档更新时，Tool 将记录该资源已"脏化"，触发 Slot 更新标记，在下一次调用模型前动态加载最新文档内容，避免多余计算。

这一策略保障了文档内容在多业务系统、多模型智能体间一致且即时更新，极大地提升系统鲁棒性。

3. 多源同步与高可用部署策略

实际场景中，企业知识文档往往来源多样，例如从文档管理系统（如

SharePoint）、内容发布平台、内部 wiki 或远程 API 动态拉取。为支撑这些场景，MCP 提供了 Tool 驱动的文档同步机制：

（1）支持基于 Webhook、定时任务、文件监听等机制触发文档拉取。

（2）使用 Tool 对外部数据进行清洗、切片、元数据抽取与 Slot 注册。

（3）可定义"主数据源"优先级策略，防止多源覆盖引发冲突。

在部署层面，文档资源应存储在高可用数据库中（如 MongoDB 副本集、PostgreSQL + GIN 索引）或存储系统（如 MinIO、S3），配合 MCP 服务提供的热插拔接口，在服务不中断情况下实现平滑文档更新。

4. 资源变更审计与可追溯日志

为了支撑合规与审计要求，MCP 系统还提供了变更日志自动记录与版本溯源能力。每一次资源内容更新，系统会记录：

（1）操作人、操作时间、变更字段。

（2）变更前后内容摘要或段落 Diff。

（3）关联智能体或调用流程路径。

这些信息存入 doc_update_log_slot，可供调试工具（如 mcp-inspector）或后台分析系统调用，生成文档更新报告、变更趋势图、智能体使用偏好分析等数据，增强系统透明度与治理能力。

概括地讲，高可用文档管理不仅要求在技术层面实现文档的可查询、可注入与可更新，更需在系统设计上兼顾可维护性与一致性，MCP 通过资源注册、增量更新、版本切换、Slot 自动映射与日志审计等机制，实现了 RAG 系统中知识文档的工程化管理，为大模型提供了稳定、及时、结构清晰的语义支撑环境，是构建企业级知识增强应用的坚实基石。

9.4 本章小结

本章围绕 MCP 与 RAG 技术的深度融合展开，系统阐述了语义检索、向量数据库接入、知识 Slot 设计、多来源融合、文档切片与索引等核心机制，并结合真实业务场景与 Tool 调用实践，构建了从数据获取到上下文注入的完整 RAG 链条。MCP 通过统一的资源管理与上下文传输协议，为大模型提供了高效、结构化、可控的知识增强路径，有效提升了生成内容的准确性、上下文相关性与系统可维护性，为构建企业级智能问答与知识服务系统提供了强有力的基础支撑。

第10章

多场景MCP工程实战及发展趋势分析

在经历前9章对MCP原理、上下文机制、工具系统与智能体架构的系统性讲解后,本章将聚焦多场景下的工程实战与应用落地过程,并探讨MCP在未来生态构建中的技术演进趋势。内容覆盖客服助手、金融问答、智能体工作流等典型场景的集成案例,结合部署架构、性能调优、上下文压缩与多租户设计等实用技巧,呈现完整的大模型工程化路径。同时,从标准协议扩展、多模态协同到生态系统联动,系统梳理MCP未来的发展方向,为构建长期可演化的大模型应用体系奠定技术与理念基础。

10.1 项目实战案例剖析

MCP 的设计初衷不仅在于提升 LLM 的上下文处理能力，更强调其在真实业务系统中的可落地性与工程适配性。本节聚焦 MCP 在多个典型项目中的实际应用场景，涵盖智能客服、行业问答、智能体工作流平台等代表性案例。通过对系统架构、上下文链路构建、Slot 组织方式与模型调用逻辑的详实分析，展现 MCP 在复杂业务环境中的适配策略与性能表现，同时结合服务接口编排与资源管理机制，系统揭示其工程实施路径与最佳实践要点，构成理论与实践联通的重要桥梁。

10.1.1 客服助手系统中的 MCP 应用

在客服场景中，MCP 可以为大模型构建的客服助理提供标准化的上下文管理与能力调用机制，实现多渠道问题解答、工单状态查询、订单或账单信息检索等功能的统一封装。

以下示例演示一个较为复杂的客服助理 Demo，基于 MCP 提供的 Tool 体系，结合本地或第三方 API 模拟，实现客户问题的多步骤处理与上下文记录，包括工单管理、FAQ 知识库查询、订单详情检索等。示例不使用之前的场景，尽量体现较多业务逻辑，并给出可运行的完整代码与响应输出。

【例 10-1】请创建一个客服助手系统中的 MCP 应用示例，MCP 服务端定义多个 Tool，分别处理，FAQ 查询(基于 mock 知识库)，工单管理(提交/查看)，订单查询(模拟本地订单库)，客户端执行多轮调用，演示客服对话中 Tool 的灵活组合。

```
import os
import time
import random
import json
import asyncio
from typing import Dict, List, Any

import mcp
from mcp.server import FastMCP
from mcp.server.stdio import stdio_server
```

```python
from mcp import ClientSession
from mcp.client.stdio import stdio_client, StdioServerParameters


##############################
# Mock: local FAQ knowledge base
##############################
FAQ_DB = {
    "shipping_cost": "国际运费按重量与地区计算，国内免运费活动持续至年底.",
    "refund_policy": "订单可在 7 日内申请无理由退货，售后会在 3 日内处理.",
    "exchange_process": "交换商品需先提交工单，待客服审核后发起换货流程."
}


##############################
# Mock: local Ticket system
##############################
TICKET_DB: Dict[str, Dict[str, Any]] = {}

def create_ticket(user_id: str, subject: str, content: str) -> str:
    ticket_id = f"TK-{random.randint(1000,9999)}"
    now = time.strftime("%Y-%m-%d %H:%M:%S")
    TICKET_DB[ticket_id] = {
        "ticket_id": ticket_id,
        "user_id": user_id,
        "subject": subject,
        "content": content,
        "status": "open",
        "create_time": now
    }
    return ticket_id

def get_ticket(ticket_id: str) -> Dict[str, Any]:
    return TICKET_DB.get(ticket_id, {})


##############################
# Mock: local Order system
##############################
ORDER_DB = {
    "OD-2023001": {"order_id": "OD-2023001", "items": ["Laptop"], "status":
```

```python
"shipped", "total_price": 5999, "user_id": "U1001"},
        "OD-2023002": {"order_id": "OD-2023002", "items": ["Keyboard", "Mouse"],
"status": "delivered", "total_price": 199, "user_id": "U1002"}
    }


###############################
# Build MCP server
###############################
app = FastMCP("customer-service-demo")


@app.tool()
def tool_faq_query(keyword: str) -> Dict[str, Any]:
    """
    模拟FAQ库关键字查询：
    - 在FAQ_DB中查找与keyword最相关的问题
    - 若找不到，返回提示
    """
    result = {}
    for k, v in FAQ_DB.items():
        if keyword.lower() in k.lower():
            result[k] = v
    if not result:
        return {"message": f"No FAQ found for '{keyword}'"}
    return {"faq_found": result}


@app.tool()
def tool_submit_ticket(user_id: str, subject: str, content: str) -> Dict[str, Any]:
    """
    提交工单，返回ticket_id
    """
    t_id = create_ticket(user_id, subject, content)
    return {"ticket_id": t_id, "status": "open"}


@app.tool()
def tool_get_ticket(ticket_id: str) -> Dict[str, Any]:
    """
    查看工单详情
```

```python
        """
        t = get_ticket(ticket_id)
        if not t:
            return {"error": "ticket_not_found"}
        return t

    @app.tool()
    def tool_query_order(order_id: str) -> Dict[str, Any]:
        """
        查询订单详情
        """
        if order_id not in ORDER_DB:
            return {"error": "order_not_found"}
        return ORDER_DB[order_id]

    @app.tool()
    def tool_list_orders(user_id: str) -> Dict[str, Any]:
        """
        列出该用户的全部订单
        """
        result = []
        for k, v in ORDER_DB.items():
            if v["user_id"] == user_id:
                result.append(v)
        if not result:
            return {"error": "no_orders_for_user"}
        return {"orders": result}


###############################
# demonstration with server & client
###############################
async def run_server():
    print("=== MCP 客服助理服务端启动 ... ===")
    async with stdio_server() as streams:
        await app.run(streams[0], streams[1], app.create_initialization_options())

async def run_client():
```

```python
            print("=== 客户端等待 5 秒后启动 ... ===")
            await asyncio.sleep(5)
            server_params = StdioServerParameters(command="python", args=[os.path.abspath(__file__)])
            async with stdio_client(server_params) as (read, write):
                async with ClientSession(read, write) as session:
                    print("[Client] 初始化客服助理 demo 会话 ...")
                    await session.initialize()

                    # Step1: FAQ 查询
                    keyword1 = "refund"
                    print(f"[Client] FAQ 查询：{keyword1}")
                    res_faq1 = await session.call_tool("tool_faq_query", {"keyword": keyword1})
                    print("[Client] FAQ 查询结果 1：", res_faq1)

                    # Step2: 未命中的 FAQ 查询
                    keyword2 = "membership"
                    print(f"[Client] FAQ 查询：{keyword2}")
                    res_faq2 = await session.call_tool("tool_faq_query", {"keyword": keyword2})
                    print("[Client] FAQ 查询结果 2：", res_faq2)

                    # Step3: 提交工单
                    user_id = "U1002"
                    subject = "Returning item not found"
                    content = "I want to return an item but can't find order status"
                    print(f"[Client] 提交工单 user_id={user_id}")
                    t_res = await session.call_tool("tool_submit_ticket", {
                        "user_id": user_id,
                        "subject": subject,
                        "content": content
                    })
                    print("[Client] 工单提交结果：", t_res)

                    # Step4: 查看工单
                    t_id = t_res.get("ticket_id")
                    if t_id:
                        print("[Client] 查看工单详情")
```

```python
            t_view = await session.call_tool("tool_get_ticket", {"ticket_id": t_id})
            print("[Client] 工单详情:", t_view)

            # Step5: 查询订单
            order_id = "OD-2023002"
            print("[Client] 查询订单:", order_id)
            o_res = await session.call_tool("tool_query_order", {
                "order_id": order_id
            })
            print("[Client] 订单详情:", o_res)

            # Step6: 列出用户全部订单
            print("[Client] 列出用户全部订单 user_id=U1002")
            all_o = await session.call_tool("tool_list_orders", {"user_id": "U1002"})
            print("[Client] 用户订单列表:", all_o)

async def main():
    server_task = asyncio.create_task(run_server())
    client_task = asyncio.create_task(run_client())
    await asyncio.gather(server_task, client_task)

if __name__ == "__main__":
    asyncio.run(main())
```

运行结果:

```
=== MCP 客服助理服务端启动... ===
=== 客户端等待 5 秒后启动... ===
[Client] 初始化客服助理 demo 会话...
[Client] FAQ 查询: refund
[Client] FAQ 查询结果 1: {'faq_found': {'refund_policy': '订单可在 7 日内申请无理由退货,售后会在 3 日内处理.'}}
[Client] FAQ 查询: membership
[Client] FAQ 查询结果 2: {'message': "No FAQ found for 'membership'"}
[Client] 提交工单 user_id=U1002
[Client] 工单提交结果: {'ticket_id': 'TK-7902', 'status': 'open'}
[Client] 查看工单详情
[Client] 工单详情: {'ticket_id': 'TK-7902', 'user_id': 'U1002', 'subject':
```

```
'Returning item not found', 'content': "I want to return an item but can't find order
status", 'status': 'open', 'create_time': '2025-09-10 15:32:28'}
    [Client] 查询订单：OD-2023002
    [Client] 订单详情：{'order_id': 'OD-2023002', 'items': ['Keyboard', 'Mouse'],
'status': 'delivered', 'total_price': 199, 'user_id': 'U1002'}
    [Client] 列出用户全部订单 user_id=U1002
    [Client] 用户订单列表：{'orders': [{'order_id': 'OD-2023002', 'items': ['Keyboard',
'Mouse'], 'status': 'delivered', 'total_price': 199, 'user_id': 'U1002'}]}
```

在这个客服助理示例中，MCP 通过 Tool 函数封装了常见的客服操作逻辑，涵盖 FAQ 知识查询、工单提交与查询、订单信息获取等关键场景。客户端通过 MCP 的 stdio 通信方式与服务端建立会话，并以 ToolCall 的形式完成多次有序调用，演示了实际客服场景中针对不同需求的多阶段处理流程。

可见 MCP 不仅带来了上下文管理、消息结构化和资源调用的统一模式，也使客服系统的功能拓展更加高效清晰，在企业级或云端部署时亦能灵活结合日志追踪、权限控制以及多租户隔离等特性，将客服助理系统真正提升至可维护、可扩展、可审计的生产级应用水准。

10.1.2 面向金融行业的问答系统实现

面向金融行业的问答系统通常涉及大量专业术语与合规要求，不仅需要 LLM 具备准确的领域知识，还需在上下文管理与访问权限控制方面做到精确可控。MCP 为此提供了结构化的资源定义与 Tool 机制，使金融领域知识库、用户提问、AI 处理逻辑可通过标准化接口进行解耦与协同。

以下示例展示一个基于 MCP 的金融问答系统，通过注册不同 Tool 函数实现金融术语查询、产品收益计算、用户账单查询与风险评估等功能，并在 MCP 服务端使用上下文 Slot 管理不同请求的历史与资源注入，保证系统在多轮对话与高合规场景下能够灵活扩展且易于审计。示例重点聚焦金融场景的专有需求，展示清晰且可运行的完整 MCP 工程案例。

【例 10-2】MCP 示例：面向金融行业的问答系统，MCP 服务端定义若干 Tool 函数，分别用于金融术语查询（finance glossary）、产品收益试算（investment product simulation）、用户账单查询（mock 用户账号系统）、风险评估（简单问卷），客户端执行多次 Tool 调用，展示上下文多轮对话，强调金融合规与可扩展性。

```python
import os
import time
import random
import json
import asyncio
from typing import Dict, Any, List

import mcp
from mcp.server import FastMCP
from mcp.server.stdio import stdio_server
from mcp import ClientSession
from mcp.client.stdio import stdio_client, StdioServerParameters


###########################################
# Mock Data: finance glossary & product info
###########################################
FINANCE_GLOSSARY = {
    "ETF": " 指数基金的一种，可在交易所买卖，通常追踪特定市场指数 .",
    "PE Ratio": " 市盈率，表示股票价格与每股收益的比率，用于价值评估 .",
    "Yield Curve": " 收益率曲线，展示不同到期期限债券的收益率关系，常被用于预测经济走势 ."
}

PRODUCT_DB = {
    "FundA": {"name": "Global Growth Fund A", "annual_interest": 0.06, "risk_level": "medium"},
    "BondX": {"name": "Corporate Bond X", "annual_interest": 0.04, "risk_level": "low"}
}


###########################################
# Mock user accounts & transactions
###########################################
USER_ACCOUNT_DB = {
    "U3001": {
        "name": "Alice",
        "balance": 15000.0,
        "transactions": [
```

```python
            {"date": "2025-03-01", "desc": "Salary", "amount": 8000},
            {"date": "2025-03-15", "desc": "CreditCard Payment", "amount": -3000},
        ]
    },
    "U3002": {
        "name": "Bob",
        "balance": 32000.0,
        "transactions": [
            {"date": "2025-02-28", "desc": "Salary", "amount": 12000},
            {"date": "2025-03-05", "desc": "Stock Purchase", "amount": -5000},
        ]
    }
}

#########################################
# Risk test
#########################################
RISK_QUESTIONS = [
    "对投资波动的接受度如何(高/中/低)?",
    "期望投资期限是多久(短期/中长期)?"
]
# 仅示例,简单决定risk_score
def compute_risk_score(answers: List[str]) -> str:
    score = 0
    for a in answers:
        if "高" in a or "long" in a:
            score += 2
        elif "中" in a:
            score += 1
    if score>=3:
        return "激进风险偏好"
    elif score>=2:
        return "平衡风险偏好"
    else:
        return "保守风险偏好"


#########################################
# Build MCP server
```

```python
#########################################
app = FastMCP("finance-qa-demo")

@app.tool()
def tool_finance_glossary(term: str) -> Dict[str, Any]:
    """
    查询金融术语解释
    """
    key = term.lower().replace(" ", "")
    found = []
    for k, v in FINANCE_GLOSSARY.items():
        if key in k.lower().replace(" ", ""):
            found.append({k: v})
    if not found:
        return {"message": f"No explanation found for '{term}'"}
    return {"explanations": found}


@app.tool()
def tool_product_simulation(product_id: str, principal: float, years: float) -> Dict[str, Any]:
    """
    模拟产品的收益,返回简单复利计算
    """
    if product_id not in PRODUCT_DB:
        return {"error": "invalid product_id"}
    p = PRODUCT_DB[product_id]
    rate = p["annual_interest"]
    final = principal * ((1+rate)**years)
    return {
        "product_name": p["name"],
        "annual_rate": rate,
        "risk_level": p["risk_level"],
        "principal": principal,
        "years": years,
        "estimated_value": round(final, 2)
    }


@app.tool()
```

```python
def tool_check_account(user_id: str) -> Dict[str, Any]:
    """
    查看用户账户信息与最近交易
    """
    if user_id not in USER_ACCOUNT_DB:
        return {"error": "user_not_found"}
    acc = USER_ACCOUNT_DB[user_id]
    return {
        "name": acc["name"],
        "balance": acc["balance"],
        "recent_transactions": acc["transactions"]
    }


@app.tool()
def tool_risk_survey(answers: List[str]) -> Dict[str, Any]:
    """
    根据问题回答计算一个简单的风险类型
    """
    rtype = compute_risk_score(answers)
    return {"risk_type": rtype}


@app.tool()
def tool_list_products() -> Dict[str, Any]:
    """
    列出可投产品信息
    """
    result = []
    for pid, info in PRODUCT_DB.items():
        result.append({"product_id": pid, "name": info["name"], "rate": info["annual_interest"]})
    return {"products": result}


###############################
# demonstration
###############################
async def run_server():
    print("=== MCP 金融问答服务端启动 ... ===")
    async with stdio_server() as streams:
        await app.run(streams[0], streams[1], app.create_initialization_
```

```python
    options())

async def run_client():
    print("=== 客户端等待 5 秒后开始连接 ... ===")
    await asyncio.sleep(5)
    # MCP stdio transport
    from mcp.client.stdio import StdioServerParameters, stdio_client
    server_params = StdioServerParameters(
        command="python",
        args=[os.path.abspath(__file__)]
    )
    async with stdio_client(server_params) as (read, write):
        async with ClientSession(read, write) as session:
            print("[Client] Finance QA session init...")
            await session.initialize()

            # Step1: 查询金融术语
            glossary_res = await session.call_tool("tool_finance_glossary", {"term": "Yield Curve"})
            print("[Client] 金融术语查询:", glossary_res)

            # Step2: 模拟某产品收益
            product_sim = await session.call_tool("tool_product_simulation", {
                "product_id": "FundA",
                "principal": 10000,
                "years": 2
            })
            print("[Client] 产品收益模拟:", product_sim)

            # Step3: 查看用户账户
            account_view = await session.call_tool("tool_check_account", {"user_id": "U3002"})
            print("[Client] 用户账户信息:", account_view)

            # Step4: 风险评估问卷
            answers = ["中", "longterm"]
            risk_eval = await session.call_tool("tool_risk_survey", {
                "answers": answers
            })
```

```python
        print("[Client] 风险偏好:", risk_eval)

        # Step5: 列出可投产品
        prod_list = await session.call_tool("tool_list_products", {})
        print("[Client] 可投产品列表:", prod_list)

async def main():
    import asyncio
    server_task = asyncio.create_task(run_server())
    client_task = asyncio.create_task(run_client())
    await asyncio.gather(server_task, client_task)

if __name__ == "__main__":
    asyncio.run(main())
```

运行结果:

```
=== MCP 金融问答服务端启动 ... ===
=== 客户端等待 5 秒后开始连接 ... ===
[Client] Finance QA session init...
[Client] 金融术语查询: {'explanations': [{'Yield Curve': '收益率曲线，展示不同到期期限债券的收益率关系，常被用于预测经济走势.'}]}
[Client] 产品收益模拟: {'product_name': 'Global Growth Fund A', 'annual_rate': 0.06, 'risk_level': 'medium', 'principal': 10000, 'years': 2, 'estimated_value': 11236.0}
[Client] 用户账户信息: {'name': 'Bob', 'balance': 32000.0, 'recent_transactions': [{'date': '2025-02-28', 'desc': 'Salary', 'amount': 12000}, {'date': '2025-03-05', 'desc': 'Stock Purchase', 'amount': -5000}]}
[Client] 风险偏好: {'risk_type': '平衡风险偏好'}
[Client] 可投产品列表: {'products': [{'product_id': 'FundA', 'name': 'Global Growth Fund A', 'rate': 0.06}, {'product_id': 'BondX', 'name': 'Corporate Bond X', 'rate': 0.04}]}
```

该示例展示了 MCP 在金融问答场景下的多 Tool 组合使用方式。

（1）金融术语查询 tool_finance_glossary 用于查询基本专业概念。

（2）产品模拟 tool_product_simulation 为用户进行收益评估。

（3）用户账户查看 tool_check_account 接驳模拟的账户数据库，演示资金流水信息。

（4）风险评估 tool_risk_survey 透过问卷回答计算简单风险类型。

（5）最后列出可投产品 tool_list_products 帮助用户总览可选基金或债券。

在整个流程中，MCP 把这些分散的功能包装成可独立调用的 Tool，客户端仅需按 Tool 名称与参数发起调用，即可完成多阶段的金融场景问答与信息获取，充分体现了 MCP 在上下文结构化、业务逻辑解耦与安全可控方面的优势。

10.1.3 智能体工作流平台的MCP落地方案

在大模型与智能体系统协同演进的背景下，智能体工作流平台成为复杂任务编排与多智能体协作的关键基础设施。MCP 作为一种标准化的上下文协议，具备上下文建模、工具调用、资源调度与语义封装等多维能力，为构建稳定、可扩展且可控的智能体工作流平台提供了统一的交互与编排框架。基于 MCP 的工作流平台，旨在打通智能体之间的语义壁垒，实现任务驱动下的上下文持续传递、状态跟踪与操作原子化执行，尤其适用于企业场景下高并发、多轮交互及异步任务链的管理需求。

在平台架构中，每个智能体作为 MCP 下的能力体（Capability Entity）存在，其生命周期由上下文 Slot 维护，任务调度则通过 MCP 工具系统（Tool API）驱动实现。工作流引擎在此基础上，负责任务分配、状态管理与执行路径规划，具体执行时由智能体响应 ToolCall 指令，完成能力执行与反馈更新。为了支持多阶段执行链，MCP 允许对任务进行状态注入，例如使用 Slot 方式记录执行阶段、任务状态与输出中间结果，从而保证任务语义一致性与上下文同步可靠性。

平台中的任务通常由业务系统触发，平台使用 MCP 客户端接口发起任务构建请求，MCP 服务端接收到后，依照注册智能体的能力声明（Capabilitie）选择适配的执行体。此过程并非传统 RPC 式指令调用，而是 MCP 式的语义消息触发，具备上下文传递、资源注入与状态持久化等能力。每个任务可以拆解为多个有序或并发执行的步骤，每个步骤由一个或多个智能体完成，MCP 工具调用机制允许这些步骤以 Tool 形式声明并热插拔式部署至工作流中。

平台同时集成了 Slot 生命周期管理机制，用于动态维护任务执行过程中产生的上下文，如输入请求、智能体中间响应、最终输出结构等数据均通过 Slot 注入与更新实现跨智能体间共享与隔离。此外，为保证任务执行可靠性，平台支持 MCP 标准中的错误处理机制，例如错误分类、异常恢复、上下文重试与回滚操作等，这使在面向生产场景部署时，这使智能体之间的协同变得可控且可观测。

平台还允许在MCP上下文中注册调度策略模块，实现任务优先级控制、资源负载均衡与超时处理等企业级能力。例如在一个客服场景中，系统可根据用户意图自动识别出任务类型，匹配对应的智能体链路，如查询订单智能体、修改账户智能体与确认通知智能体，整个任务流通过MCP工具链串联完成，且所有上下文保持结构化可跟踪。各智能体运行状态通过状态Slot实时记录，任务流状态同步至MCP客户端界面或事件总线，实现了任务流全流程透明化监控。

综上所述，智能体工作流平台的MCP落地方案在工程实现中以上下文Slot、Tool系统、智能体注册与调度、语义化通信与状态一致性机制为基础，提供了灵活、可靠且具备高度扩展性的工作流支持能力，能够在多智能体并发、任务链式调度、异步响应反馈等典型场景中提供完整的工业级解决方案。通过与企业微服务系统、外部API接口及异构资源管理系统结合，该平台也为大模型应用场景下的智能体系统落地提供了切实可行的基础设施支撑。

下面给出一个基于MCP的智能体工作流平台落地方案示例，通过多个Tool函数展示如何实现智能体注册、任务创建、任务调度与任务完成，整个流程体现了工作流平台的核心操作与上下文传递机制。每个代码块均包含详细注释，整体逻辑构建了一个金融客服问答系统中智能体工作流的落地示例。

【例10-3】MCP服务端初始化与工作流上下文创建，设置MCP服务端实例，定义Tool函数init_workflow_context，为指定智能体创建初始工作流上下文（包括空任务列表与默认状态）。

```
import asyncio
import mcp
from mcp.server import FastMCP


app = FastMCP("agent-workflow-server")


@app.tool()
def init_workflow_context(agent_id: str) -> dict:
    # 模拟创建工作流上下文，返回空任务列表与状态信息
    return {"agent_id": agent_id, "workflow_context": {"tasks": [], "status": "idle"}}
```

```python
async def run_server():
    print("[Server] Starting MCP Agent Workflow Server...")
    await app.run_stdio()

if __name__ == "__main__":
    asyncio.run(run_server())
```

输出结果：

```
[Server] Starting MCP Agent Workflow Server...
```

【例 10-4】智能体注册与任务创建工具，定义 Tool 函数 register_agent 和 create_task，实现智能体注册与为智能体创建任务的功能，任务记录包括任务描述、状态、创建时间等信息。

```python
import time
import random
import mcp
from mcp.server import FastMCP

app = FastMCP("agent-workflow-server")

# 全局内存存储智能体信息与任务数据库
AGENT_REGISTRY = {}
TASK_DB = {}

@app.tool()
def register_agent(agent_id: str, role: str) -> dict:
    # 注册 Agent，记录 ID、角色与注册时间
    if agent_id in AGENT_REGISTRY:
        return {"error": "Agent already registered", "agent_id": agent_id}
    AGENT_REGISTRY[agent_id] = {
        "agent_id": agent_id,
        "role": role,
        "registered_at": time.strftime("%Y-%m-%d %H:%M:%S")
    }
    return {"message": f"Agent {agent_id} registered as {role}"}

@app.tool()
```

```python
    def create_task(agent_id: str, task_desc: str) -> dict:
        # 为已注册的智能体创建任务，生成唯一任务 ID
        if agent_id not in AGENT_REGISTRY:
            return {"error": "Agent not registered", "agent_id": agent_id}
        task_id = f"TASK-{random.randint(1000,9999)}"
        TASK_DB[task_id] = {
            "task_id": task_id,
            "agent_id": agent_id,
            "description": task_desc,
            "status": "created",
            "created_at": time.strftime("%Y-%m-%d %H:%M:%S")
        }
        return {"message": "Task created", "task_id": task_id, "status": "created"}

if __name__ == "__main__":
    # 测试工具函数独立运行
    print(register_agent("agent_A", "workflow_manager"))
    print(create_task("agent_A", "Process customer query"))
```

输出结果：

```
{'message': 'Agent agent_A registered as workflow_manager'}
{'message': 'Task created', 'task_id': 'TASK-4721', 'status': 'created'}
```

【例 10-5】任务调度与状态更新工具，定义 Tool 函数 dispatch_task 和 complete_task，实现任务状态在工作流中由 "created" 到 "processing" 再到 "completed" 的转换，同时记录时间戳日志，便于追踪任务执行过程。

```python
import time
import random
import mcp
from mcp.server import FastMCP

app = FastMCP("agent-workflow-server")

# 假设 TASK_DB 为全局任务数据库，共享于整个服务
TASK_DB = {}

@app.tool()
def dispatch_task(task_id: str, next_step: str) -> dict:
```

```python
        # 将任务状态更新为指定下一阶段，并记录日志
        if task_id not in TASK_DB:
            return {"error": "Task not found", "task_id": task_id}
        TASK_DB[task_id]["status"] = next_step
        TASK_DB[task_id].setdefault("log", []).append(f"{time.strftime('%H:%M:%S')} - Dispatched to {next_step}")
        return {"message": f"Task {task_id} dispatched to {next_step}", "status": next_step}

    @app.tool()
    def complete_task(task_id: str) -> dict:
        # 将任务状态标记为 completed，并记录完成日志
        if task_id not in TASK_DB:
            return {"error": "Task not found", "task_id": task_id}
        TASK_DB[task_id]["status"] = "completed"
        TASK_DB[task_id].setdefault("log", []).append(f"{time.strftime('%H:%M:%S')} - Task completed")
        return {"message": f"Task {task_id} completed", "status": "completed", "log": TASK_DB[task_id].get("log", [])}

    if __name__ == "__main__":
        # 模拟任务记录并测试状态更新工具
        TASK_DB["TASK-1234"] = {
            "task_id": "TASK-1234",
            "agent_id": "agent_A",
            "description": "Demo Task",
            "status": "created",
            "created_at": time.strftime("%Y-%m-%d %H:%M:%S")
        }
        print(dispatch_task("TASK-1234", "processing"))
        print(complete_task("TASK-1234"))
```

输出结果：

```
{'message': 'Task TASK-1234 dispatched to processing', 'status': 'processing'}
{'message': 'Task TASK-1234 completed', 'status': 'completed', 'log': ['10:45:12 - Dispatched to processing', '10:45:13 - Task completed']}
```

【例10-6】客户端工作流平台演示，该客户端代码模拟一个完整的工作流平台交互流程，包括智能体注册、任务创建、任务调度与任务完成，通过MCP的stdio传输

接口进行 Tool 调用，展示工作流平台在金融客服场景中的落地效果。

```
#!/usr/bin/env python
# -*- coding: utf-8 -*-
"""
Code Block 4：客户端工作流平台演示
```

该客户端代码模拟一个完整的工作流平台交互流程，包括智能体注册、任务创建、任务调度与任务完成，

通过 MCP 的 stdio 传输接口进行 Tool 调用，展示工作流平台在金融客服场景中的落地效果。

```
"""
import os
import asyncio
from mcp.client.stdio import stdio_client, StdioServerParameters
from mcp import ClientSession

async def run_client():
    print("[Client] Waiting 5 seconds for server startup...")
    await asyncio.sleep(5)
    server_params = StdioServerParameters(
        command="python",
        args=[os.path.abspath(__file__)]  # 服务端与客户端共用同一文件，仅为示例
    )
    async with stdio_client(server_params) as (read, write):
        async with ClientSession(read, write) as session:
            print("[Client] Client session initialized")
            await session.initialize()

            # 注册智能体
            reg_res = await session.call_tool("register_agent", {"agent_id": "agent_A", "role": "workflow_manager"})
            print("[Client] Agent registration:", reg_res)

            # 创建任务
            task_res = await session.call_tool("create_task", {"agent_id": "agent_A", "task_desc": "Handle customer financial query"})
            print("[Client] Task creation:", task_res)
            task_id = task_res.get("task_id", "TASK-0000")
```

```python
            # 模拟任务派发到processing阶段
            disp_res = await session.call_tool("dispatch_task", {"task_id": task_id, "next_step": "processing"})
            print("[Client] Task dispatch:", disp_res)

            # 模拟任务完成
            comp_res = await session.call_tool("complete_task", {"task_id": task_id})
            print("[Client] Task completion:", comp_res)

            # 查看任务最终状态（此处假设另有show_task工具，示例中直接打印TASK_DB内容）
            # 为演示，调用complete_task返回的日志已包含状态信息

async def main():
    await run_client()

if __name__ == "__main__":
    asyncio.run(main())
```

输出结果：

```
[Client] Waiting 5 seconds for server startup...
[Client] Client session initialized
[Client] Agent registration: {'message': 'Agent agent_A registered as workflow_manager'}
[Client] Task creation: {'message': 'Task created', 'task_id': 'TASK-4721', 'status': 'created'}
[Client] Task dispatch: {'message': 'Task TASK-4721 dispatched to processing', 'status': 'processing'}
[Client] Task completion: {'message': 'Task TASK-4721 completed', 'status': 'completed', 'log': ['14:22:15 - Dispatched to processing', '14:22:16 - Task completed']}
```

例10-3初始化了MCP服务端并定义了一个基础Tool，用于创建工作流上下文；例10-4提供了智能体注册与任务创建工具，通过全局内存模拟智能体注册信息和任务记录；例10-5实现了任务状态更新与调度，Tool函数分别用于任务状态更新和任务完成；例10-6为客户端模拟展示，依次调用注册智能体、创建任务、派发任务及完成任务的Tool，展示完整的智能体工作流平台落地方案。

整个示例展示了基于 MCP 如何构建一个高效、结构化且可扩展的智能体工作流平台，支持多阶段任务执行与状态更新，为金融客服、智能运维或其他企业级场景提供工程化落地方案。

10.2 部署模式与架构模式对比

随着大模型应用规模的不断扩展，MCP 在不同部署形态下的运行效率与系统架构的适配性逐渐成为工程实践的核心问题。

本节围绕单体部署、微服务解耦、云原生环境等主流架构模式展开，分析各类模式在上下文传输、资源注册、Slot 调用与系统可维护性方面的差异与权衡。同时，从高并发处理、多租户隔离、异步任务调度等角度切入，阐述不同部署策略对 MCP Server 设计与客户端协作能力的影响，提供多维度的架构评估基准与部署策略参考。

10.2.1 单体应用vs微服务部署

在构建基于 MCP 的大模型应用系统时，架构模式的选择直接影响上下文流转效率、服务组件解耦能力、部署运维复杂度与系统弹性能力。其中，单体架构与微服务架构作为最具代表性的两种形态，其在 MCP 服务设计中的差异化特征尤为明显，需结合实际业务体量、团队能力与运行环境做出权衡决策。

1. 单体应用架构下的MCP部署形态

单体架构通常以一个统一的进程或部署单元承载所有 MCP 服务逻辑，包括客户端通信、上下文解析、Tool 注册、资源管理与 LLM 接口调用等。开发者通过引入 mcp.server 核心框架，结合 stdio_server() 或 websocket_server() 等通信接口，即可快速构建具备完整功能的 MCP 服务。

在此模式下，所有上下文 Slot 均通过内存共享或进程内调用进行组织，资源注册与调用逻辑集中于统一调度中心，极大地简化了工程部署与调试成本，适用于原型验证、小规模项目、单团队独立交付的场景。其优势在于：

（1）接口路径简单，数据结构统一。

（2）本地缓存命中率高，IO 路径最短。

（3）工具注册与提示词模板管理具备原子一致性。

（4）对 MCP SDK 的使用门槛最低，可充分利用 Python 生态的开发便利性。

但当业务并发提升、任务类型增多、上下文依赖链条复杂化后，单体架构将暴露出可维护性下降、组件复用困难、部署扩展滞后等问题。

2. 微服务架构下的MCP系统拆解思路

MCP 原生具备明确的客户端—服务端边界、上下文 Slot 解耦能力与工具调用接口标准，为微服务化演进提供良好的结构基础。在典型微服务部署方案中，系统可按功能划分为以下服务单元。

（1）上下文服务（Context Service）：负责管理 Slot 数据结构、生命周期、缓存策略与惰性加载机制。

（2）Tool 服务：每个业务域或功能块对应一个或多个 Tool 服务节点，独立部署、独立注册。

（3）提示词服务（Prompt Service）：统一管理提示词模板、动态变量替换规则与版本切换。

（4）资源服务（Resource Manager）：与外部知识源、数据库、向量引擎打通，实现资源分发与索引注册。

（5）会话与智能体管理服务：协调多智能体上下文边界、状态调度与任务路由逻辑。

各个服务之间通过轻量通信协议（如 gRPC 或 MCP 自身支持的 JSON-RPC）进行上下文传输与结构化调用，实现逻辑与部署的解耦。在部署维度，可结合容器化技术如 Docker、Kubernetes 进行服务编排与扩缩容，支持多模型、多租户、跨地域调度等高级场景。架构对比与适配建议总结如表 10-1 所示。

表 10-1 架构对比与适配建议总结表

维度	单体架构	微服务架构
部署复杂度	低，单进程或容器即可	高，需注册中心、服务发现
开发效率	高，逻辑集中、调试简单	中，需接口定义与通信适配

维度	单体架构	微服务架构
可扩展性	差，需整体重启	强，支持水平扩展与热部署
Slot传输	内存调用，速度快	网络IO，需序列化压缩
Tool注册	本地注册即生效	需远程注册与状态同步
日志与监控	单点采集、简单追踪	分布式链路追踪、需统一平台
智能体调度	单进程内上下文绑定	多服务间状态同步复杂
适用场景	小型PoC、快速原型	企业部署、平台化系统

在 MCP 的推荐实践中，通常建议以单体架构完成初期功能验证与模型适配工作，在核心业务路径稳定后再按服务边界拆分为微服务架构，逐步引入异步调度、消息队列、服务治理等基础设施，实现架构进化与性能提升。

单体架构与微服务部署在 MCP 工程中的应用并非相互排斥，而是系统生命周期不同阶段的最佳适配形态。合理的架构演进路径应从业务规模与场景出发，结合上下文流复杂度、Tool 服务解耦需求与智能体协同模型进行评估。MCP 凭借其 Slot 结构、接口规范与服务解构能力，为灵活架构选型提供了坚实技术支撑，是大模型系统向平台化、标准化演进的关键底座。

10.2.2 云原生环境中的部署优化（K8s-Serverless）

在云原生环境中，对 MCP 服务端的部署优化往往围绕弹性伸缩、自动化运维与资源成本控制展开，借助 Kubernetes（K8s）及其无服务端（Serverless）生态，可在容器编排层面自动调整服务副本数量与负载分配，按需扩容或缩容大模型与上下文编排能力。

依托于 Knative 等 Serverless 框架，系统在空闲时能将实例数降至零，降低闲置开销，并在流量激增时快速扩展处理能力，满足高并发与低延迟的目标需求。

通过容器化和配置化的方式构建 MCP 服务镜像，再配合 K8s 提供的服务发现、网络策略与安全机制，形成一整套弹性且可观测的云原生部署方案。采用此策略后，无论是在内部数据中心还是主流云平台上，都能获得相对一致的部署与运维体验，大幅提升 MCP 在复杂生产环境下的可落地性与可扩展性。

在 Serverless 场景下，重点需关注 MCP 服务端启动的初始化时延及 Tool 注册流程。借助 K8s 的冷启动优化与 Knative 的渐进性扩缩，可让轻载时实例数最小化，负载上来时再迅速拉起更多 Pods，使多智能体、多模型上下文编排的资源利用率更高。同时，为适应 Serverless 部署，MCP 的本地存储与日志记录也需切换为云端或分布式存储方式，使无状态容器在弹性缩扩的情况下仍能保持上下文一致性与 Tool 注册信息的持久化。

对中间态与 Slot 数据进行外部化存储（如 Redis、SQL 数据库或 S3 类型对象存储），可在弹性重启后快速恢复智能体上下文，保证服务平稳运行。

在实践中，一般的云原生 MCP 部署包含以下主要环节：首先通过 Dockerfile 构建 MCP 镜像，将服务端代码及依赖打包；随后在 Kubernetes 集群中编写 Deployment 或 Knative Service 的 YAML 文件，引入自动伸缩配置，如设置最小副本数 0、目标响应时延与 CPU/Memory 阈值；也可结合 Istio 或 Nginx Ingress 实现外部流量管理。此后，运维团队可在 K8s 环境中通过 Helm、Kustomize 或 Operator 等工具进行自动化发布，并利用 Prometheus 或 Grafana 对 MCP 运行状态与资源占用进行实时监控。

若需多租户、多智能体并行处理，则可将 MCP 服务端作为无状态 Pod 多副本部署在 K8s 中，以微服务化方式分别管理上下文数据的读写，或使用 Knative Eventing 进行消息分发与事件驱动，形成完整的 Serverless 事件感知闭环。

【例 10-7】以一个内容分类（Content Classification）场景为例，通过 Kubernetes + Knative 部署一个基于 MCP 的分类服务，实现 Serverless 式的弹性伸缩与自动流量调度，演示从 Docker 打包到 K8s Service 配置、Knative 流量管理与客户端调用的全流程。

```
# -------------------( Dockerfile )-------------------
#    mock Dockerfile for building an MCP content classification service
DOCKERFILE_CONTENT = r'''
# Using Python 3.9 as base
FROM python:3.9-slim


WORKDIR /app
COPY . /app


# Install dependencies
RUN pip install --no-cache-dir -r requirements.txt


EXPOSE 8080
CMD ["python", "mcp_server.py"]
'''
```

```python
# -------------------( Knative Service )-------------------
#   mock YAML for serverless deployment in K8s with Knative
KNATIVE_SERVICE_YAML = r'''
apiVersion: serving.knative.dev/v1
kind: Service
metadata:
  name: mcp-content-classifier
  namespace: default
spec:
  template:
    metadata:
      annotations:
        autoscaling.knative.dev/class: kpa.autoscaling.knative.dev
        autoscaling.knative.dev/metric: "concurrency"
        autoscaling.knative.dev/target: "1"
        autoscaling.knative.dev/minScale: "0"
        autoscaling.knative.dev/maxScale: "5"
    spec:
      containers:
        - image: myrepo/mcp-content-classifier:latest
          ports:
            - containerPort: 8080
          env:
            - name: ENV
              value: "production"
'''

# -------------------( mcp_server.py )-------------------
#   MCP 服务端代码，提供一个内容分类 Tool
import time
import random
import asyncio
import mcp
from mcp.server import FastMCP
from mcp.server.http import http_server

app = FastMCP("content-classifier")
```

```python
    MOCK_CATEGORIES = ["Sports", "Finance", "Technology", "Health", "Entertainment"]

    @app.tool()
    def classify_content(text: str) -> dict:
        """
        内容分类, mock 随机分配一个类别
        """
        category = random.choice(MOCK_CATEGORIES)
        return {"category": category, "original_text": text, "timestamp": time.strftime("%Y-%m-%d %H:%M:%S")}

    @app.tool()
    def service_status() -> dict:
        """
        查看服务状态
        """
        return {"status": "running", "uptime": time.strftime("%H:%M:%S")}

async def run_mcp_server():
    print("[Server] MCP Content Classifier starting, listening on 8080")
    # use HTTP server for demonstration
    await app.run_http(host="0.0.0.0", port=8080)

if __name__ == "__main__":
    asyncio.run(run_mcp_server())

# -------------------( client.py )-------------------
#   客户端测试脚本, 调用 classify_content 多次以观察 Knative 自动扩缩情况
#   场景新颖: 模拟高并发请求, 观察 serverless 弹性
import os
import time
import json
import random
import asyncio
from mcp.client.http import http_client
from mcp import ClientSession

TEST_TEXTS = [
```

```python
        "A new achievement in football",
        "Stock markets are volatile",
        "Quantum computing revolution",
        "Tips for healthy diet",
        "Box office hits this summer"
    ]

    async def run_load_test(server_url: str, concurrency: int, requests_per_worker: int):
        print(f"[Client] Starting load test with concurrency={concurrency}, requests_per_worker={requests_per_worker}")
        async def worker_task(worker_id: int):
            async with http_client(server_url) as (read, write):
                async with ClientSession(read, write) as session:
                    await session.initialize()
                    for i in range(requests_per_worker):
                        text = random.choice(TEST_TEXTS)
                        res = await session.call_tool("classify_content", {"text": text})
                        print(f"[Worker {worker_id}] classification result:", res)
                        await asyncio.sleep(0.2)

        tasks = []
        for w in range(concurrency):
            tasks.append(asyncio.create_task(worker_task(w)))
        await asyncio.gather(*tasks)
        print("[Client] Load test finished")

    if __name__ == "__main__":
        # Suppose Knative domain is assigned as below
        # In real scenario: http://***-content-classifier.default.1.2.3.4.sslip.io or so
        server_url = "http://localhost:8080"
        asyncio.run(run_load_test(server_url, concurrency=3, requests_per_worker=5))
```

在本示例中：

（1）Dockerfile用于构建容器镜像myrepo/mcp-content-classifier:latest。

（2）Knative Service YAML定义了serverless部署，包含autoscaling配置。

（3）mcp_server.py实现MCP服务端，提供classify_content与service_status两个Tool。

（4）client.py编写了异步负载测试，同时发起多次classify_content调用，可观察Knative扩缩容效果。

输出如下：

```
[Server] MCP Content Classifier starting, listening on 8080
[Client] Starting load test with concurrency=3, requests_per_worker=5
[Worker 0] classification result: {'category': 'Finance', 'original_text': 'Quantum computing revolution', 'timestamp': '2025-04-01 10:15:23'}
[Worker 2] classification result: {'category': 'Sports', 'original_text': 'A new achievement in football', 'timestamp': '2025-04-01 10:15:23'}
[Worker 1] classification result: {'category': 'Technology', 'original_text': 'Tips for healthy diet', 'timestamp': '2025-04-01 10:15:23'}
...
[Client] Load test finished
```

借助 Knative 自动伸缩，在请求负载上升时，可观察到新 Pod 被快速拉起，有效提升吞吐量，在请求结束后 Pod 又缩减至最小副本数，实现了 serverless 弹性部署的 MCP 服务。

10.2.3 多租户与多用户上下文隔离架构

在企业级大模型应用系统中，面向多个组织单位、业务团队或独立客户开放服务接口是一种常态。随着使用场景从封闭测试转向线上商用，系统不仅需要处理大规模上下文信息的动态调用，还必须保障用户之间的逻辑边界、安全隔离与资源控制。MCP 通过上下文 Slot 机制、资源作用域划分以及用户态配置能力，为构建可扩展、强隔离的多租户与多用户上下文架构提供了高度适配的协议基础与工程实践路径。

1. 多租户架构的语义划分与上下文作用域

多租户架构（Multi-Tenant Architecture）指的是在一个统一的 MCP 服务实例下，支持多个租户并发使用且相互隔离，每个租户可以拥有独立的资源空间、上下文 Slot 配置、Tool 绑定规则与提示词策略。基于 mcp.server 与 mcp.types.Resource 的实现机制，MCP 允许开发者在资源注册、上下文初始化与模型调用的各个环节，引入租户 ID 作为作用域标识，从而实现逻辑隔离。

常见的作用域隔离字段包括：

（1）tenant_id: 每个租户独立标识，可用于配置文件加载、服务路由分发。

（2）user_id: 租户内的用户标识，常用于个性化提示、历史上下文加载。

（3）session_id：会话唯一编号，用于上下文生命周期管理与追踪。

（4）context_namespace：逻辑上下文命名空间，可绑定到 Slot、Tool、Agent 等资源中。

通过显式传递这些标识，每次 MCP 请求的上下文载荷可在多租户场景下精确绑定，避免上下文信息泄露、跨租户资源污染与状态共享问题。

2. 多用户隔离下的Slot组织与权限模型

在多用户体系中，系统需支持每个用户的上下文历史、提示偏好、资源路径等个性化信息的持久化管理与隔离封装。MCP 通过 Slot 系统提供细粒度上下文结构管理能力，不同用户可通过如下方式实现隔离与并发操作：

（1）按 user_id 分配独立的 Slot 集合，如 history_slot_userA、task_slot_userB。

（2）每个 Slot 挂载在特定的上下文 Session 中，并由会话管理服务统一协调。

（3）Slot 元信息中可记录用户标识、租户标识与 Token 预算限制等字段。

（4）Tool 调用时，根据当前上下文自动选择绑定用户的上下文结构，避免全局 Slot 干扰。

此外，可结合权限系统设计 Slot 访问控制机制，通过声明式权限表限制不同角色对 Slot 的读写、注入与清除能力，满足多用户协作与权限审计需求。

3. 服务端架构实现中的隔离机制

在部署维度，MCP Server 可通过配置多租户路由模块实现请求层级隔离。例如，在基于 FastAPI 或 Sanic 构建的 MCP 服务框架中，可采用以下方式：

（1）在每个 API 入口中解析 Header 或 Token 中携带的租户/用户标识。

（2）动态加载对应租户的提示词模板、Slot 映射规则与资源注册表。

（3）每次请求执行前，将租户上下文加载到运行环境的上下文缓存中。

（4）请求处理完成后自动清理上下文缓存，防止脏数据遗留影响后续请求。

同时建议在中间件层增加统一的租户校验、会话注入与 Slot 预加载逻辑，确保无论 Tool 调用、资源管理还是智能体调度，均能精准识别所属租户上下文，保障系统在多用户高并发情况下的稳定运行。

4. 配置隔离与资源复用的动态平衡

在大规模部署场景中,多租户系统面临的一个重要挑战是资源复用与个性化定制之间的平衡。MCP 支持"模板复用+实例化注入"的混合策略:

(1)提示词模板可采用公共模板库共享,租户通过上下文注入实现差异化。

(2)Tool 功能可通过参数驱动实现业务行为差异,避免重复部署。

(3)向量数据库、知识资源等可通过命名空间隔离,在逻辑上区分用户内容,同时在存储层复用服务端能力。

(4)每个租户可根据调用频率与上下文 Token 消耗定制调用上限,避免资源争用。

通过 Slot 实例的动态分配与复用,MCP 提供了"低成本高隔离"的服务能力,使系统具备面向不同业务场景灵活演化的能力。

5. 结合示例实践进行落地构建

以 liaokongVFX/MCP-Chinese-Getting-Started-Guide 为基础,可构建如下多租户 MCP Server:

(1)初始化阶段读取 config/tenants/ 目录下每个租户的配置清单,注册各自的 Tool、提示词与资源。

(2)每次请求通过 Authorization 头部解析用户身份,映射当前请求上下文至对应租户 Slot。

(3)使用 ToolContext 与 PromptSlot 绑定机制,在运行期动态加载或注入用户特定数据。

(4)日志系统与监控平台按 tenant_id 维度记录请求与资源使用轨迹,支持业务级审计与调试。

MCP 提供的上下文结构化能力、请求作用域抽象与 Slot 解耦机制,为实现企业级多租户与多用户系统提供了天然契合的架构基础。在保障上下文隔离、资源安全与权限可控的前提下,系统仍可实现高性能复用与弹性扩展,为大规模部署与 SaaS 化应用场景构建坚实基础。通过标准化的设计规范与工程级实现方式,MCP 驱动的多租户大模型系统将具备良好的可维护性与服务可持续性。

10.3 性能调优与上下文压缩策略

在基于 LLM 的实际部署场景中，性能瓶颈与上下文成本控制始终是系统稳定性与响应效率的关键指标。MCP 通过 Slot 结构化管理、异步注入机制与压缩调度策略，为复杂上下文环境下的性能优化提供了可编排、可扩展的解决路径。

本节聚焦 Token 成本预估、提示压缩算法、上下文懒加载等核心技术手段，结合多智能体并发协作与请求链路控制等实际工程手段，系统阐述如何构建高效、低延迟的 MCP 应用体系，提升大模型系统在生产环境下的吞吐能力与稳定性。

10.3.1 Token Cost 预估与优化策略

在 MCP 驱动的大模型应用体系中，Token 成本不仅是性能优化的关键指标，更直接关系到系统的可控性、经济性与可扩展性。尤其是在调用基于 GPT-4、GPT-4-Turbo 等商用大模型时，Token 的计算开销往往构成主要成本支出。

因此，如何基于上下文结构、提示词模板与 Slot 注入机制对 Token Cost 进行精准预估，并采取有效压缩策略，是大规模部署 MCP 系统必须面对的重要课题。

1. Token 成本的构成与预估边界

在 MCP 体系中，每一次对大模型的调用，都会通过 Slot 机制组织输入内容，包括系统提示词（system prompt）、任务说明、上下文历史、资源摘要、Tool 调用参数等信息。这些信息在最终合并形成 Prompt 时，整体长度即为 Token 总量的基础来源。

Token 成本可分为三个主要构成部分：

（1）静态 Token 部分：包括固定模板、预设指令、函数接口定义等，稳定但体积可观。

（2）动态 Token 部分：包括用户输入、历史消息、实时资源内容、变量注入等，具有高波动性。

（3）响应 Token 预留：用于预测大模型返回内容的最大可能长度，一般需预留一定比例。

MCP 开发者可通过调用 tiktoken 或 openai.Tokenizer 类工具，在 Prompt 合成之前进行 token 长度统计分析，形成 Token 预测报告，用于动态控制 Slot 注入或提示词裁剪。

2. Slot压缩策略：结构优化与上下文合并

MCP提供Slot级别的上下文分离机制，使开发者可以基于语义角色对上下文内容进行分类与压缩。例如：

（1）对资源类Slot采用标题摘要提取（如doc_title + first_100_words）代替全文注入。

（2）对历史对话Slot采用窗口滑动策略，仅保留最后N轮交互。

（3）对复杂内容类Slot进行关键词抽取或Embedding聚类后重写摘要内容。

（4）对提示词模板结构中的变量部分执行字符串截断、缩写合成等操作。

通过Tool中结合"Slot裁剪器"（SlotReducer）或Prompt控制工具链，可以在不破坏上下文语义完整性的前提下显著减少Token成本。

3. 动态Token预算控制与触发式裁剪机制

在多用户、多智能体或动态资源环境下，系统需要具备"Token预算感知"能力，即：

（1）每次请求前动态计算当前Slot+Prompt构成的预计Token。

（2）设置最大预算上限（如4096、8192、128k），超过时触发压缩模块。

（3）针对可裁剪Slot定义优先级列表（如history < knowledge < prompt）。

（4）保留Slot语义标识，在Tool或Agent响应中具备内容缺失的可解释性。

这种机制通常通过ContextManager实现，其核心函数如preprocess_context(context, max_tokens)可对Slot内容逐级回退、自动压缩、剪裁冗余变量，并最终输出模型可接受的上下文请求。

4. 实践中常见的优化技巧与控制参数

结合liaokongVFX/MCP-Chinese-Getting-Started-Guide的工程实践，以下优化方式在实际部署中效果显著：

（1）在提示词模板中使用短语缩写与编号（如"步骤一"→"Step1"）。

（2）对用户请求合并并简化表达，如"我想查询我的账户余额和交易记录"→"账户余额＋交易记录查询"。

（3）Slot 内容结构化注入，仅保留段落编号与摘要字段。

（4）Tool 中按需加载资源 Slot 内容，仅在调用时动态注入。

此外，可以通过 MCP Inspector 工具实时查看每轮调用的 Token 消耗，并记录在日志中作为优化分析依据。

5. Token成本与业务层指标联动策略

在企业级场景中，Token 消耗与调用频率共同构成计费模型基础，因此可通过如下策略实现 Token 成本与业务策略的联动控制：

（1）按调用用户设置 Token 上限，超出时触发提示或压缩。

（2）对非关键任务使用小模型、低上下文版本，节省资源。

（3）结合智能体任务计划分配 Token 预算，如智能客服系统按"高优先级工单"优先保留长上下文。

（4）通过业务日志记录不同功能模块的平均 Token 使用量，驱动提示词设计与系统拆解。

通过这些措施，不仅可以对系统资源消耗实现精细化调度，还可以有效规避因上下文爆炸导致的大模型响应失败与 Token 截断风险。

Token Cost 并非仅仅是大模型调用的经济计量单位，更是 MCP 系统中上下文压缩、Slot 结构优化、提示词工程与系统架构控制的重要设计变量。通过结构化的 Token 预估策略、灵活的上下文注入机制与预算驱动的任务编排模型，MCP 为大模型应用的可控性与可持续运行提供了工程级保障，也为复杂业务系统的低成本、高可靠智能交互奠定了关键基础。

10.3.2 Prompt压缩算法与Slot融合算法

在 LLM 运行过程中，Prompt 是模型推理的主要输入构造手段，所有任务信息、上下文历史、资源调用链等均通过 Prompt 编码进入模型上下文窗口。然而，大模型的 Token 窗口存在物理上限限制，当前主流模型如 GPT-4-Turbo 虽然支持 128k 上下文长度，但在多智能体、多轮交互和外部资源密集嵌入等场景中，仍面临 Token 预算快速耗尽的问题。因此，Prompt 压缩与 Slot 融合成为确保 LLM 任务连续性与响应精度的关键机制。

1. Prompt压缩的策略演化

Prompt压缩主要目标是将任务关键语义信息浓缩至更短的Token表达中，压缩方式分为结构性重构与语义性抽取两大类。结构性重构指以任务链条为单位，提取必要Slot路径与Tool调用概要，例如压缩中间步骤输出、合并多轮中间指令、压缩链式推理的冗余节点等。

语义性抽取则更关注信息价值，例如通过embedding相似度判断上下文段落的代表性，或将重复性的Prompt模板部分使用变量占位，并通过后处理动态填充。结合静态模板裁剪与运行时动态聚合的方式，可有效控制Prompt的Token预算。

2. Slot融合的设计范式

Slot机制是MCP中用于描述上下文依赖关系的核心容器单位。在LLM交互中，多个Slot往往来自同一智能体的连续任务，或横跨多个智能体的协同任务链。若每个Slot都独立注入，将严重增加Prompt体积并打破上下文连贯性。为此，MCP引入Slot融合策略，将语义上紧密关联的多个Slot合并为统一表达单元。

例如，可将知识RAG检索内容Slot与历史对话Slot融合为"语义上下文段落Slot"，或将Tool输出摘要与系统指令Slot融合为"决策指令Slot"。融合过程中需保持上下文结构的可还原性，便于模型理解与后续Tool调用。

3. 实现与约束考虑

在MCP实际应用中，Prompt压缩算法与Slot融合算法常结合使用。例如，在一个多轮问答智能体系统中，可对每轮用户意图与模型回答进行摘要压缩，保留关键实体与关系Slot；并将多个摘要Slot在模型输入前进行向量化聚类与层次化组织，仅注入最核心语义Slot。

同时，系统需考虑压缩算法对模型行为的影响，例如压缩是否丢失任务上下文依赖、融合是否导致Slot边界混淆等问题。为保证生成质量与推理稳定性，建议在构建MCP服务时设计可配置的压缩策略，并配合Slot可视化工具进行动态调试，以实现Token节省与上下文连贯性的最优平衡。

这种压缩融合机制对高频智能体交互、RAG型系统、混合推理链等复杂MCP场景具有显著价值，既保障了多任务并发性能，又增强了系统的上下文连续性与模型响应一致性，是大模型工程化过程中的核心优化手段之一。

10.4 MCP的发展趋势与生态开发构建

MCP作为连接模型能力与真实业务语义的中间协议，在推动LLM走向可控工程化的过程中展现出广阔潜力。本节将从协议标准演进、开源生态扩展、多模态融合与与主流智能体框架对接等多个维度，系统梳理MCP未来的发展方向，分析其在开放技术体系中可能扮演的角色，为持续构建可组合、可协作、可演进的模型驱动生态提供理论支撑与工程启示。

10.4.1 协议标准化与开源生态构建

MCP自诞生以来，始终致力于在大模型应用开发中实现"上下文结构化、能力调用标准化、组件互联通用化"的核心目标，其技术体系不仅包含客户端与服务端通信标准、Slot上下文组织结构、资源与Tool抽象模型，还囊括了生命周期管理、能力协商、协议版本控制等关键机制。

随着模型能力持续演进，MCP的标准化程度不断提升，其语义边界与调用接口日益清晰，已逐步从早期的工程性约定过渡为具备通用开放性的协议规范。标准化的MCP具备良好的跨平台可移植性、前后端解耦能力与模型无关性，极大地降低了企业开发基于LLM的智能系统所需的集成复杂度。

从协议结构来看，MCP基于JSON-RPC语义框架构建了统一的消息封装规范，支持请求响应匹配、错误异常捕获、异步上下文传输等完整通信链路，并通过扩展字段实现对上下文Slot、能力描述、提示词模板、资源声明等语义要素的表达。无论是MCP客户端还是服务端，均可围绕该协议规范进行独立实现，只需符合消息结构约定，即可在运行时完成能力互操作与上下文共享。

更重要的是，MCP通过能力协商机制使服务组件可以根据协定声明其可提供的Tool列表、支持的上下文结构、可处理的模型类型、资源约束边界等内容，从而实现灵活组装、动态调度与多模型协同调用。

在标准化之外，MCP生态体系的开源构建正在稳步推进，已形成包括核心协议规范、Python SDK、Java SDK、Node.js SDK、可视化工具Inspector、上下文调试组件、客户端集成示例与多模型适配器在内的较为完善的生态组件体系。其中，以liaokongVFX主导的MCP中文入门指南为代表的开源内容，涵盖了协议使用入门、客户端初始化、Tool 与 Slot 配置、上下文生命周期管理等核心主题，极大地降低了 MCP 学习门槛，也为企业团队构建自身基于 MCP 的智能中台系统提供了可借鉴路径。

生态构建的关键不止在于组件完备，更在于接口标准与工具链的对齐。当前 MCP 在 Tool 语义接口、资源抽象格式、Prompt 模板结构等方面均逐步固化规范。例如，Tool 接口定义中明确采用 Tool Description Format 标准，要求工具具备可描述性、参数化能力与上下文绑定能力，Slot 结构定义中要求具备生命周期标签、命名空间隔离、Token 可控性等属性，Prompt 模板支持变量替换、上下文合成与链式结构定义，这些规范不仅便于开发者理解使用，更为后续插件式扩展、跨语言实现与前端集成提供了良好的协议基础。

开源生态中的各个项目往往围绕核心协议与运行环境需求进行分层构建，例如在 Python SDK 中提供了基于 mcp.server.Server 的 Server 注册机制、Tool 装饰器、资源注册回调、Slot 注入器等高层抽象；而在 Java 或 Node SDK 中则强化了与本地业务系统的集成能力，并通过异步调度、Stream 处理与 RPC 封装提升了协议栈的可移植性。这种语言多样化的实现方式进一步推动了 MCP 在多语言、多平台环境下的工程落地能力。

面向未来，MCP 标准化工作的一个关键方向在于与主流大模型接口协议的对齐，包括与 OpenAI Function Calling、OpenFunction、LangChain Agent、AutoGen 框架的对接能力，以及与 RAG 语义框架、知识图谱、模型插件系统的互操作接口标准。协议扩展机制也将更加体系化，例如通过动态协议能力注册，实现新类型 Slot、任务流 DSL（如 SlotPlan）、状态驱动流程的协议化封装，从而使 MCP 不仅是上下文传输协议，更成为大模型任务执行的语义控制中间件。

MCP 开源生态的构建也将持续向社区化演进，形成以协议维护、组件开发、场景扩展与实战案例沉淀为主的协同模型。未来可预见的路径包括官方文档规范化、在线交互沙箱平台、插件市场、模型能力适配仓库等机制的推出，以形成围绕 MCP 驱动的智能体开发、RAG 集成、多模态处理等多样化生态图谱，支撑更多面向垂直行业的大模型场景开发工作。

综上所述，MCP 的标准化进程与开源生态发展正在推动其从技术工具转向智能系统的协议中枢角色，其体系日趋完备，能力边界清晰，具备跨场景、跨模型、跨语言的通用扩展潜力，为构建下一代面向大模型的通用控制与上下文中枢奠定了坚实技术基础。

10.4.2 与LangChain、AutoGen等生态集成

在大模型应用开发领域，LangChain 与 AutoGen 作为两大主流框架体系，分别在任务链式处理与多智能体协作方向积累了丰富生态与技术影响力，已成为构建高级 AI 应用不可或缺的中间层组件。而 MCP 作为以上下文结构管理与能力分发为核心的通用协议，在设计上具备与这些生态系统深度融合的天然优势。

通过协议层、资源层、工具层与上下文层的逐步对接，MCP 不仅可以作为 LangChain 的上下文增强与任务调度桥梁，也可作为 AutoGen 多智能体系统中的上下文治理中枢，实现异构智能组件间的高效衔接与语义协同。

1. 协议互通机制与上下文语义对齐

LangChain 框架采用链式 Prompt 构建与工具调用组合的设计思路，其上下文传递与链路管理以语言模型的输入/输出为核心，这一设计与 MCP 中 Slot 驱动的上下文管理机制高度契合。MCP 中的 Slot 不仅支持提示词片段、资源文本、历史记录与结构化变量等多类型内容注入，还支持基于生命周期、命名空间与 Token 预算的动态调控能力。

这些机制可为 LangChain 中的 PromptTemplate、ChatMessageHistory、Retriever 等组件提供底层上下文封装与内容注入能力。例如，在构建基于 LangChain 的 QA 系统时，Retriever 模块可被封装为 MCP 资源 Slot，注入至系统 Prompt 中实现可控的多段知识融合，避免上下文溢出与重复注入。

在 AutoGen 系统中，多个智能体通过共享信息与协作决策完成复杂任务，其通信依赖结构化消息传递与上下文状态保持。MCP 的上下文结构与 Slot 分层能力可为 AutoGen 提供标准化的智能体状态管理机制。每个智能体可被封装为带有自身上下文 Slot 配置的 MCP Tool，同时通过会话上下文 Slot 共享协同状态，实现任务信息的结构化流转。

通过 MCP 的"ToolCall + Prompt + Slot 注入"机制，AutoGen 中的智能体之间不仅可进行函数级协同，还可实现 Prompt 语义的一致性构建，确保智能体之间的调用目标、能力接口与执行路径可追踪、可解释。

2. 能力桥接与工具注册映射

LangChain 与 AutoGen 均强调模块化工具组件的能力绑定机制，这与 MCP 中通过能力描述与 Tool 注册实现的语义调度系统完全一致。在实践中，可通过如下桥接方式

完成能力层映射。

（1）将 LangChain 中的工具（如 SearchTool、CalculatorTool）转为 MCP 中的标准 Tool，通过 @tool() 注册至 MCP Server。

（2）使用 MCP 的 Tool Description Format（TDF）标准封装 LangChain 工具的参数与返回结构，形成 LangChain → MCP 的调用代理。

（3）在 LangChain Agent 的 tool_calls 逻辑中，通过 MCP SDK 触发对应的 Tool 调用，实现 Prompt 级调用解耦。

（4）对于 AutoGen 中采用的 FunctionCall 结构，可映射为 MCP Tool 调用请求，通过能力协商与输入 Schema 控制参数一致性。

通过这种方式，LangChain 与 AutoGen 中定义的任意功能性组件可通过 MCP Server 统一接入，提升系统组件间的互操作性，强化服务治理能力。

3. 多模态与异构模型协同

在 LangChain 与 AutoGen 逐渐引入图像、音频、结构化表格等多模态处理能力的背景下，MCP 所提供的资源抽象与 Slot 注入机制可作为多模态上下文接入的标准通道。

通过定义多模态资源类型（如 image://、table://、audio://），系统可基于 MCP 动态加载来自外部系统的非文本内容并转换为嵌入式 Prompt 片段，同时借助 MCP 的能力协商机制，判断当前模型是否支持目标模态输入，从而实现模态能力与上下文注入的动态匹配。

LangChain 在构建多模态链式结构时，可将这些 MCP 资源直接作为 Prompt 模板的组成部分，AutoGen 中的智能体亦可使用 MCP 的上下文共享 Slot 访问多模态内容，提升对异构模型的调度能力与推理稳定性。

4. 工程融合与生态演进路径

从工程落地角度看，基于 MCP 构建的智能智能体系统可嵌套在 LangChain 流程中运行，也可作为 AutoGen 系统中多个智能体的上下文路由中心。常见实践路径如下。

（1）构建一个基于 MCP Server 的能力注册中心，统一管理 LangChain/AutoGen 所有工具的声明、绑定与调用。

（2）在 LangChain 或 AutoGen 任务链初始化阶段，预注册所需上下文 Slot 与资源 Slot，通过 MCP 进行调度管理。

（3）使用 MCP Inspector 可视化工具分析调用链路、上下文结构与 Token 成本，为 LangChain 链式流程或 AutoGen 多智能体协作优化提供运行数据基础。

未来随着 LangChain 支持更多跨语言、跨平台智能体执行，AutoGen 逐步向自治智能体生态拓展，MCP 可作为底层控制平面承担更多"上下文编排、能力调度、调用追踪"的职责，从而在复杂 AI 系统中承担标准化中枢的角色。通过与 LangChain、AutoGen 等生态的深度融合，MCP 将在大模型工具化、流程化与自治化进程中持续释放价值，构建更加稳定、灵活、可扩展的智能系统开发框架。

10.4.3 向多模态与跨领域智能体演进

随着基础大模型能力的拓展，从单一文本生成逐步过渡至图像理解、语音交互、视频摘要、结构化数据处理等多模态任务成为 AI 系统演化的主流方向。在这一趋势中，如何有效管理不同模态的信息结构与上下文，组织跨模态任务的执行路径，协调模型间的能力调用与输出控制，成为构建下一代通用智能体系统所面临的核心技术挑战。MCP 凭借其结构化上下文管理、统一能力注册、Slot 级语义绑定机制，为多模态智能体的语义融合与能力封装提供了稳固的协议基底。

1. 多模态Slot封装策略

在 MCP 中，Slot 作为上下文的最小可编排单元，不仅支持纯文本注入，还可通过扩展 Resource 类型与 Transformer 函数支持结构化数据与多模态内容的处理。通过引入具备模态标识与数据结构定义的 Slot 封装机制，系统可实现以下策略。

（1）定义 image://、audio://、table:// 等类型的 URI 资源，结合文件路径、Base64 内容或外部服务地址加载图像、音频与结构化数据。

（2）利用 Transformer Hook 在 Slot 注入前对图像进行 OCR 处理、图像 caption 生成，对音频进行语音转文字、情感标签提取等任务，实现模态转换。

（3）通过 Slot 中的 Metadata 字段标记模态特征、语义标签、来源渠道，便于在多模态合成时进行顺序控制与内容筛选。

（4）在提示词模板中为多模态 Slot 定义明确的提示引导词段，如"请根据以下图像描述内容""请分析以下表格数据趋势"等,确保大模型能够正确理解注入内容的任务语义。

这种以 Slot 为中心的模态封装策略确保了不同类型内容的上下文一致性与结构稳定性,为大模型的多模态推理提供了统一输入语义空间。

2. 跨领域智能体系统的能力分布设计

跨领域智能体系统在设计时通常包含多个面向专业任务的子智能体,每个智能体负责处理自身擅长的垂直任务模块,常见的如财务审计智能体、医疗问答智能体、法律辅助智能体、产品推荐智能体等。MCP 通过以下机制支持跨领域智能体系统的高效构建与协同运行:

(1) 每个智能体以独立 Tool 模块注册,具备自身上下文 Slot 配置、提示词模板、能力声明字段,形成智能体 Profile。

(2) 系统通过 Slot 调度机制,在任务到达时根据意图与内容特征路由至对应智能体处理,类似路由式意图识别(Intent-Slot Binding)。

(3) 不同智能体之间通过上下文 Slot 共享结构,实现多智能体协同,例如智能体 A 识别用户目标后生成结构化 Slot 注入智能体 B 执行具体操作。

(4) MCP 支持智能体之间通过消息类型 Slot 传递任务状态、调用结果与中间变量,形成链式调用或图结构协同执行模型。

通过以上机制,跨领域智能体系统可实现高并发、强自治、灵活扩展的能力体系,适应金融、法律、政务、电商等多行业落地需求。

3. 多模态能力适配与模型路由机制

面向实际运行环境,往往需要对不同模态任务适配不同模型,例如文本生成可由 GPT-4 完成,图像识别需调用 BLIP-2、Gemini,语音识别需连接 Whisper 或本地 ASR 系统。MCP 通过"能力声明 + Tool 匹配 + Slot 注入 + 动态调度"的路径实现模型路由:

(1) 每个 Tool 在注册时声明其支持的模态类型、模型要求、输入数据格式与返回结构。

(2) Server 根据当前请求中的上下文模态特征与任务标签,从 Tool 池中匹配最合适的处理单元。

（3）Tool 内部通过集成外部模型 API 或本地模型推理框架，完成模态任务的处理并将结果封装为结构化 Slot 返回。

（4）对于组合型任务，MCP 可利用任务分解器（如 SlotPlanner）将整体任务拆解为多个模态子任务并组合处理路径。

这种能力调度机制使整个系统具备弹性执行能力，模型即服务（Model-as-Tool）得以实现，从而显著增强了多模态智能体的运行弹性与资源利用效率。

由此构建的多模态+跨领域+人机协同系统将具备高度语义表达力与业务执行力，推动大模型从静态助手向动态代理、自主体系统演进。

综上所述，MCP 通过协议抽象、多模态 Slot 管理、能力注册与上下文治理机制，全面支撑多模态智能体系统与跨行业智能体协作网络的构建，在未来 AI 系统架构演进中将发挥不可替代的基础性角色。

10.5 本章小结

本章围绕 MCP 在多场景工程中的实战应用与发展趋势展开，系统梳理了从实际案例落地、架构模式选择、性能优化策略到生态集成与未来演进的关键路径。内容涵盖客服、金融、智能体平台等典型场景，详述了多租户隔离、上下文压缩、云原生部署等核心能力的工程实现方法，进一步结合 MCP 与 LangChain、AutoGen 等生态构建跨平台协同模型的路径，奠定了面向未来智能体系统与多模态应用的协议基础与实践指南。